"十三五"高等职业教育专业核心课程规划教材 · 机电大类

线切割编程与加工

主编 刘晓青 张晨亮
主审 侯晓方 李周平 高会文

U0282178

西安交通大学出版社
XI'AN JIAOTONG UNIVERSITY PRESS

内容提要

本书内容包括四章，第一章讲述凸模类零件的编程与加工，第二章讲述凹模类零件的编程与加工，第三章讲述组合体零件的编程与加工，第四章讲述异形类零件的编程与加工。每种零件都根据企业生产实际需要，以数控线切割加工工艺编制为主线进行教学设计，对加工编程方法、工艺装备、加工工艺设计、结构与技术分析方面进行了详细讲解。本书的主要特点是："构架：项目化；讲授：一体化；实施：信息化；内容：技能化"于一体，强调内容的实用性、实践性、先进性，紧密联系生产加工，强化学生实践技能操作。

本书可以作为高等职业技术院校数控技术、机械制造与自动化、模具设计与制造及机电一体化专业用书，也可作为与之相关专业师生及相关工程技术人员参考用书。

图书在版编目(CIP)数据

线切割编程与加工/刘晓青，张晨亮主编．—西安：西安交通大学出版社，2016.1(2020.8 重印)
"十三五"高等职业教育专业核心课程规划教材
ISBN 978-7-5605-8242-9

Ⅰ.①线… Ⅱ.①刘…②张… Ⅲ.①数控线切割-程序设计-高等职业教育-教材②数控线切割-加工-高等职业教育-教材 Ⅳ.①TG481

中国版本图书馆 CIP 数据核字(2016)第 012059 号

书　　名　线切割编程与加工
主　　编　刘晓青　张晨亮
策划编辑　雷萧屹
责任编辑　雷萧屹
责任校对　李　文

出版发行　西安交通大学出版社
（西安市兴庆南路 1 号　邮政编码 710048）
网　　址　http://www.xjtupress.com
电　　话　(029)82668357　82667874(发行中心)
(029)82668315(总编办)
传　　真　(029)82668280
印　　刷　西安日报社印务中心

开　　本　787mm×1092mm　1/16　**印张** 14.25　**字数** 345 千字
版次印次　2016 年 2 月第 1 版　2020 年 8 月第 4 次印刷
书　　号　ISBN 978-7-5605-8242-9
定　　价　38.00 元

读者购书、书店添货，如发现印装质量问题，请与本社发行中心联系、调换。
订购热线：(029)82665248　(029)82665249
投稿热线：(029)82668818　QQ：850905347
读者信箱：lg_book@163.com

版权所有　侵权必究

前　言

本书以国家职业标准和企业要求为出发点，针对高等职业院校机械类专业，根据课程改革四化要求编写。落实“构架：项目化；讲授：一体化；实施：信息化；内容：技能化”于一体，在“做中学、做中教”；突出：“实用为主，够用为度”，参考数据线切割加工自动编程，数控电火花线切割加工技术，数控线切割操作工技能鉴定考核培训教程，数控线切割机床操作指南等书籍编写而成。

本书以引导学生为主，在线切割加工的基础上应用多种实例，详细地介绍了线切割机床的编程与操作。通过学习本书内容，学生可以具备线切割机床程序编程和加工调试的能力，从而更好地适应现代化制造业的发展。

本书按照数控线切割编程与加工技能要求，遵循学生的认识规律，从简单到复杂，设计了四章，每章讲一种典型零件的编程与加工，涉及了该种零件加工的工艺、分析、装备、加工选择等内容，以典型编程实例加以说明。本书知识点实用性和技能操作性强，并配套相应实训报告，以任务驱动为核心强化学生对知识和技能的掌握。

本书由陕西国防工业职业技术学院刘晓青，张晨亮主编。编写分工如下：刘晓青编写前言、第 1 章、第 2 章，并完成全书的提纲编写、统稿等工作；张晨亮编写第 3 章、第 4 章。

全书由陕西国防工业职业技术学院侯晓方副教授、李周平副教授、西北工业集团高会文高级工程师主审，他们提出了很多宝贵意见，编者在此表示衷心感谢。

在编写本书过程中，编者参阅和引用了有关院校、工厂、科研院所的一些资料和文献，并到相关企业进行了调研、培训，得到了许多专家、教授、工程技术人员的支持和帮助，在此深表感谢。此外，在编写本书过程中还参考了多部数控加工技术、数控加工工艺、数控加工编程等方面的著作，在此对相关作者表示深深的谢意。

由于编者水平所限，书中难免有不足之处，敬请读者批评指正，以便修订时改进。如读者在使用本书的过程中有其他意见或建议，恳请向编者(94202239@qq.com)提出。

编　者

2015 年 6 月

目　录

前言

第 1 章　凸模类零件的编程与加工 …… (1)

1.1　凸模类零件的结构与技术分析 …… (1)

1.2　凸模零件的工艺装备 …… (4)

1.3　凸模零件加工工艺设计 …… (8)

1.4　凸模零件加工编程方法 …… (14)

1.5　凸模零件编程与加工案例分析 …… (18)

1.6　知识拓展 …… (32)

本章小结 …… (42)

第 2 章　凹模类零件的编程与加工 …… (50)

2.1　凹模类零件的结构与技术分析 …… (50)

2.2　凹模零件的工艺装备 …… (53)

2.3　凹模零件加工工艺设计 …… (65)

2.4　凹模零件加工编程方法 …… (68)

2.5　凹模零件编程与加工案例分析 …… (71)

2.6　知识拓展 …… (78)

本章小结 …… (108)

第 3 章　组合体零件的编程与加工 …… (113)

3.1　组合体零件的结构与技术分析 …… (113)

3.2　组合体零件的工艺装备 …… (114)

3.3　组合体零件加工工艺设计 …… (130)

3.4　组合体零件加工编程方法 …… (135)

3.5　组合体零件编程与加工案例分析 …… (136)

3.6　知识拓展 …… (138)

本章小结 …… (149)

第 4 章　异形类零件的编程与加工 …… (156)

4.1　异形零件的结构与技术分析 …… (156)

4.2　异形零件的工艺装备 …… (177)

4.3　异形零件加工工艺设计 …… (177)

4.4 异形零件加工编程方法 …………………………………………………………………… (182)
4.5 异形零件编程与加工案例分析 …………………………………………………………… (194)
4.6 知识拓展 ………………………………………………………………………………… (209)
本章小结…………………………………………………………………………………………… (212)
附录Ⅰ 高速走丝电火花线切割加工工艺数据表………………………………………… (214)
附录Ⅱ FW 线切割机床代码一览表……………………………………………………… (219)
参考文献 ………………………………………………………………………………………… (221)

第 1 章　凸模类零件的编程与加工

1.1　凸模类零件的结构与技术分析

1.1.1　零件图的图样分析

1. 线切割加工工序的合理性

线切割加工工序通常是安排在工件材料机加工及热处理之后，作为零件的最后一道加工工序。如果切割成型之后还要进行其他加工，一定要考虑到是否会引起工件的变形或表面硬度、形状的改变。例如，对某些高灵敏度传感器、弹性元件、微细零件在线切割工序之后还要进行研磨、抛光等设计所要求的后序处理，以进一步提高表面加工质量，消除显微裂纹，提高疲劳寿命。为保证这些后续加工能顺利进行，工件需要在电火花线切割加工后仍保持一定的刚度，即先要将工件切割成封闭的形状、实施研磨、抛光后，再用线切割切成开放的形状。这就意味着必须将一个线切割工序分成两部分来做，中间要加入其他工序，才能满足最终的设计要求。

2. 工件材料和尺寸的要求

电火花线切割加工一般都不能加工绝缘材料和电阻率大的材料；导电性好的材料比导电性差的材料容易加工；淬火后硬材料比退火后软材料容易加工；黑色金属比有色金属容易加工。

被加工的材料的导电性要好，其电阻率一般都应小于 0.1 Ω·cm，同时在机械物理特性方面还必须适合装夹，如对材料硬度、刚度、塑性等方面的考虑。

特殊材料的加工，还要求其化学性能稳定，不会与水、氧和氢发生剧烈的化学反应，不可燃，不会在加工过程中产生有害气体。例如，对金属铍的加工，必须在绝对的安全生产条件下进行，保证对废气、废液、废渣排放的严格控制。

玻璃、陶瓷一类的无机材料，在通常条件下是不能进行放电加工的。尽管有这样的研究报道：通过诱发放电等工艺措施可以对非金属材料进行切割，但与其他已知的加工方法相比效率还是低很多，暂时还不具备常规的应用价值。

常用的冲压模具钢，有时会因锻造、热处理不当而导致内部碳化物组织晶粒粗大，电阻分布不均匀而使电火花线切割加工不稳定，经常会发生断丝现象。

硬质合金、导电陶瓷、聚晶金刚石等复合材料，有时也会因其所采用的黏结剂的导电性质、原材料晶粒的大小、合成后形成的新物相的组织结构不同，而使电火花线切割加工性能有很大的差异。

铝、钛等有色金属的加工，甚至完全不能按照加工钢的工艺参数进行电火花线切割加工。否则，会出现极间短路、进电块过度磨损、电极丝直径损耗加剧、跟踪不好等现象，而导致断丝问题的发生。

另外，工件尺寸的大小必须能够放入机床工作台内。要求加工的轮廓轨迹必须在加工范围内，而且适合装夹、不超过机床额定的最大负荷。当然，电极丝首先要能够顺利穿过工件、所要求加工的轨迹必须是能用圆弧或直线描述的。

3. 加工质量的要求

要满足零件加工质量的要求，首先应根据加工要求合理选用线切割机床的类型。

(1)高速走丝电火花线切割机床一般能加工表面质量 $Ra \leqslant 2.5\ \mu m$，加工尺寸误差 $\Delta \leqslant \pm 0.01$ mm。凡加工要求在这个范围的，都应首选高速走丝电火花线切割机床。因为此类机床加工过程消耗低，加工成本低，特别经济。

(2)低速走丝电火花线切割机床的加工表面粗糙度 $Ra \leqslant 0.5\ \mu m$，加工尺寸误差都能控制在±0.005 mm 之内。所以，凡加工质量要求较高的零件，都应考虑选用低速走丝电火花线切割机床加工。

(3)有不少零件，加工要求 $Ra = 0.5 \sim 1.5\ \mu m$，加工尺寸误差 $\Delta = \pm(0.01 \sim 0.005)$mm，用普通的高速走丝电火花线切割机床难于达到，用精密低速走丝电火花线切割机床又感到加工费用太高。此时，可选用经济型的低速走丝电火花线切割机床或具有多次切割功能的高速走丝电火花线切割机床(即所谓的中走丝电火花线切割机)。

加工时，在保证加工表面质量要求的同时，还应兼顾切割速度。过分追求加工表面质量，会严重影响加工速度。表 1-1 所示的参数是低速走丝电火花线切割机床在切割 70 mm 厚的工件时，不同粗糙度要求下的切割速度。

表 1-1　加工速度的要求

$Ra/\mu m$	0.45	0.6	0.8	2.0
$v_{wi}/(mm^2/min)$	37	50	62	140

4. 不同粗糙度要求下的切割速度

与其他的加工方法相比，电火花线切割加工的速度尽管在不断提升，但仍然很慢，使用者总是希望加工能进行得更快些。高速走丝线切割机床通常的加工速度在 40～120 mm^2/min 之间，低速走丝线切割机床在 60～180 mm^2/min 之间。速度上的差异，取决于对粗糙度与精度的不同要求，也和机床的不同生产年代、不同的机床品牌、不同的加工对象、工件材料的物理特性以及工件几何形状有关。

从表 1-2 可以看出，在粗糙度不变的情况下，最大的切割速度出现在工件厚度 50～70 mm 之间，在具备良好冲液的条件下，低速走丝线切割的速度要比高速走丝高得多，加工表面粗糙度也好一些。

表 1-2　常用电极丝材料的性能

材料	适用温度/℃		伸长率/%	抗张力/MPa	熔点/℃	电阻率/(×10⁻⁴Ω·cm)	备份
	长期	短期					
钨 W	2000	2500	0	1200～1400	3400	0.612	较脆
钼 Mo	2000	2300	30	700	2600	0.0472	较韧
钨钼 W50Mo	2000	2400	15	1000～1100	3000	0.532	脆韧适中

注：电阻率为 0 ℃时的值。

在某些特殊的应用场合，需要机床以最大的加工速度来进行切割，而不考虑表面粗糙度以及变质层的厚度，如下料、直接切割出零件以及多次切割中的粗加工等，目前高速走丝线切割机床的最大切割速度可以达到 200 mm^2/min，而低速走丝线切割机床有的则可达到 500 mm^2/min。但是，对于常规的冲压模具来说，实际需要的并不一定是最大的切割速度，而是保证刃口质量前提下的综合加工速度。

5. 小圆角要求

线切割所能加工出的最小圆角，理论上等于丝的半径加上最后一次加工所包含的放电间隙，如图 1-1(a)所示。最小圆角在这里指的是最小内圆角，而外圆角没有限制。

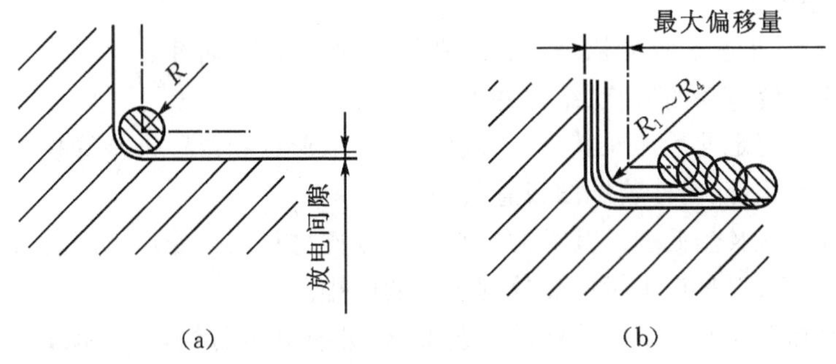

图 1-1　丝径、偏移量与最小圆角的关系

在编程时还要检查偏移量是否大于最小圆角半径，如图 1-1(b)所示。最大偏移量为电极丝的半径、各次加工余量和末次放电间隙之和，如果大于图样上要求的最小半径，就会产生根切，影响工件上的圆角。

电极丝的直径决定了所能够切割出的最小圆角，越细的电极丝能够加工出越小的内圆角。但是，细丝所能够承受的加工电流很小、选择细丝的代价是大幅降低加工速度。所以，为解决含有大量圆角轮廓的加工速度问题，出现了这样两种实用方案：

(1)多次切割编程中，把每次切割的轮廓分开编程，每次都按最小圆角选取，以获得丝径可能达到的最小加工圆角。目前已有很多 CAM 软件已经具备这种功能，能够自动生成具有相同圆角、不同偏移量的多次切割轨迹，避免人工改变圆角多次编程的麻烦。

(2)利用机床自动化程度高或自动找正重复精度高的特点，采用两套送丝机构，用双丝来进行加工。粗加工用粗丝，精加工用细丝；用细丝可以获得更小的圆角，粗丝则兼顾了粗加工时的切割速度。

另外，由于电极丝的柔性，在放电力的作用下产生弯曲，导致实际加工出的轮廓偏离理论轨迹，圆角半径越小误差越大，尤其是当工件的厚度加大了，误差会更加明显，如图 1-2 所示。

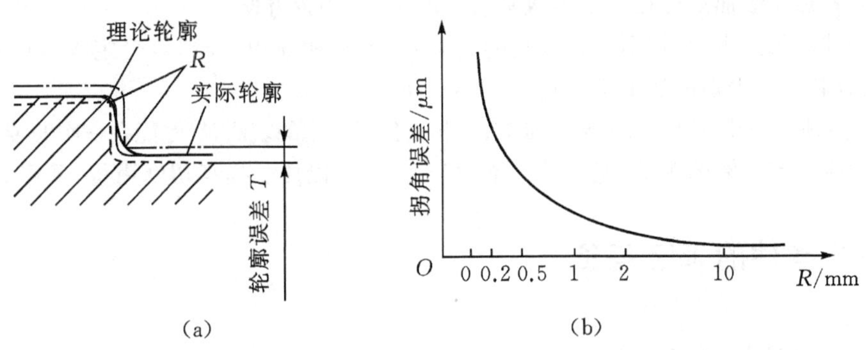

图 1-2　拐角误差与圆角半径 R 的关系

1.1.2 零件的结构工艺性分析

在制定零件的机械加工工艺规程之前，要对零件进行深入细致的工艺分析。

零件的工艺分析是从加工制造的角度对零件进行分析，主要包括零件的图样分析和零件的结构工艺性分析两方面内容。

1. 分析零件图样

零件图样是设计工艺过程的依据，因此，必须仔细地分析、研究。

(1)通过图样了解零件的形状、结构并检查图样的完整性。

(2)分析图样上规定的尺寸及其公差、表面粗糙度、形状和位置公差等技术要求，并审查其合理性，必要时应参阅部、组件装配图或总装图。

(3)分析零件材料及热处理。其目的一是审查零件材料及热处理选用是否合适，了解零件材料加工的难易程度；二是初步考虑热处理工序的安排。

(4)找出主要加工表面和某些特殊的工艺要求，分析其可行性，以确保其最终能顺利实现加工。

通过分析、研究零件图样，对零件的主要工序及加工顺序获得初步概念，为具体设计工艺过程各个阶段的细节打下了必要的基础。

2. 零件的结构工艺性分析

(1)结构工艺性的概念　零件的结构工艺性是指所设计的零件在满足使用要求的前提下，制造的可行性和经济性，它是评价零件结构设计优劣的主要技术经济指标之一。零件切削加工的结构工艺性涉及零件加工时的装夹、对刀、测量和切削效率等。零件的结构工艺性差会造成加工困难，耗费工时，甚至无法加工。

零件的结构工艺性的好与差是相对的，与生产的工艺过程、生产批量、工艺装备条件和技术水平等因素有关。随着科学技术的发展和新工艺的出现及生产条件的变化，零件的结构工艺性的标准也随之变化。

(2)零件结构工艺性

①零件的结构尺寸(如轴径、孔径、齿轮模数、螺纹、键槽和过渡圆角半径等)应标准化，以便采用标准刀具和通用量具，使生产成本降低。

②零件结构形状应尽量简单和布局合理，各加工表面应尽可能分布在同一轴线或同一平面上；否则，各加工表面最好相互平行或垂直，使加工和测量方便。

③尽量减少加工表面(特别是精度高的表面)的数量和面积，合理地规定零件的精度和表面粗糙度，以利于减少切削加工工作量。

④零件应便于安装，定位准确，夹紧可靠；有相互位置要求的表面，最好能在一次安装中加工。

⑤零件应具有足够的刚度，能承受夹紧力和切削力，以便于提高切削用量，采用高速切削。

1.2 凸模零件的工艺装备

1.2.1 电切削加工原理

电火花线切割加工与电火花成型加工一样，都是基于电极之间脉冲放电时的电腐蚀现象。

所不同的是，电火花成型加工必须事先将工具电极做成所需的形状及尺寸精度，在电火花加工过程中将它逐步复制在工件上，以获得所需要的零件。电火花线切割加工则不需要成型工具电极，而是用一根长长的金属丝做工具电极，并以一定的速度沿电极丝轴线方向移动(低速走丝是单向移动，高速走丝是双向往返移动)，它不断进入和离开切缝内的放电区。加工时，脉冲电源的正极接工件，负极接电极丝，并在电极丝与工件切缝之间喷射液体介质；另外，安装工件的工作台，则由控制装置根据预定的切割轨迹控制伺服电机驱动，从而加工出我们所需要的零件。

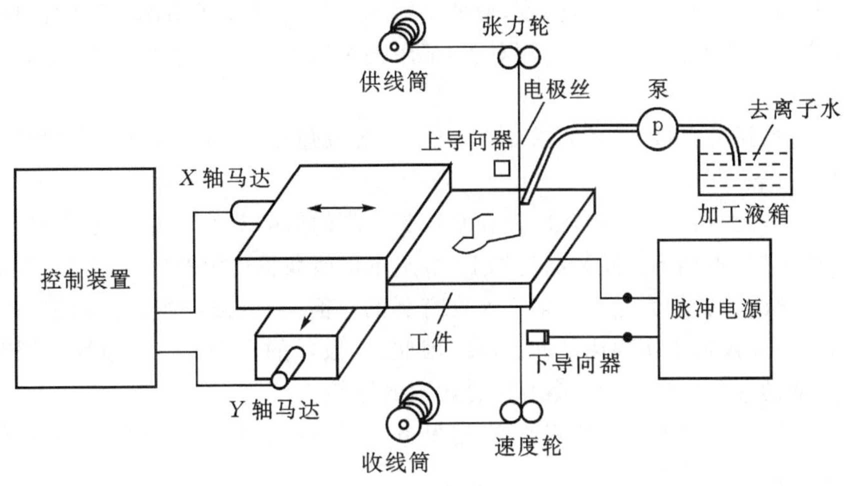

图 1-3　电火花线切割加工原理

1.2.2　线切割机床的结构

机床本体由床身、坐标工作台、运丝机构、丝架(高速走丝机)或立柱(低速走丝机)、工作液箱、附件和夹具等几部分组成。

床身、立柱的结构类型如图 1-4 所示，其中框形结构和 C 形结构适用于中小工件加工，而龙门形结构的布局呈对称型，刚性强，有利于热平衡，适用于大型及精密工件加工。

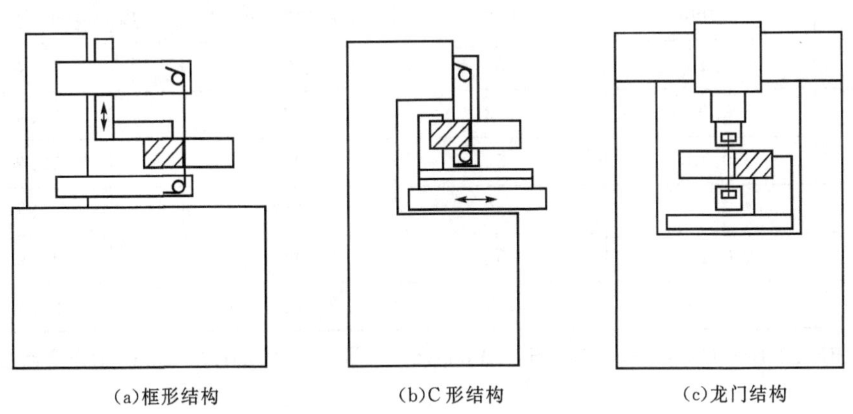

(a)框形结构　(b)C 形结构　(c)龙门结构

图 1-4　床身的结构类型

1.2.3 快走丝常用丝的选用

(1)电极丝的种类及性能　高速走丝电火花线切割加工所用的电极丝,也要求导电性能、热学物理性质好、抗拉机械特性好、几何精度高。但和低速走丝不同:低速走丝机是单向走丝不重复使用;而高速走丝机则是在高速往返移动情况下重复使用,不仅承受冲击力大,而且要求抗电腐蚀。要求切割 50000 mm^2 工件后,电极丝直径损耗要在 0.01 mm 之内。

低速走丝机常用的黄铜丝和镀层铜丝抗拉强度低,伸长率大都不适合在高速走丝机上使用。钢芯电极丝虽有钢丝增加抗拉强度,但外层镀的铜很容易在线切割加工时消耗掉。试验发现,在高速走丝机现有条件(现有高频电源)下用钢芯铜电极丝进行线切割加工,加工不到半天,电极丝直径已减小 0.04～0.05 mm。

高速走丝机所用的电极丝,还要求导电性能好、抗拉强度高、伸长率小、耐电腐蚀的钼丝或钨钼丝,其性能见表 1-2。

(2)电极丝直径的影响　电极丝的直径对切割速度的影响较大。若电极丝直径过小,则承受电流小,切缝也窄,不利于排屑和稳定加工,显然不可能获得理想的切割速度。因此,在一定的范围内,电极丝的直径加大是对线切割速度有利的。但是,电极丝的直径超过一定程度,造成切缝过大,反而又影响了切割速度的提高。因此,电极丝的直径又不宜过大。同时,电极丝直径对切割速度的影响也受脉冲参数等综合因素的制约。

为了在不同加工电流下比较切割速度,这里引入了切割效率 v_{uip} 的概念。所谓切割效率,就是单位加工电流的切割速度:

$$v_{uip}=v_{ui}/I \tag{1-1}$$

式中:I——加工电流(A)。

例如,切割速度为 80 mm^2/min,加工电流 $I=4A$,则切割效率 $v_{uip}=v_{ui}/I=80/4=20$ $mm^2/min\cdot A$,就是说每安培的切割速度为 20 mm^2/min。电极丝直径大小与切割速度和切割效率的关系见表 1-3。

表 1-3　电极丝直径大小与切割速度和切割效率的关系

电极丝材料	电极丝直径 d/mm	加入电流 I/A	切割速度 v_{ui}/(mm^2/min)	切割效率 v_{uip}/(mm^2/min·A)
Mo	0.18	5	77	15.4
Mo	0.09	4.3	100	25.4
W20Mo	0.18	5	86	17.2
W20Mo	0.09	4.3	112	26.4
W50Mo	0.18	5	90	17.9
W50Mo	0.09	4.3	127	27.2

注:加工条件相同:工件为 Crl2,HRC>55°,$H=50$ mm;$t_i=8$ μs;$t_0=24$ μs;$u_i=70$ V;工作液浓度为 15%的 DX-1。

(3)电极丝上丝、紧丝对工艺指标的影响以及调整方法。电极丝的上丝、紧丝是线切割操作的一个重要环节,它的好坏,直接影响到零件的质量和切割速度。如图 1-5 所示,但电极丝张力适中时，切割速度($v_{wi}=v_f X$ 工件厚度)最大。在上丝、紧丝的过程中，如果上丝过紧，电极丝超过弹性变形的限度，由于频繁地往复弯曲、摩擦，加上放电时遭受急热、急冷变换的影响，可能发生疲劳而造成断丝。高速走丝时，上丝过紧易造成断丝，而且断丝往往发生在换向的瞬间，严重时即使空走也会断丝。

但若上丝过松，由于电极丝具有延伸性，在切割较厚工件时，由于电极丝的跨距较大，除了它的振动幅度较大以外，还会在加工过程中受放电压力的作用而弯曲变形，结果电极丝切割轨迹落后并偏离工件轮廓，即出现加工滞后现象(图 1-6)，从而造成型状与尺寸误差，如切割较厚的圆柱体会出现腰鼓形，严重时电极丝快速运转容易跳出导轮槽或限位槽，而被卡断或拉断。所以，电极丝张力的大小，对运行时电极丝的振幅和加工稳定性有很大影响，故而在上电极丝时应采取张紧电极丝的措施。如在上丝过程中外加辅助张紧力，通常用可逆转电动机，或上丝后再张紧一次(例如采用张紧手持滑轮)。为了不降低电火花线切割的工艺指标，张紧力在电极丝抗拉强度允许范围内应尽可能大一点，张紧力的大小应视电极丝的材料与直径的不同而异)，一般高速走丝线切割机床钼丝张力应在 5～10 N。

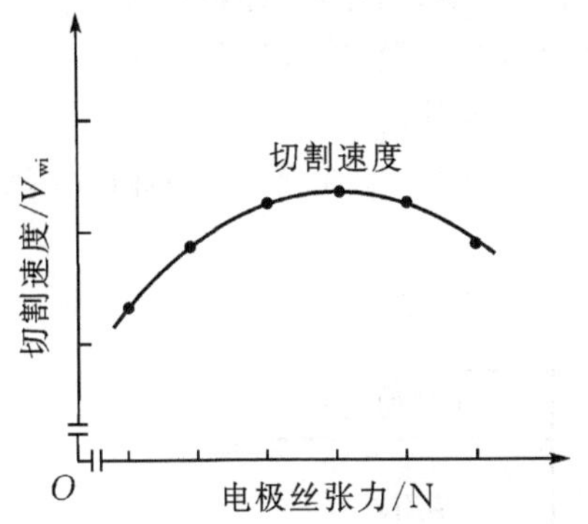

图 1-5　线切割电极丝张力与加工进给速度的关系

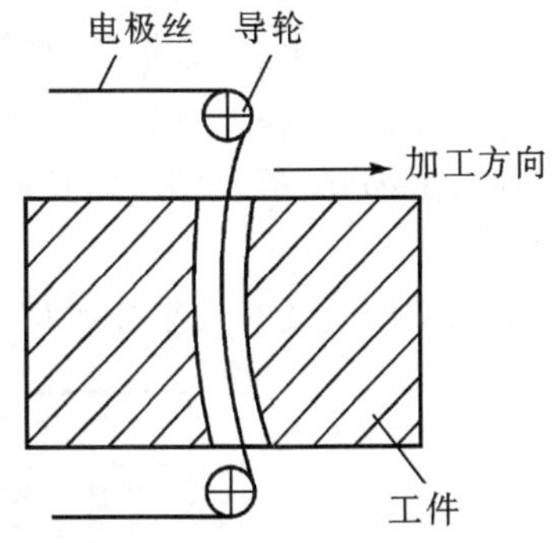

图 1-6　放电切割时电极丝弯曲滞后

1.2.4　工件安装找正

垂直找正块是一长方体，各相邻面相互垂直在 0.005 mm 以内，用来找台面垂直的方法。其使用方法是：把找正块放置于卡上，注意使找正块与夹具接触好，可来回移动几下找正块。电极丝的找正是从 x 和 y(机床前后方向为 x，左右方向为 y)两个方向分别进行的。找正 x 方向电极丝垂直，找正块放在夹具上，并使找正块伸出距离在电极丝的有效行程内。接着从电柜上选择微弱放电功能，然后在手控盒功能下移动电极丝靠近找正块，开始速度可以快些，靠近后要点动手控盒，移动电极丝直至与找正块之间产生火花，若是沿 X 正向接近找正块，火花在找正块下面，可按 $U+$ 并让 X 向负回退一点，直至上下火花均匀，则 X 方向电极丝垂直已找好，X 向负移开电极丝。Y 方向电极丝垂直找正，用方尺靠上下锥度头，移动 V 轴使上下两锥度头侧面在同一平面上，然后调整上下导轮(具体方法如上所述)保证钼丝与工作台的垂直度(注意不能再动 V 轴)。

1.3 凸模零件加工工艺设计

1.3.1 线切割基本工艺路线及应用场合

数控电火花线切割加工的工艺路线如图1-7所示，可以大致分为如下四个步骤：

(1)对工件图样进行审核及分析，并估算加工工时。

(2)工艺准备，包括机床调整、工作液的选配，电极丝的选择及校正，工件准备等。

(3)加工参数选择，包括脉冲参数走丝速度及进给速度设置与调节。

(4)程序编制及程序输入。

电火花线切割加工完成之后，需根据加工要求进行表面处理，并检验其加工质量。数控电火花线切割加工方法已在我国得到广泛应用，并在制造业中尤其是在模具制造中发挥了重大作用，其应用领域主要在如下几个方面：

(1)加工冲压模，包括大、中、小型冲压模的凸模、凹模、固定板、卸料板等。

(2)加工粉末冶金模、镶拼型腔模、拉丝模、波纹板成型模、冷拔模等。

(3)加工样板、成型刀具、电火花成型、加工成型电极等。

(4)加工微细孔、槽、窄缝，如异形孔、喷丝板、射流元件、激光器件等的微孔窄缝以及微型零件。

(5)加工和切割稀有贵重金属材料以及各种复杂零件等。

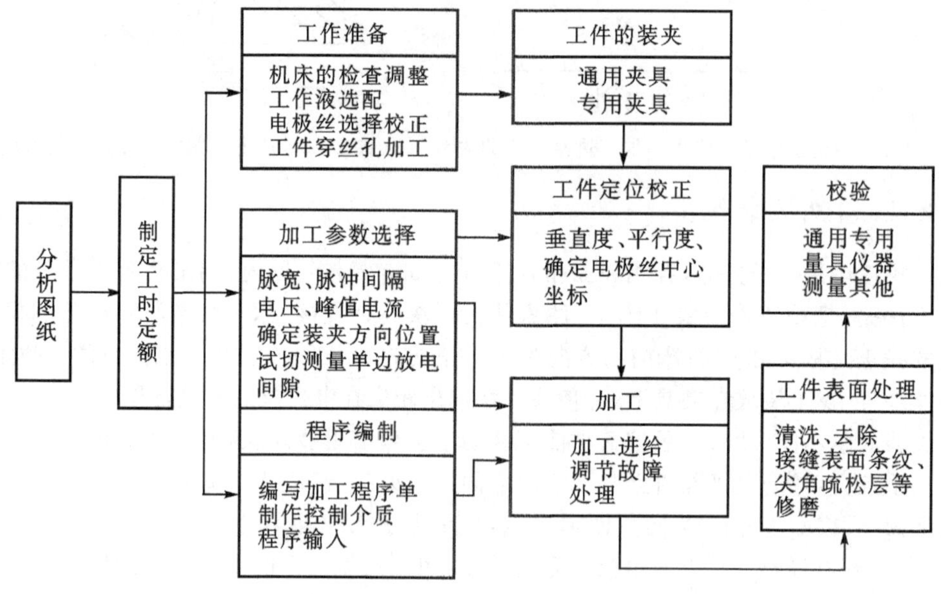

图1-7 数控电火花线切割加工工艺路线

1.3.2 凸模零件加工工序安排

合理安排线切割工序，对于提高线切割加工生产效率具有重要意义。合理的工序不仅能减少加工过程中的人为干预，避免因策划不当或是对参数把握不准而带来的停机，而且还可以充分利用线切割机床自动设置加工参数的功能。

(1)先易后难，自我确认　以多工位级进模具的模板加工为例，先从容易的、对误操作敏感度低的地方开始。比如先加工固定板，再加工凹模板，最后加工卸料板，这样操作者比较容易建立起信心。因为，对于用卸料板导向的级进模来说，它的重要性与模具上其他零件的关联度最大。如果一开始就加工卸料板，对设定的偏移量与实际值之间的偏差把握不准，或者对机床的状态不清楚，一旦切出的型腔与凸模配合的间隙过大，这块模板就会彻底报废。相比之下对固定板要求的间隙就宽容得多，即便加工中有些失误也能挽回。

在同一块模板的加工过程中，也可以本着这种先易后难的原则。从简单的、容易在机测量的、公差带较宽的中小孔开始切割；在确认了设定的参数是正确的之后，便可以从容地完成后面所有型腔的加工。

(2)充分利用自动穿丝功能　使用带有自动穿丝功能的线切割机进行多型腔模板加工时，要根据型腔的大小来决定断口的留量，在无人看管的情况下不切断废料，加工到暂停点，自动剪丝后，走到下一个型腔继续加工，直至完成所有的型腔。然后，在有人监视的情况下，重新启动或调用程序，逐个切断并一一取出各自的废料。当全部废料取出之后，机床又能够自动进行后续所有型腔的再次或多次切割，恢复到无人监视状态。

断口的留量取决于型腔的大小和切断时的轨迹方向。废料自重产生的弯矩越大，断口应留得越长。有时，一个型腔可以分为几段，由不同的穿丝孔来引导，目的为了减少弯矩的不利影响，如图 1-8 所示。

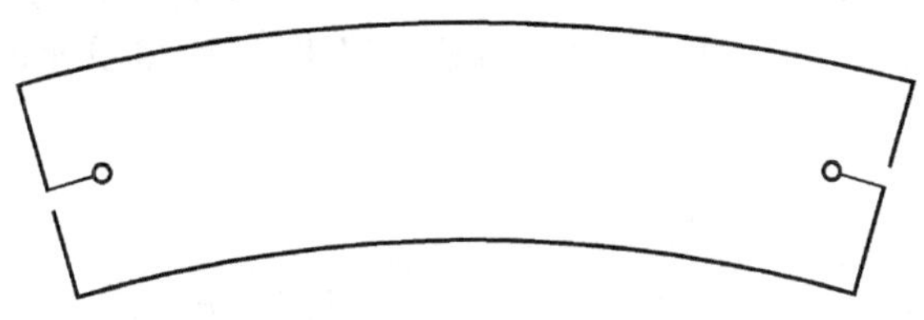

图 1-8　对大型腔进行分段加工

如果设计了专门的切断程序，穿好丝之后，就可以用最短路径，沿相反方向将废料切断，这时的断口保留 1 mm 长度或更短一些即可。如果顺着原有程序路径重新回到暂停点，就必须保证要切掉的废料与型腔之间必要的连接刚度，才能使切缝的宽度不会因材料变形而发生太大的变化，电极丝就可以不带电或仅以弱规准加工至暂停点，等候切断指令。

(3)根据工艺特点，选择不同的加工排列　成批加工凸模或零件时，两种走丝形式的线切割机由于它们对冲液方式的依赖程度的不同，使得对加工顺序的排列有所不同。

高速走丝线切割加工时，由于不需过多地考虑冲液方式是否得当，加工顺序的排列显得不是十分紧要，如图 1-9(a)所示散热器翅片电极的加工。先把一个方向做好，取出废料，再通过转动夹具 90°，完成另一个方向上的切割。

低速走丝线切割加工如果也像图 1-9(a)那样来加工就会有问题。在第一个方向上，切割会因上下喷水嘴与柱面之间封不住水，而丧失了压力冲液的条件，加工速度会成倍地降低，尤其是对非浸液式的加工；在转动了 90°后的第二个方向上，同样不能实施高压冲液，因为压力过高会使靠近上下水嘴的电极片弯曲。

图 1-9(b)是为适应低速走丝线切割对冲液条件的苛求而采取的加工顺序。在工件毛坯上先用其他工艺手段加工出一对平行表面，厚度比最终尺寸增加一个变形修正量和若干次修切的加工余量，在调转 90°之后，这对平行表面无需用大电流再次粗切，也没有排屑问题。另外，为防止喷水嘴与工件发生碰撞，电极根部在铣削加工时要向后多移出一段距离。这样，工件装夹好后喷水嘴就能贴近工件表面，用上下冲液方式，先加工出带有弧形的轮廓，再加工出梳型轮廓，使得第一次切割时就能用上较高的冲液压力、又不至于使高压冲液对第二次切割造成影响。

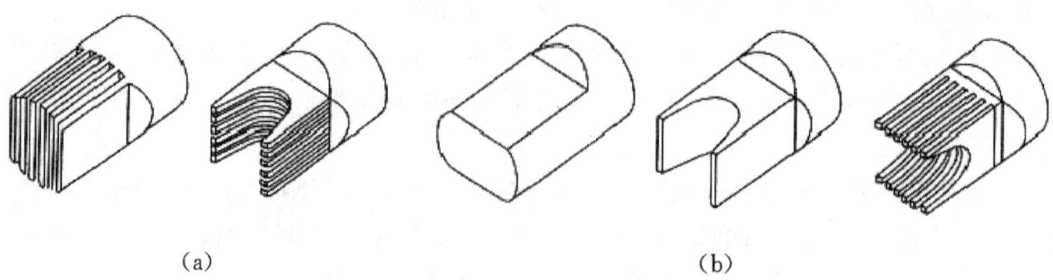

(a)　　　　(b)

图 1-9　两类线切割机床采用的不同加工顺序

又如，批量加工消耗性的电机冲头。用高速走丝线切割可以加工一批，切断一批，最后用磨削的办法统一进行断口处理(图 1-10(a))。用带有自动穿丝的低速走丝线切割机床加工，务必不要使一组冲头的数量太多。因为，如果加工中排列的冲头数量太多，一旦中途出现断丝，就得回到起始点，重新穿丝后再次切割。由于材料变形、冲液的干扰作用，多次放电会对已加工好的冲头表面造成损伤，影响精度。所以，最好用小分组、多单元的方式来进行加工排列(图 1-10(b))。

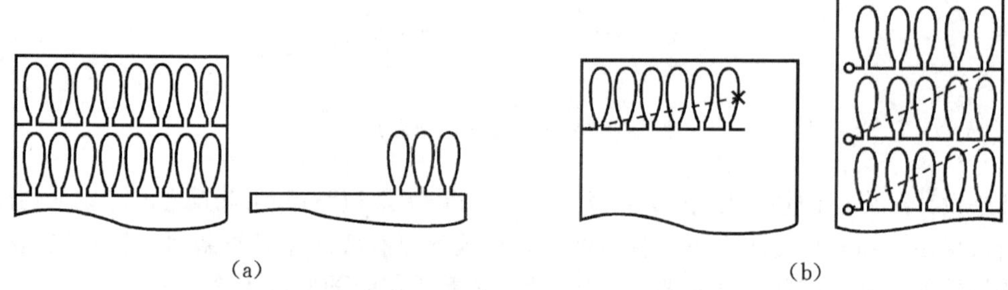

(a)　　　　(b)

图 1-10　两种不同冲头的加工排列

(4)规模生产时，编程与加工作业分离　一人多机生产时，编程和加工作业必须加以分离，这样可以提高各自的专业技能，减少出错的概率。模具零件专业化生产时，编程与机床操作混合作业如同驾车时打手机，肯定会增加运行的风险。

(5)提高机床无人化生产时的加工成功率　无人化生产时，尽可能选择轮廓简单、切割面积大、形状单一、具有一定批量的工件进行。对于复杂的级进模具的模板加工而言，如果上面的型孔小而多，每个轮廓的加工时间不长，最好是在有人监视的情况下完成第一遍的切割，取出所有的废料之后，再恢复到无人操作状态。

尽管也可以在每个轮廓上留下暂停点，最后在有人的情况下一并切断。但是，这样等于多增加了一次穿丝、上下水、启动、停止所需要的辅助时间，总的算下来未必省时。尤其是当工件上穿丝孔的位置有偏差，不能保证自动穿丝100%的成功率，无人化加工过程被中断的事是经常发生的，从而导致了计划完成的时间后延，影响模具的交货期。

(6)减少线切割的过度加工　既然电火花线切割加工的速度慢，那么零件加工能用其他工艺完成的就尽量不要用电火花线切割加工，能用一次切割完成的就不要用多次切割。

以凹模镶块为例，其外形既有精确的配合尺寸，又有很高的几何精度，用精密磨削加工要比用电火花线切割机直接加工效率高得多。要保证型腔与外形有很高的位置精度，除了用一次装夹和同时加工出内外形外，还有很多其他的工艺方法也能实现，效率更高。

电火花线切割加工断口应尽可能留在平面上，便于用磨削方式来快速处理断口。

进行凹模型腔加工时，先切割出落料斜度，再用多次切割精修刃口，尽量减小精加工面积。

对于同一轮廓线上不需要多次切割的线段，宁可编程时麻烦些，改变一下修切时的轨迹，也不要对没用的线段作无谓的精加工。

(7)压缩辅助时间　花费在线切割辅助时间上的主要作业有：装夹找正、程序读取、参数确认、废料取出、穿丝剪丝、液面升降、异常情况处理等。其中装夹找正所用的时间最长，尤其是对新手而言。为减少装夹找正的时间，选择适用的夹具、在机外做好预先的调定工作，能大大提高线切割工序的生产效率。

(8)加强对加工时间的预测与控制　根据切割轨迹的长度，在编程时就可以估算出总的加工时间。

对于高速走丝线切割机床而言，知道了总的时间不仅能预计在多长的时间内完成，还可以估算电极丝的损耗对尺寸精度所产生的影响。

对于低速走丝线切割机床来说，了解总的加工时间可以根据以下几个方面进行：

①是否有足够的储丝量。

②各个加工任务之间在时间上的衔接。

③针对每项任务的工时分配合理性。

④在当前运行周期内对机床安排例行维护与必要的保养。

从而有利于对机床的工作状态监视、运行成本核算和模具工期控制等。

总之，任何影响加工周期的因素，都要认真分析，予以控制。如果在加工策划阶段就能系统地、并行地考虑上述有关问题，必然可以提高线切割加工的工作效率。

1.3.3　凸模零件偏移量的确定

由于电极丝的直径和放电间隙的存在，加工时电极丝的运动轨迹都必须偏离工件轮廓一定距离，才能保证加工结果符合设计要求。另外，模具加工需要在不同的模板上根据相同的轮廓加工出不同间隙的型腔，可以按理论轨迹编程、通过直接修改偏移量来满足这一要求。

对于高速走丝线切割加工来说，偏移量(编程时的补偿量)通常为电极丝的半径再加上0.01 mm的放电间隙，习惯上比较固定。放电间隙虽受加工规准、工作液状态以及工件材料等物理因素影响，但在编程时一般都不考虑，常设定为一个固定值。偏移量的更改主要是为了弥补较长时间加工后，正常损耗所导致丝径的减小。

对于低速走丝(含中走丝)线切割加工来说，加工规准、冲液状态、工件材料、多次切割时的预留量，以至放电时的热影响都会对偏移量的设置起作用。标准加工状态下的偏移量，在机床的使用手册中一般都有明确的数值，可以直接查询。表1-4是低速走丝电火花线切割机进行四次切割的偏移量，所用的黄铜丝直径为0.25 mm，工件材料为厚度50 mm的Cr12。

表1-4　低速走丝电火花线切割机进行四次切割时的偏移量

切割次数	偏移量/mm	加工余量+放电间隙/mm	蚀除量/mm	Rα/μm
1	0.242	0.117	0.342	2.0
2	0.172	0.052	0.065	1.5
3	0.147	0.022	0.030	1.0
4	0.137	0.012	0.010	0.6

需要指出的是，机床操作手册上的设定值只是一种参考值，并不能满足所有的加工需求、替代人们在工艺上的不断探索与创新。因为，有许多变动因素导致了实际加工结果与标准状态不符：新旧机床在脉冲电源输出回路上不同的传输损耗；不同的工件材料及内应力分布引起的伺服状态改变；工作液电导率与冲液压力偏离校正状态；差异很大的几何形状；不同的电极丝质量、电极丝移动过程因摩擦阻力变化而导致张力的改变等。

在多次切割中，最后一次修切决定了零件的表面粗糙度，而第二次切割则基本上决定了零件加工的尺寸大小，次后的修切对尺寸大小也有一些影响，但加工量甚微，这是设定多次切割中各挡加工余量的主要依据，也是平衡速度与质量要求的法码。

随着多次切割次数的增加、放电能量的逐级降低，在工件尺寸接近最终要求的同时，表面粗糙度也会明显地改善许多；如果表面质量变好了，尺寸精度反而变差的话，就要考虑加工余量留得是否合适。尤其是当工件厚度比较大时，精加工余量选择不当、前一次切割加工留下的形状误差偏大或是不均匀、甚至只有几个微米的差异，都会导致最终的尺寸精度恶化。规准越弱对加工余量的大小、分布的均匀程度越敏感。

所以，对重要的高大零件进行加工之前一定要确认各次切割中选用的偏移量是否合适，不单单是遵循使用说明书，一定要有经过验证的数据。否则，在实际的加工中很可能出现意想不到的问题，例如在工件表面上留下无法去除的深沟条纹或者母线的直线度不好，影响到最终的加工质量。

1.3.4　凸模零件的结构工艺性分析

1. 切割凸模之类的型芯零件

(1)合理选择起始点及切割方向　凸模之类的零件进行电火花线切割加工时，首先要合理选择切割起始点，即从零件的哪个位置进入切割轨迹。起始点应选在线段交点处，以免出现接痕；起始点应接近被加工工件的重心，这样在加工临近结束时，工件自重产生的力矩影响会小一些。切割方向的选择，主要是为了避免工件材料内应力所产生的变形影响。例如加工图1-11所示工件时，工件材料左边被夹持固定，若采用图1-11(a)所示的顺时针方向切割时，就会因内应力影响而变形，导致加工尺寸偏差增大；若选用图1-11(b)所示逆时针方向切割，则可以避免应力变形的影响。在此提醒大家：图1-11(b)所示的切割路线，如起点为2，则效果就不如起点1。因为，此时从左往右进行最后切割时，工件是连结固定在易变形的废料上。

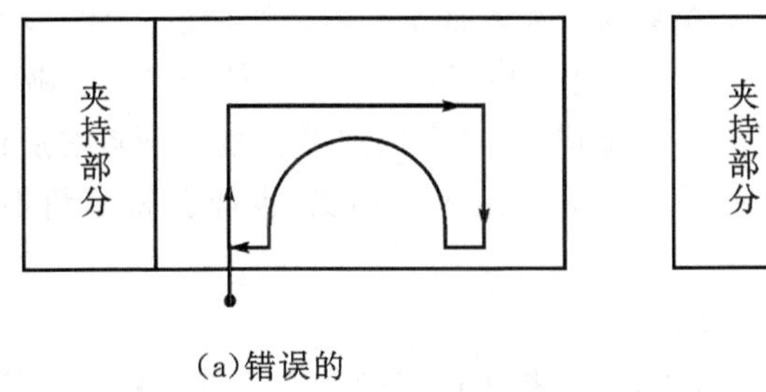

(a)错误的

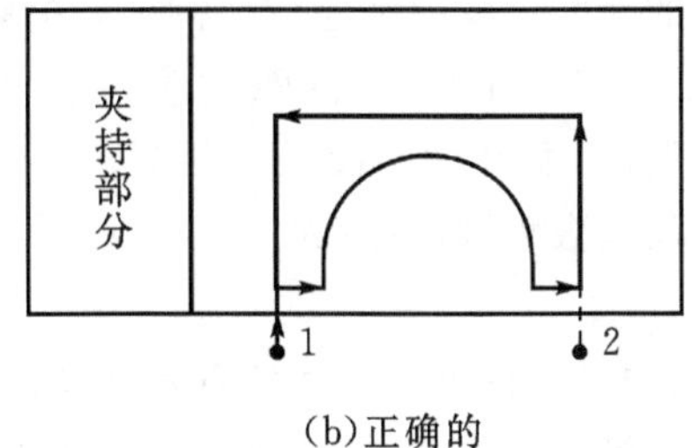

(b)正确的

图 1-11　切割路线的确定

(2)采用带穿丝孔的封闭式切割　加工凸模之类的零件时，习惯上都不考虑打穿丝孔，而是从材料边界之外通过一段较长的引入程序切割进去，这样操作十分方便，但容易受材料内应力影响而使加工件变形。在一些加工精度要求较高的场合，都应该事先加工好穿丝孔，采用封闭切割，让工件材料切除的废料仍连接在一起，有助于被加工件的空间位置固定及加工精度的提高。

(3)采用多起点切割工艺　对于加工精度要求高的中大型凸模之类零件，即使是采用封闭式加工，还是会因切缝存在(切缝宽度为电极丝直径加二倍的放电间隙)而产生变形。为减小这种变形的影响，可采用多起点切割工艺，让每个均分切割段都留少量的支承。图 1-12 所示工件是采用 4 点切割工艺的示意图，4 个对称的支承点为 0.4 mm 宽，这种工艺方法可改善工件的变形。

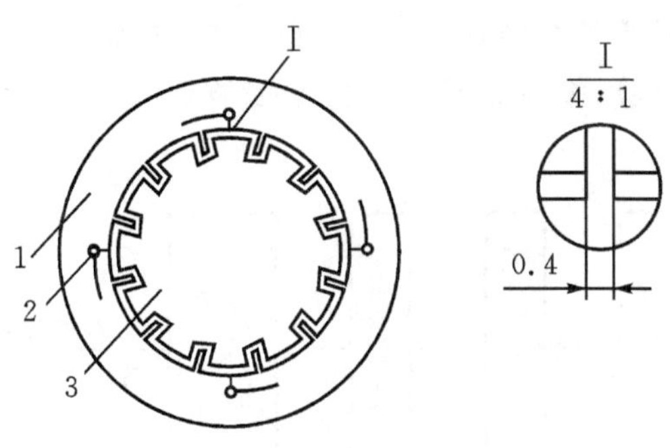

1—材料；2—切割点；3—工件

图 1-12　采用 4 点切割

(4)采取有效措施保证走丝系统运行平稳　低速走丝线切割机的走丝系统应用了张力机构，可以保证电极丝单向移动平稳和张力恒定。但高速走丝线切割加工的电极丝是高速往返移动，容易产生电极丝的抖动和松动。因而要求：

①加工一段时间后，都要紧丝一次；

②丝筒、导轮、导电块要定期检查，发现有损坏都要及时更换；

③定期校正电极丝与工作台面的垂直度；

④经常根据电极丝损耗后的直径大小，实时修正编程补偿量。

2. 改善形位精度的工艺方法

(1)清角线切割加工工艺　凸模之类的零件清角加工工艺比较简单，只要在加工到棱角顶端时沿原来的切割方向继续向前切割一定的距离(约增加 0.5 mm 的切割长度),然后以这段距离(约 0.5 mm)为半径,沿圆弧过渡到棱角的另一边后继续加工,便可获得小圆弧 R 小于 0.1 mm 的清角。如清角小圆弧半径要求不是特别高,也可以加工到棱角顶点之后停止前进,并继续放电加工数秒钟(一般为 2～3 s),再转入下一条程序加工,也能获得塌角不太明显的清角。

(2)控制加工零件垂直度和位置精度的工艺方法

①收紧电极丝,保证电极丝有一定的张力,然后校正电极丝的垂直度。用电火花线切割加工方法加工模具时首先要控制好型腔的垂直度,然后以型腔为基准。只要线切割加工的型腔孔槽垂直度能得到保证,型芯镶嵌在线切割加工好的型腔孔槽中垂直度也能得到保证。

②检查线切割机的双向定位精度,并去除工件上的毛刺、杂物,装夹后用紧丝过的电极丝自动找基准中心。在跳步加工时,记下每一次跳步的位置坐标值,以便检查断丝回退的准确性。一般来说,只有机床的双向定位精度能得到保证,上述工艺过程规范,便可控制电火花线切割加工的位置精度。

1.4 凸模零件加工编程方法

1.4.1 凸模零件程序编制的步骤和方法

1. 程序编制的一般步骤

所谓的程序编制是指从零件图样到程序校验和试切割的整个过程,包括确定工艺过程,确定坐标系及运动轨迹坐标计算,编写加工程序单,以及程序校验与试切检查等,程序编制的步骤如图 1-13 所示。

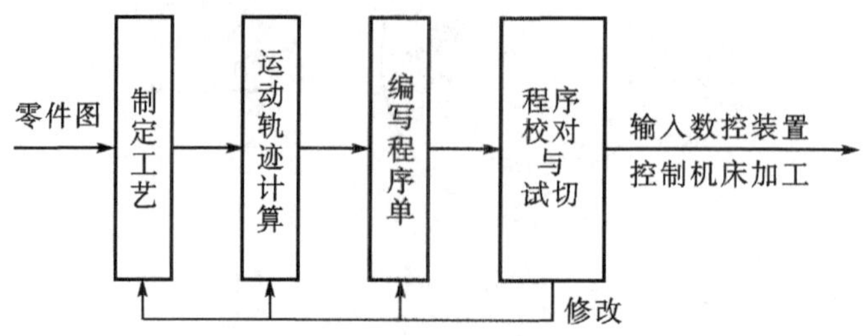

图 1-13 程序编制的一般过程

(1)确定工艺过程 编程之前,首先应根据图样要求对工件的形状、技术条件、制造要求、坯料及工艺方案进行详细分析,从而确定装夹方法、起割点及切割路线。对于其他数控加工,还应合理选用机床设备、刀具及切割条件等,以提高数控加工技术经济效果。

(2)运动轨迹的坐标计算 根据零件图样的几何尺寸、切割路线及其所确定的坐标系,计算粗加工和精加工的各个运动轨迹坐标值,诸如运动轨迹的起点和终点、圆弧的圆心等坐标尺寸;对电极丝的运动轨迹还要注意它的移动中心轨迹坐标;对于用圆头刀具加工的场合还有刀心运动轨迹坐标;对于非圆曲线,必须计算逼近线段的交点坐标值,并限制在允许误差范围以内;对于有公差要求的尺寸,还要考虑如何在编制中一并解决等。

进行坐标计算时，必须统一规定数控机床坐标轴名称及其运动的正负方向。目前国际上已统一了标准的坐标系(即采用右手直角笛卡儿坐标系)，规定直角坐标 X、T、Z 三者的关系及其正方向用右手定则判定。我国也制定了 JB3051 — 82《数控直角坐标和运动方向的命名》数控标准，它与 ISO 841 等效。

编程时，还应明确绝对坐标系还是增量坐标系。运动轨迹的坐标点是以某一个固定原点计量的坐标系为绝对坐标系；若运动轨迹的终点坐标以其起点计算的坐标系等效为增量坐标系。

(3)编写加工程序单　根据计算出的运动轨迹坐标值和已确定的加工顺序、工艺参数以及辅助动作，按照数控装置规定使用的功能指令代码及程序格式，逐段编写加工程序单。在程序段之前加上程序的顺序号，在其后加上程序段结束符号。此外，还应附上必要的加工示意图、刀具布置图、机床调整卡、工序卡以及必要说明(如零件名称与图号、零件程序号、机床型号以及目期等)。

(4)程序校验和试切　程序单必须经过校验和试切割才能正式使用。一般的方法是将程序单的内容直接输入到 CNC 装置进行机床的空转检查，在有 CRT 屏幕图形显示的数控机床上，用图形模拟刀具相对工件的运动轨迹则更为方便。为了确保加工零件的质量，必要时还需要用试切的方法进行实际切割检查。

2. 程序编制方法

根据零件几何形状的复杂程度、程序的长短以及编程精度要求的不同，可采用不同的编程方法，主要有手工编程和计算机零件编程。

手工编织程序就是在图 1 - 13 所示的编程全过程中，全部或主要由人工进行。对于几何形状不太复杂的简单零件，所需的加工程序不多，坐标计算也较简单，出错的概率小，这时用手工编程就显得经济而且方便。因此，手工编程至今仍广泛地应用于简单的点位加工及直线与圆弧组成的轮廓加工中。但对于一些复杂零件，特别是具有非圆曲线、曲面的表面(如叶片、复杂模具)，或者零件的几何元素并不复杂，但程序量很大的零件(如复杂的箱体或一个零件上有千百个矩阵钻孔)，或者是需要进行复杂的工步与工艺处理的零件(如数控车削和加工中心机床的多工序集中加工)，由于这些零件的编程计算相当繁琐，程序量大，手工编程就很难胜任，即使能够编出，往往耗用时间长、效率低，而且出错概率高。因此，必须解决程序编程的自动化问题，即利用计算机进行辅助编程。

计算机零件编程常称自动编程。自动编程是借助于计算机及其编程软件的帮助来完成图 1 - 13 的几乎全部编程内容。自动编程的方法很多，在生产实践中应用的不下百种，主要有 APT 语言编程、图形编程及语音编程等。高速走丝电火花线切割机所提供的自动编程方法一般为图形编程，我们应用了作图编程系统之后都会感到，计算机辅助编程可显著减轻劳动强度和缩短编程时间，使用也十分方便，而且零件越复杂、工艺过程越是多样繁琐，其技术经济效果也就越好。所以，目前自动编程技术已得到广泛应用。

3. 程序格式

一条完整的加工程序是由若干程序段组成；包括从数控机床开始执行任务到整个零件加工完毕后自动停止的整个过程。每条程序段则表示一种操作过程，除程序段结束字符“LF”外，还包括字、字符及数据组成程序段具体内容，表示一个完整的操作。

程序段格式或称程序格式是指一条程序段中，有字、字符及数据组成的基本形式。不同的数控系统有截然不同或大同小异的程序格式。其字符及数据表示的具体操作内容也会有所不同,因而在编程时必须首先熟悉机床的原始规定及其程序格式,才能正确编程。

目前广泛应用的程序格式有两种基本格式。一种是字—地址程序格式,即 ISO 代码"G"指令格式;另一种是采用分隔符的固定顺序的格式,如我国高速走丝电火花线切割机所用的"3B"指令程序格式。

(1)字—地址程序格式　字—地址程序格式(ISO"G"代码程序格式)每个字前有地址;各字的先后排列并不严格;数据的位数可多可少(但不得大于规定的最大允许位数);不需要的字以及与上一程序段相同的续效字可以不写。这种程序格式的优点是程序简短、直观、不易出错,故广泛使用。国际标准化组织已就这种可编程序段字—地址格式制定了 ISO 6983 - I—1982 标准。这为数控系统的设计,特别是程序编制带来很大方便。

(2)分隔符固定顺序格式　分隔符固定顺序格式("3B"指令程序格式)的特点是所有字的数字都用分隔符"HT"或"B"表示,但各字的顺序为固定,不可打乱;不需要的或与上一程序段相同的可以省,但必须补上分隔符。这种程序格式不需要判别地址的电路,数控系统简单。主要用于功能不多且较固定的数控系统,如高速走丝电火花线切割机的数控系统。其缺点是程序不直观,且容易出错。

1.4.2　凸模零件编制加工程序的注意事项

(1)移动工作台或主轴时,要根据与主件的远近距离,正确选定移动速度,严防移动过快时发生碰撞。

(2)编程时要根据实际情况确定正确的加工工艺和加工路线,杜绝因加工位置不足或搭边强度不够而造成的工件报废或提前切断掉落。

(3)线切割加工之前必须确认程序和补偿量正确无误。

(4)检查电极丝张力是否足够。在切割锥度时,张力应调小至通常的 1/2。

(5)检查电极丝的送进速度是否恰当。

(6)根据被加工件的实际情况选择敞开式加工或密封加工,在避免干涉的前提下尽量缩短喷嘴与工件的距离。密封加工时,喷嘴与工件的距离一般取 0.05～0.1 mm。

(7)检查喷流选择是否合理,粗加工时用高压喷流,精加工时用低压喷流。

(8)起切时应注意观察判断加工稳定性,发现不良时及时调整。

(9)加工过程中,要经常对切割工况进行检查监督,发现问题立即处理。

(10)加工中机床发生异常短路或异常停机时,必须查出真实原因并作出正确处理后,方可继续加工。

(11)加工中因断线等原因暂停时,经过处理后必须确认没有任何干涉,方可继续加工。

(12)修改加工条件参数必须在机床允许的范围内进行。

(13)加工中严禁触摸电极丝和被切割工件,防止触电。

(14)加工时要做好防止加工液溅射出工作箱的工作。

(15)加工中严禁靠扶机床工作箱,以免影响加工精度。

(16)废料或工件切断前,应守候机床观察,切断时立即暂停加工,注意必须先取出废料或工件,方可移动工件台。

1.4.3　分隔符固定顺序"3B"指令格式

1."3B"指令格式的基本形式

国内高速走丝电火花线切割加工数控系统，目前仍普遍采用分隔符固定顺序的"3B"指令格式。尽管这种程序格式有一定局限性，甚至在某种程度上影响了电火花线切割加工技术的发展，但广大用户早已习惯于采用"3B"指令格式；采购线切割加工设备时仍优选"3B"指令格式的电火花线切割加工机床。所以，我们也应作相应的了解。"3B"指令基本格式如表 1-5 所列。

表 1-5　"3B"指令格式

B	X	B	Y	B	J	G	Z
分隔符号	X 坐标值	分隔符号	Y 坐标值	分隔符号	计数长度	计数方向	加工指令

"3B"指令的几点说明：

(1)分隔符号　B 为分隔符号，因为 X、Y、J 均为数字，需用分隔符号将它们隔开。

(2)坐标值　X、Y 为坐标值，以 μm 为单位。加工圆弧时，以圆心为坐标原点，则 X、Y 为圆弧起点坐标值；加工斜线时，以斜线起始点为坐标原点，则 X、Y 为其终点坐标值。加工斜线时，允许 X 与 Y 坐标值按相同比例缩小或放大。

(3)计数长度　J 为计数长度，以 μm 为单位，是加工线段在计数方向上的总投影。

(4)计数方向　G 为计数方向。加工斜线时，设起点为坐标原点是 $O(0,0)$，终点坐标为 $A(X_A,Y_A)$则 $X_A>Y_A$时取 G_X，$J=X_A$；$X_A<Y_A$时取 G_Y，$J=Y_A$；$X_A=Y_A$时取 G_X或 C_y均可，$J=X_A=Y_A$。加工圆弧时，设圆心为坐标原点，圆弧起点 $A(X_A,Y_A)$，终点 $B(X_B,Y_B)$，则终点 B 靠近 X 轴时取 G_Y；终点 B 靠近 Y 轴时取 G_X；$X_B=Y_B$时取 G_X或 G_Y均可，计数长度 J 为整个圆弧段在计数方向上的投影总和。

①对于跨象限的圆弧段，X、Y 仍为起点坐标值，而计数方向取决于终点坐标位置靠近 X 轴的取 G_Y，计数长度为整个圆弧在所取坐标轴方向上的总投影。

②在同一个工件的加工过程中，X、Y 坐标轴方向应保持不变，即 X 滑板和 Y 滑板的运动方向是不变的。加工不同的曲线段时，取的坐标原点不同，坐标点能平移，而不能转角度。

③对平行于坐标轴的线段，为了区别于斜线，可称其为直线，此时令 X、Y 值均为 0。

(5)加工指令　加工指令 Z 共 12 种。如图 1-14 所示。加工的斜线在Ⅰ、Ⅱ、Ⅲ、Ⅳ象限时，分别用 L_1、L_2、L_3、L_4 表示。加工顺时针圆弧，而起点在Ⅰ、Ⅱ、Ⅲ、Ⅳ象限时，分别用 SR_1、SR_2、SR_3、SR_4，表示。加工逆时针圆弧时，如起点在Ⅰ、Ⅱ、Ⅲ、Ⅳ象限时则分别用 NR_1、NR_2、NR_3、NR_4 表示。

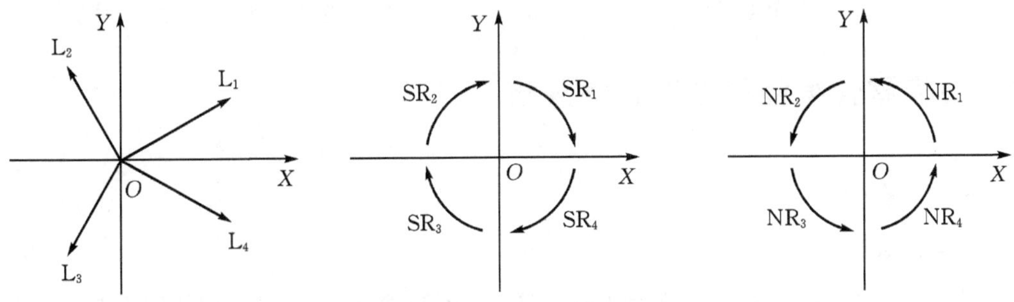

图 1-14　十二个加工指令

TP 系列电火花线切割机的数控系统是采用 ISO“G”代码指令格式；且能兼容“3B”指令格式，可以实现两种指令格式的自动转换。

2. 用“3B”指令格式写几何线段程序实例

(1)加工一条与 X 轴负方向夹角为 60°、长 80mm、终点在第Ⅲ象限的斜线，其程序为

B40000　　B69282　　B069282　G_Y　　L_3

(2)加工一条与 y 轴正方向重合的直线，长度为 21.5mm，其程序为

B　　B　　B021500　G_Y　　L_2

(3)加工线段的起点 $A(-3,2.5)$，终点 $B(2.5,-4.3)$，其程序为

B5500　　B6800　B006800　G_Y　L_4

由于斜线程序中的 X,Y 可以按比例缩小，上述程序可简化为

B55　B68 B006800　G_Y　　L_4

(4)设圆弧的圆心在坐标原点 $O(0,0)$，起点为 $A(-5,0)$，终点 $B(0,5)$，则其加工程序为

B5000　B　B005000　　G_X　　　SR_2

如果起点坐标在 X 轴负方向上，加工的是逆时针圆弧，则加工指令应该为 NR_3。

(5)加工图 1-15 所示圆弧，起点 $A(3,-4)$，终点 $B(1.5,4.77)$。由于终点 B 靠近 Y 轴取 G_x。圆弧半径 $R^2=X_A{}^2+Y_A{}^2$，$R=5$ mm，$J=(R-X_A)+(R-X_B)=5.5$ mm。则加工程序为

B3000　B4000　　B005500　　G_X　　NR_4

(6)加工图 1-16 所示圆弧，起点 $A(7,-12)$，终点 $B(12,7)$。由于终点 B 靠近 X 轴取 G_y。圆弧半径 $R^2=X_A{}^2+Y_A{}^2$，$R=13.892$ mm。计算长度 $J=(R-y_A)+2R+(R-y_B)=36.568$mm。其加工程序为

B7000　B12000　B036568　G_Y　SR_4

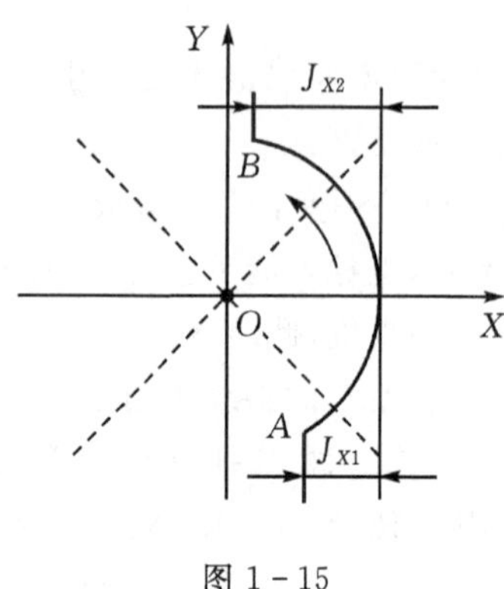

图 1-15

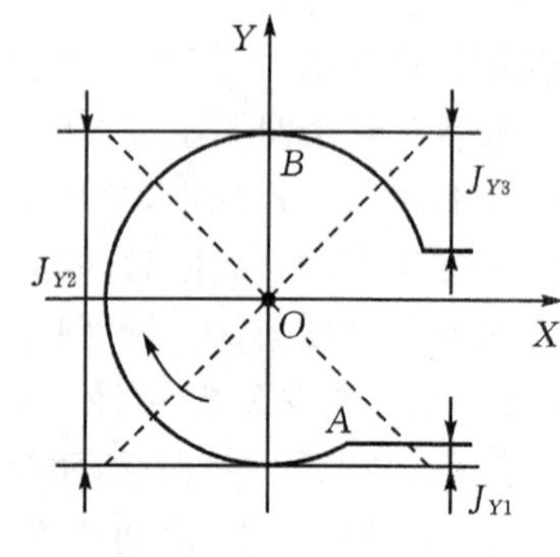

图 1-16

1.5　凸模零件编程与加工案例分析

1.5.1　实例一

1. 实例描述

凸模零件如图 1-17 所示，材料为 Cr12，零件厚度为 10 mm，要求采用数控快走丝电火花线切割加工机床加工。

2. 加工分析

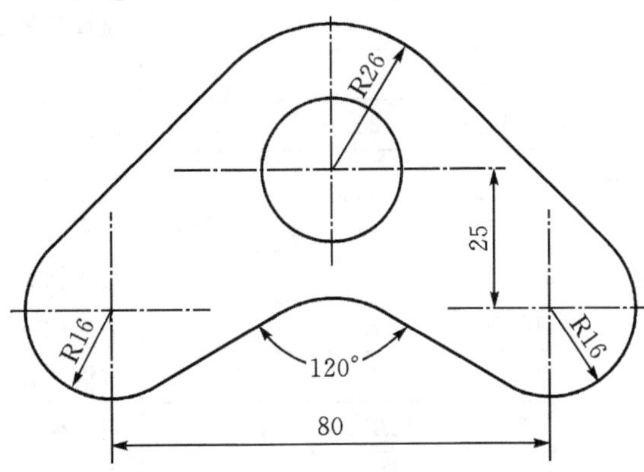

图 1－17　凸模零件

根据图 1－18 所示零件和加工要求，把穿丝点设定在编程原点(0,0)，加工的起点和终点均为(0,－20)。用直径为 0.2 mm 铝丝，单边放电间隙为 0.01 mm，因此在编程时要考虑到电极丝和放电间隙补偿。程序采用顺时针编程，因此补偿指令为 G41，电极丝补偿量为(0.2/2＋0.01) mm ＝ 0.11 mm。各编程点坐标见表 1－6。

表 1－6　编程点坐标(增量)

基点编号	X 坐标	Y 坐标	基点编号	X 坐标	Y 坐标
A	0	－20	F	－20	0
B	18.141	－7.375	G	－22	－12.702
C	33.023	－ 32.163	H	－ 19.164	25.316
D	－19.165	－25.32	I	33.023	32.165
E	－ 21.999	12.703	返回 A	18.141	7.375

3. 主要知识点

①圆弧插补 G02/G03。

②半径补偿指令 G40/G41/G42。

③增量坐标编程 G92。G92 指令下数据用相对起点的位移量指定。

4. 参考程序与注释

O0202	程序号
N0010 H000 ＝0	给 H000 赋值为 0
N0020 H001 ＝110	给 H001 赋值为 0.11
N0030 G91　G92　X0　Y0	指定增量坐标，预设当前位置
N0040　T84　T86	开启工作液，运丝
N0050 C096	调入切入加工条件
N0060 G01　X0　Y－19	直线插补加工
N0070 C001	调入加工参数
N0080 G41　H000	建立左补偿

O0202	程序号
N0090 G01 X0 Y−1	直线插补到 A 点
N0100 G41 H001	对切割路径进行右补偿
N0110 G02 X18.141 Y−7.375 I0 J−25.999	圆弧插补 B
N0120 G01 X33.023 Y−32.163	直线插补 C
N0130 G02 X−19.165 Y−25.32 I−11.164 J−11.164	圆弧插补 D
N0140 G01 X−21.999 Y12.703	直线插补 E
N0150 G03 X−20 Y0 I−10.001 J−17.320	圆弧插补 F
N0160 G01 X−22 Y−12.702	直线插补 G
N0170 G02 X−19.164 Y25.316 I− 8.002 J 13.854	圆弧插补 H
N0180 G01 X33.023 Y32.165	直线插补到 I
N0190 G02 X18.141 Y7.375 I 18.141 J−18.624	圆弧插补 A
N0200 M00	暂停
N0210 G40 H000	取消补偿
N0220 C097	调入切出条件
N0230 G01 X0 Y19	取消补偿后，退出到点(0,19)
N0240 X0 Y0	返回原点
N0250 T85 T87	关闭工作液，停止走丝
N0260 M02	程序结束

1.5.2 实例二

1. 实例描述

拼图零件如图 1-18 所示，材料为 Cr12，零件厚度为 10 mm，要求采用数控快走丝电火花线切割加工机床加工。

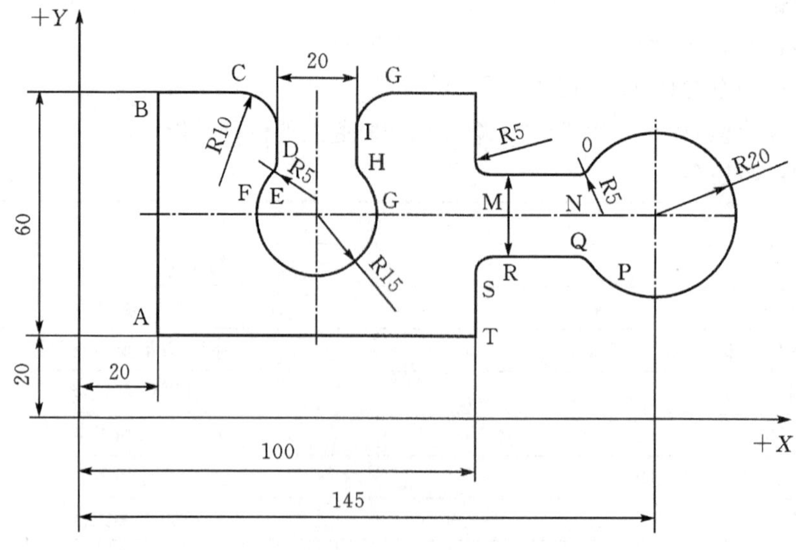

图 1-18　拼图零件

2. 加工分析

根据图 1－19 所示零件和加工要求，把穿丝点设定在编程原点(0,0)，加工的起点和终点均为(20,20)。用直径为 0.2 mm 钼丝，单边放点间隙为 0.01 mm，因此在编程时要考虑到电极丝和放电间隙补偿。程序采用顺时针编程，因此补偿指令为 G41，电极丝补偿量为(0.2/2＋0.01)mm＝0.11 mm。各编程点坐标见表 1－7。

表 1－7　编程点坐标(增量)

基点编号	X 坐标	Y 坐标	基点编号	X 坐标	Y 坐标
A	20	20	K	20	0
B	0	6	L	0	－15
C	20	0	M	5	－5
D	10	－10	N	20	0
E	0	－6.771	O	4	2
F	－1.25	－3.307	P	0	－24
G	22.5	0	Q	－4	2
H	－1.25	3.307	R	－20	0
I	0	6.771	S	－5	－5
J	10	10	T	0	－15

3. 主要知识点

①圆弧插补 G02/G03。

②半径补偿指令 G40/G41/G42。

③增量坐标编程 G92:G92 指令下数据用相对起点的位移量指定。

4. 参考程序与注释

O0206	程序号
N0010 H001＝0	给 H000 赋值为 0
N0020 H001＝110	给 H001 赋值为 0.11
N0030 G91　G92　X0　Y0	指给定增量坐标，预设当前位置
N0040 T84　T86	开启工作液
N0050 C096	调入切入加工条件
N0060 C01　X19　Y19	直线插补加工
N0070 C001	调入加工参数
N0080 G41　H000	建立左补偿
N0090 C01　X1　Y1	直线插补到 A 点
N0100 G41　H001	对切割路径进行右不偿
N0110 G01　X0　Y6	直线插补 B
N0120 G01　X20　Y0	直线插补 C

O0206	程序号
N1030 G02 X10 Y−10 I0 J−10	圆弧插补 D
N0140 G01 X0 Y−6.771	圆弧插补 E
N0150 G02 X−1.25 Y−3.307 I−5.002 J.0001	圆弧插补 F
N0160 G03 X22.5 Y0 I11.25 J−9.923	圆弧插补 G
N0170 G02 X−1.25 Y3.307 I3.752 J3.308	圆弧插补 H
N0180 G01 X0 Y6.771	直线插补到 I
N0190 G02 X10 Y10 I10 J0	圆弧插补 J
N0200 G01 X20 Y0	直线插补到 K
N0210 G01 X0 Y−15	直线插补到 L
N0220 G03 X5 Y−5 I5 J0	圆弧插补 M
N0230 G01 X20 Y0	直线插补 N
N0240 G03 X4 Y32 I0 J5	圆弧插补 O
N0250 G02 X0 Y−24 I16 J−12	圆弧插补 P
N0260 G03 X−4 Y2 I−4 J−3	圆弧插补 Q
N0270 G01 X−20 Y0	直线插补 R
N0280 G03 X−5 Y−5 I0 J−5	圆弧插补 S
N0290 G01 X0 Y−15	直线插补 T
N0300 G40 X−80 Y0	直线插补 A
N0310 M00	暂停
N0320 G40 H000	取消补偿
N0330 G097	调入切出条件
N0340 G01 X−19 Y−19	取消补偿后，退出到点(−19，−19)
N0350 X0 Y0	返回原点
N0360 T85 T87	关闭工作液，停止走丝
N0370 M02	程序结束

1.5.3 实例三

1. 实例描述

五角星零件如图 1-19 所示，材料为 Cr12，零件厚度为 30mm，要求采用数控快走丝电火花线切割加工机床加工。

2. 加工分析

根据图 1-19 所示零件和加工要求，把穿丝点、起点和终点均设定在编程原点(0，0)。采用直径为 0.2 mm 铝丝，单边放电间隙为 0.01 mm，因此在编程时要考虑到电极丝和放电间隙补偿。程序采用顺时针编程，因此补偿指令为 G41，电极丝补偿量为(0.2/2＋0.01) mm = 0.11 mm。各编程点坐标见表 1-8。

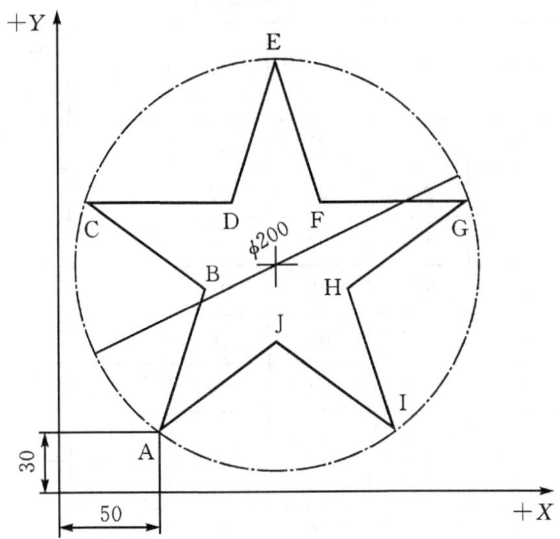

图 1-19　角星零件

表 1-8　编程点坐标

基点编号	X 坐标	Y 坐标	基点编号	X 坐标	Y 坐标
A	50	30	F	131.07	141.58
B	72.41	98.96	G	203.58	141.58
C	13.74	141.58	H	144.92	98.96
D	86.26	141.58	I	167.33	30
E	108.66	210.55	J	108.66	72.62

3. 主要知识点

通过该实例可以让读者熟悉线切割加工中的放电条件，本例中以阿奇夏米尔加工机床为例说明。下面为阿奇夏米尔线切割参数格式。

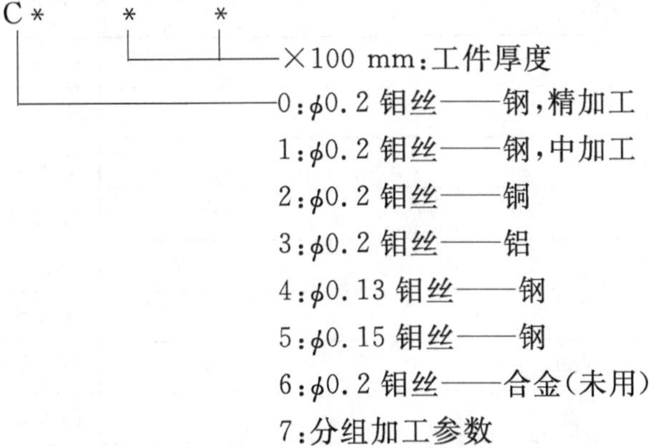

当工件材料为 Cr12，热处理 C59～C65，钼丝直径为 0.2mm 的加工条件，见表 1-9。

表 1-9 加工条件

参数号	ON	OFF	IP	SV	GP	V	加工速度/(mm^2/min)	表面粗糙度 $R\alpha/\mu m$
C001	02	03	2.0	01	00	00	11	2.5
C002	03	03	2.0	02	00	00	20	2.5
C003	03	05	3.0	02	00	00	21	2.5
C004	06	05	3.0	02	00	00	20	2.5
C005	08	07	3.0	02	00	00	32	2.5
C006	09	07	3.0	02	00	00	30	2.5
C007	10	07	3.0	02	00	00	35	2.5
C008	08	09	4.0	02	00	00	38	2.5
C009	11	11	4.0	02	00	00	30	2.5
C010	11	09	4.0	02	00	00	30	2.5
C011	12	09	4.0	02	00	00	30	2.5
C012	15	13	4.0	03	00	00	30	2.5
C013	17	13	4.0	03	00	00	30	3.0
C014	19	13	4.0	03	00	00	34	3.0
C015	15	15	5.0	03	00	00	34	3.0
C016	17	15	5.0	03	00	00	37	3.0
C017	19	15	5.0	03	00	00	40	3.0
C018	20	17	6.0	03	00	00	40	3.0
C019	23	17	6.0	03	00	00	44	3.5
C020	25	21	7.0	03	00	00	56	4.0

4. 参考程序与注释

O0109	程序号
N0010 H000=0	给 H000 赋值为 0
N0020 H001=110	给 H001 赋值为 0.11
N0030 G90 G92 X0 Y0	指定绝对坐标，预设当前位置
N0040 T84 T86	开启工作液，运丝
N0050 C096	调入切入加工条件
N0060 G01 X50 Y29	直线插补加工
N0070 C003	调入加工参数
N0080 G41 H000	建立左补偿
N0090 G01 X50 Y30	直线插补到 A 点

O0109	程序号
N0100 G41　H001	对切割路径进行右补偿
N0110 G01　X72.41　Y98.96	直线插补到 B 点
N0120 X13.74　Y141.58	直线插补到 C 点
N0130 X86.26　Y141.58	直线插补到 D 点
N0140 X108.66　Y210.55	直线插补到 E 点
N0150 X131.07　Y141.58	直线插补到 F 点
N0160 X203.58　Y141.58	直线插补到 G 点
N0170 X144.92　Y98.96	直线插补到 H 点
N0180 X167.33　Y30	直线插补到 I 点
N0190 X108.65　Y72.62	直线插补到 J 点
N0200 X50　Y30	直线插补到 A 点
N0210 M00	暂停
N0220 G40　H000	取消补偿
N0230 C097	调入切出条件
N0240 G01　X20　Y19	取消补偿后，退出到(20,19)
N0250 X0　Y0	返回原点
N0260 T85　T87	关闭工作液，停止走丝
N0270 M02	程序结束

1.5.4　实例四

1. 实例描述

CNC 文字零件如图 1-20 所示，材料为 Cr12，零件厚度为 20mm，要求采用数控快走丝电火花线切割加工机床加工。

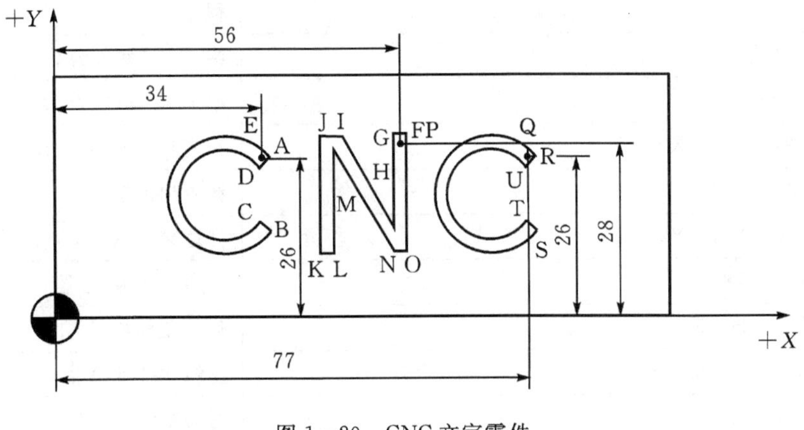

图 1-20　CNC 文字零件

2. 加工分析

根据图 1－20 所示零件和加工要求，编程原点(0,0)，把第一次穿丝点设定在(34,26)，第二次穿丝点设定在(56，28)，第三次穿丝点设定在(77,26)。用直径为 0.2 mm 钼丝，单边放电间隙为 0.01 mm，因此在编程时要考虑到电极丝和放电间隙补偿。程序采用顺时针编程，因此补偿指令为 G41，电极丝补偿量为(0.2/2 ＋0.01)mm ＝0.11 mm。各编程点坐标见表1－10。

表 1－10　编程点坐标(增量坐标)

基点编号	X 坐标	Y 坐标	基点编号	X 坐标	Y 坐标
A	1.23	0.286	L	2	0
B	0	－12.572	M	0	17.321
C	－1.533	1.286	N	10	－17.321
D	0	10	O	2	0
E	1.533	1.286	P	0	19
F	1	1.5	Q	1.23	0.286
G	－2	0	R	0	－12.572
H	0	－15	S	－1.533	1.286
I	－8.66	15	T	0	10
J	－3.34	0	U	1.533	1.286
K	0	－19			

3. 主要知识点

①圆弧插补 G02/G03。

②半径补偿指令 G40/G41/G42。

4. 参考程序与注释

O0203	程序号
N0010 H000＝0	给 H000 赋值为 0
N0020 H001＝110	给 H001 赋值为 0.11
N0030 G91　G92　X0　Y0	指定相对坐标，预设当前位置
N0040 C002	调入加工参数
N0050 G00　X34　Y26	到达穿丝点
N0060 T84　T86	开启工作液，运丝
N0070 G41　H000	建立左补偿点
N0080 G01　X1.23　Y0.286	直线插补到 A 点
N0090 G41　H001	对切割路径进行左补偿
N0100 G03　X0　Y－12.572　I－7.123　J－6.283	圆弧插补 B
N0110 G0　1X－1.533　Y1.286	直线插补 C

O0203	程序号
N0120 G02　X0　Y10　I−5.590　J5	圆弧插补 D
N0130 G01　X1.533　Y1.286	直线插补 E(A)
N0140 G40　H000　G01　X−1.123　Y−0.286	直线插补返回,取消补偿
N0150 T85　T87	关闭工作液,停止走丝
N0160 M00	暂停取下电极丝
N0170 G00　X22　Y2	快速定位到第二个穿丝点
N0180 T84　T86	开一工作液,运丝
N0190 C002	调人切入加工条件
N0200 G41　H000	建立左补偿
N0210 G01　X1　Y1.5	直线插补加工 F
N0220 G41　H001	对切割路径进行左补偿
N0230 G01　X−2　Y0	直线插补 C
N0240 G01　X0　Y−15	直线插补 H
N0250 G01　X−8.66　Y15	直线插补 I
N0260 G01　X−3.34　Y0	直线插补 J
N0270 G01　X0　Y−19	直线插补 K
N0280 G01　X2　Y0	直线插补 L
N0290 G01　X0　Y17.321	直线插补 M
N0300 G01　X10　Y−17.321	直线插补 N
N0310 G01　X2　Y0	直线插补 O
N0320 G01　X0　Y19	直线插补 P
N0330 G40　H000　G01　X−1　Y−1.5	直线插补返回,取消补偿
N0340 T85　T86	关闭工作液,停止走丝
N0350 M00	暂停,取下电极丝
N0360 C00　X21　Y−2	快速定位到第二穿丝点
N0370 T84　T86	开启工作液,运丝
N0380 C002	调人切入加工条件
N0390 G41　H000	建立左补偿
N0400 G01　X1.23　Y0.286	直线插补到 Q 点
N0410 G41　H001	对切割路径进行左补偿
N0420 G03　X0　Y−7.123　I−7.123　J−6.283	圆弧插补 R
N0430 G01　X−1.553　Y1.286	直线插补 S
N0440 G02　X0　Y10　I−5.590　J5	圆弧插补 T
N0450 G01　X1.533　Y1.286	直线插补 U

O0203	程序号
N0460 G40　H000　G01　X−1.123　Y−0.286	直线插补返回,取消补偿
N0470 T85　T86	关闭工作液,终止走丝
N0480 M02	程序结束

1.5.5　实例五

1. 实例描述

矩形板零件如图 1－21 所示,材料为 Cr12,零件厚度为 20 mm,要求采用数控快走丝电火花线切割加工机床加工。

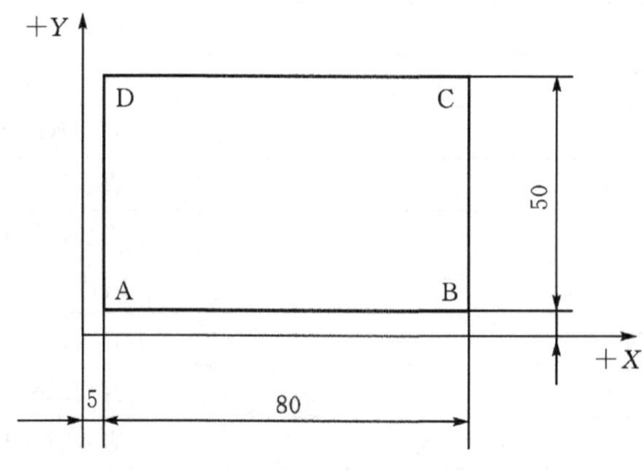

图 1－21　矩形板零件

2. 加工分析

根据图 2－1 所示零件和加工要求,把穿丝点、起点和终点均设定在编程原点。由于矩形板各边均为直线,加工中主要采用直线插补完成。各编程点坐标见表 1－11。

表 1－11　编程点坐标

基点编号	X 坐标	Y 坐标	基点编号	X 坐标	Y 坐标
A	5	5	C	85	55
B	85	5	D	5	55

3. 主要知识点

①绝对坐标指令 G90/相对坐标指令 G91。

编程格式：G90/G91

说明：G90 是指所有点的坐标值均以坐标系的零点为参考点;而 G91 是指当前点的坐标是以上一点为参考点得出的。

②设置当前点坐标值指令 G92。

编程格式：G92 X_ Y_

说明：G92 把当前点坐标值设定为所需要的值,此坐标值往往是穿丝点和退出点坐标值。

③直线插补指令 G01。

编程格式：G01　X_　Y_

说明：ω_1 从当前点直线插补到指定的目标点。

4. 参考程序与注释

00101	程序号
N0010 G90　G92　X0　Y0	指定绝对坐标，预设当前位置
N0020 G01　X5　Y5	直线插补到 A 点
N0030 G01　X85　Y5	直线插补到 B 点
N0040 G0　1X85　Y55	直线插补到 C 点
N0050 G01　X5　Y55	直线插补到 D 点
N0060 G01　X5　Y5	直线插补到 A 点
N0070 G01　X0　Y0	返回编程原点
N0080 M02	程序结束

1.5.6　实例六

1. 实例描述

电极片零件如图 1－22 所示，材料为黄铜，零件厚度为 1mm，要求采用数控快走丝电火花线切割加工机床加工。

2. 加工分析

根据图 1－22 所示零件和加工要求，该电极片厚度为 1 mm，不方便加工。加工时将多片(10～20)叠加在一起加工。把穿丝点、起点和终点均设定在编程原点(0,0)。采用直径为 0.2 mm 钼丝，单边放电间隙为 0.01 mm，因此在编程时要考虑到电极丝和放电间隙补偿。程序采用逆时针编程，因此补偿指令为 G42，电极丝补偿量为(0.2/2＋0.01)mm＝0.11 mm。各编程点坐标见表 1－12。

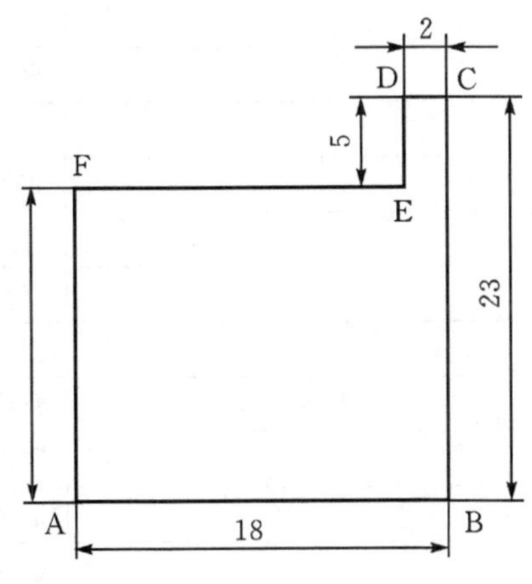

图 1－22　电极片零件

表 1-12 编程点坐标

基点编号	X 坐标	Y 坐标	基点编号	X 坐标	Y 坐标
A	10	10	D	26	33
B	28	10	E	26	28
C	28	33	F	10	28

3. 主要知识点

熟悉线切割 T 指令，具体内容如下：

T 指令为一组机械设备控制指令，表示一组机床控制功能。

编程格式：T84/T85/T86/T87

说明：

①T84 指令为打开喷液，使加工液由上、下导丝喷嘴喷出，该指令在程序中应该放在加工指令之前，以免在加工中由于未冲液而烧断丝；T85 指令为关闭喷液，使工作液停止喷出 O

②T86 指令为启动走丝电极指令，使电极丝在走丝机构上高速运转，该指令在程序中应放在加工指令之前，以免在加工中由于电极丝在同一个地方持续放电而烧丝；T87 指令为停止走丝指令，使走丝电极停止转动。

4. 参考程序与注释

O107	程序号
N0010 H000=0	给 H000 赋值为 0
N0020 H001=110	给 H001 赋值为 0.11
N0030 G90 G92 X0 Y0	指定绝对坐标，预设当情坐标
N0040 T84 T86	开启工作液，运丝
N0050 G01 X9 Y10	直线插补加工
N0060 G42 H000	建立右补偿
N0070 G01 X10 Y10	直线插补到 A 点
N0080 G42 H001	对切割路径进行右补偿
N0090 G01 X28 Y10	直线插补到 B 点
N0100 X28 Y33	直线插补到 C 点
N0110 X26 Y33	直线插补到 D 点
N0120 X26 Y28	直线插补到 E 点
N0130 X10 Y28	直线插补到 F 点
N0140 X10 Y10	直线插补到 A 点
N0150 M00	暂停
N0160 G40 H000	取消补偿
N0170 G01 X9 Y10	取消补偿后，退出到点(9,1)
N0180 X0 Y0	返回原点
N0190 T85 T87	关闭工作液，停止走丝
N200 M02	程序结束

1.5.7　实例七

1. 实例描述

样板零件如图 1－23 所示，材料 Cr12，零件厚度 50 mm，要求使用数控快走丝电火花线切割加工机床加工。

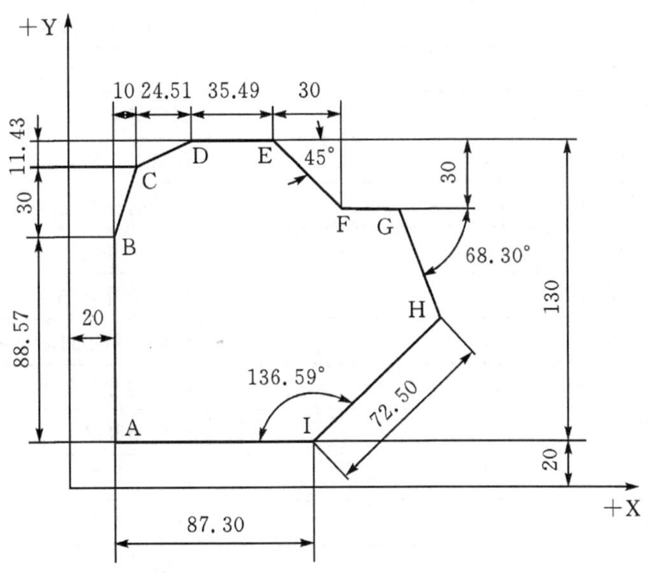

图 1－23　样板零件

2. 加工分析

根据图 1－23 所示零件和加工要求，把穿丝点、起点和终点均设定在编程原点(0,0)。采用直径为 0.2 mm 钼丝，单边放电间隙为 0.01 mm，因此在编程时要考虑到电极丝和放电间隙补偿。程序采用顺时针编程，因此补偿指令为 G41，电极丝补偿量为 0.2/2＋0.01 ＝0.11 mm。各编程点坐标见表 1－13 所示。

表 1－13　编程点坐标

基点编号	X 坐标	Y 坐标	基点编号	X 坐标	Y 坐标
A	20	20	F	120	120
B	20	108.57	G	140	120
C	30	138.57	H	159.97	69.83
D	54.51	150	I	107.30	20
E	90	150			

3. 主要知识点

熟悉线切割 M 指令，具体内容如下：

4. 编程格式

M00/M02

说明：

①M00 表示程序运行暂停，程序运行暂停后需人为按 Enter 键确定，程序才能接着运行。

②M02 整个程序结束，其后的指令将不再执行。

5. 参考编程与注释

O108	程序号
N0010　H000=0	给 H000 赋值为 0
N0020　H001=110	给 H001 赋值为 0.11
N0030　G90　G92　X0　Y0	制定绝对坐标，与社当前坐标
N0040　T84　T86	开启工作液，运丝
N0050　G01　X20　Y19	直线插补加工
N0060　G41　H000	建立左补偿
N0070　G01　X20　Y20	直线插补到 A 点
N0080　G41　H001	对切割路径进行左补偿
N0090　G01　X20　Y108.57	直线插补到 B 点
N0100　X30　Y138.57	直线插补到 C 点
N0110　X54.51　Y150	直线插补到 D 点
N0120　X90　Y150	直线插补到 E 点
N0130　X120　Y120	直线插补到 F 点
N0140　X140　Y120	直线插补到 G 点
N0150　X159.97　Y69.83	直线插补到 H 点
N0160　X107.30　Y20	直线插补到 I 点
N0170　X20　Y20	只想爱你插补到 A 点
N0180　M00	暂停
N0190　G40　H000	取消补偿
N0200　G01　X20　Y19	取消补偿后，退出到点(20,19)
N0210　X0　Y0	返回原点
N0220　T85　T87	关闭工作液，停止走丝
N0230　M02	程序结束

1.6　知识拓展

1.6.1　安全操作规程

作为电火花线切割加工的安全技术规程，可从两个方面考虑：一方面是人身安全；另一方面是设备安全。大体有以下几点：

(1)操作者必须熟悉线切割机床的操作技术，开机后应按设备润滑要求，对机床有关部位注油润滑。润滑油必须符合机床说明书的要求。

(2)操作者必须熟悉线切割加工工艺,恰当地选取加工参数,按规定操作顺序操作,防止造成断丝等故障。

(3)用手摇柄操作储丝筒后,应及时将摇柄拔出,防止储丝筒转动时将柄甩出伤人。装卸电极丝时,注意防止电极丝扎手。换下来的废丝要放在规定的容器内,防止混入电路和走丝系统中去,造成电气短路、触电和断丝等事故。注意防止因丝筒惯性造成断丝及传动件碰撞,所以,要在丝筒刚换向之后立即按下走丝停止按钮。

(4)正式加工工件之前,应确认工件位置已安装正确,防止碰撞丝架和因超程撞坏丝杠、螺母等传动部件。对于无超程限位的工作台,要防止超程后丝杠螺母脱开坠落事故。

(5)尽量消除工件的残余应力,防止切割过程中工件爆裂伤人。加工之前应安装好防护罩。

(6)机床附近不得放置易燃、易爆物品,防止因工作液一时供应不足产生的放电火花引起事故。

(7)在检修机床、机床电器、加工电源、控制系统时,应注意适当地切断电源,防止触电和损坏电路元件。

(8)定期检查机床的保护接地是否可靠,注意各部位是否漏电,尽量采用防触开关。送上加工电源后,不可用手或手持导电工具同时接触加工电源的两输出端(钼丝与工件),防止触电。

(9)禁止用湿手按开关或接触电器部分。防止工作液等导电物进入电器部分,一旦发生因电气短路造成的火灾时,应首先切断电源,立即用四氯化碳、干冰等适合的灭火器灭火,不准用水救火。

(10)停机时,应先停高频脉冲电源,之后停工作液,让电极丝运行一段时间并等储丝筒反向后再停走丝。工作结束后,关掉总电源,擦拭工作台及夹具,并润滑机床。

1.6.2　机床操作面板各按键功能

1. 控制面板介绍

(1)主机开:(绿色)。

(2)电源关:(红色蘑菇头)。

(3)脉冲参数:选择。

(4)进给调节:用于切割时调节进给速度。

(5)脉停调节:用于调节加工电流大小。

(6)变频:按下此键,压频转换电路向计算机输出脉冲信号,加工中必须将此键按下。

(7)进给:按下此键,驱动机床拖板的步进电机处于工作状态。切割时必须将此键按下。

(8) 加工:按下此键,压频转换电路以高频取样信号作为输入信号,跟踪频率受放电间隙影响:此键不按,压频转换电路自激振荡产生变频信号。切割时必须将此键按下。

(9)高频:按下此键,高频电源处于工作状态。

(10)加工电流:此键用于调节加工峰值电流,六档电流大小相等。

2. 键盘操作区

键盘用来把数值输入到系统中,下面按各键功能不同分别介绍如下:

数字键:[0] [1] [2] [3] [4] [5] [6] [7] [8] [9]

字母键：[A] [B] [C] [D] [E] [F] [G] [H][I] [J] [K] [L] [M] [N] [O] [P] [Q] [R] [S] [T] [U] [V] [W] [x] [y] [z]

符号：[～][`][!][@][＃][＄][％][^][&][＊][(][]][_][－][＋][＝][|] [\][{] []] [;] [:] [‘] [“] [<][>][,][。] [?] [/][ ]。

注：有些键盘上同时有两个符号，则上面的符号需配合[Shift]键才能使用。方法是：先按下[Shift]键，再按需要输入的键。

光标编辑键：这些键可以移动、控制光标和光条，具体的说明如下。

[↑]：光标上移，可使光标上移一行。

[↓]：光标下移，可使光标下移一行。

[→]：光标左移，可使光标左移一列。

[←]：光标右移，可使光标右移一列。

[Home]：光标移动到行首。

[End]：光标移动到行尾。

[PageUp]：光标向前移动一页。

[PageDown]：光标向后移动一页。

[Del]：删除键。

[Backspace]：删除光标左边一个字符。

[Enter]：向东键：用米确认系统命令。

[Ese]：退出键：同主菜单或解除一些错误信号。

[Caps Lock]：字母大小写转换开关。

[Tab]：制表键。

[Insert]：插入/改写切换键：如果编辑时输入方式为插入，即该键解除插入，切换为改写。

[Shift]：上档键：用于输入各键上部字符。

[Ctrl]和[AIt]：功能组合键：如此两键再加[Del]键可对计算机在死机或误操作时进行热启动。

[F1]～[F12]：控制功能键：可选择不同功能进行操作或放电加工。

3. 手控盒

手控盒主要用于移动机床，另外还可控制开丝开水。

4. 屏幕显示区

15 寸彩色显示器显示加工菜单及加工中的各种信息。

1.6.3 开关机的正确方法

1. 开机

本系统为用户设计了友好的人机对话界面。操作者开机后，可通过屏幕显示的中文菜单和中文提示，进行必要的操作。

2. 输入程序

将存有加工程序的磁盘插入软盘驱动器中，利用前面已经介绍过的 F3 键的功能，把所要加工程序的文件名调入计算机内。各种加工方式的输入请参考前面的介绍。

3. 开始加工

根据加工工件的材质和高度，选择高频电源规准，即利用控制柜操作面板选择脉冲宽度和脉停宽度。

按下控制柜操作面板“进给”、“加工”键，选择“加工电流”大小，按下“高频”键，按 F8 键，将进给旋钮调到进给速度比较慢的位置（进给旋钮逆时针旋转），按下控制柜操作面板的"变频"键。机床步进机开始动作，至此开始切割工件。注意观察加工放电状态，逐步调大进给速度，使控制柜操作面板上的电压表及电流表指示比较稳定为止。

4. 关机

该设备有自动关机和手动关机两种关机方法。

（1）自动关机　这一功能是为了当操作者需要长时间离开，担心程序会在这一段时间结束，不想再让机床空运转而设计的。打开面饭上的断末停机开关，当运行程序结束后，计算机会自动发出信号断掉控制柜电源。

（2）手动关机　当不需要自动关机时，关掉面板上的断末停机开关，停止加工时后，手动来关掉所有电源。

1.6.4　介绍控制系统

1. 无锥度时的画面介绍

（1）F1——XY 移动　按下 F1 键，把进给键按下（指示灯亮），此时操作者在手控盒上选择＋X、－X、＋Y 和－Y 健可实现工作台快速移动。如操作完毕后按 Esc 键退出。

（2）F2——加工方式　按 F2 键，屏幕显示图 1 - 24。

输入加工参数		
加工顺序	正切	倒切
旋转角度	0.000	
缩放比例	1.000	

图 1 - 24

此键用于：

①对已编制好的加工程序进行切割方向调换。

②对已编制好的加工程序进行任意角度旋转。

③对编制好的加工程序进行任意倍数缩放。

（3）F3——文件名　控制系统将每一个完整的加工程序视为一个文件，要求操作者在编制加工程序前，先给加工程序起一个文件名。文件名的格式控制系统所要求的文件名是由字母和数字所表示的，不许出现其他符号。

（4）F4——编程　此键主要用于校验已输入的加工程序。按下 F4 键后，屏幕显示的程序编辑窗口。但屏幕中央显示出所编制好的程序清单。操作者可借助右边的帮助键进行程序修改、插入、删除等工作，帮助键在 F3 都有介绍，不再赘述。另外在此增加了块操作，按 F3 键系统将光标所在行定义为块，连续按 F3 键，系统则将多行定义为块，然后按 F4 键将已定义的块整体复制。

（5）F5——图形显示　此键用于对已编制完毕的加工程序进行校验，以检查加工的图形是否与图纸相符。按 Esc 键图形消失。

(6)F6——间隙补偿　此键用于输入间隙补偿值量。按下 F6 键,屏幕显示图 1-25。

输入间隙补偿量
单边间隙补偿量　　0.000

图 1-25

(7)F7——加工预演　此键用于对已编制好的加工程序进行模拟加工,系统不输出任何控制信号。按 F7 键,屏幕显示画面及其图形加工预演过程,待加工完毕后出现图 1-26。

提示信息窗
加工结束,按任意键返回

图 1-26

(8)F8——开始加工　当一切工作准备就绪后,按 F8 键,配合其他控制键一起使用,机床将按程序编制的轨迹进行切割加工了。

1.6.5　冷却液循环系统

1. 高速走丝线切割机的工作液系统

TP 系列线切割机床一般都采用环保型工作液过滤装置,使用过的工作液回到工作液箱内之后,通过它的特殊结构先将加工屑及分离出来的油分别进行初步过滤。然后再进行精密的纸芯过滤,并通过管道输送给加工机床。输送管道通过线架柱时,分成两路,分别用阀门调节,以控制输送到上下导轮喷嘴处的喷液流量大小。使用过的工作液再通过回水管流到工作液箱中进行过滤。

工作液一般采用乳化液。如采用固体皂化块,需切碎后用热水泡软,然后加冷水稀释;如用 DX-1 型皂化液可按 10%～15%浓度配成乳化液。

2. 低速走丝机床的工作液系统

低速走丝电火花线切割加工利用水作工作液,使用前要除去水中的离子,称为去离子水。

为此,工作液循环装置要用离子交换树脂,以使工作液电阻保持一定。通常,在加工中使用的电阻率为 $5\times10^4\ \Omega\cdot\mathrm{cm}$～$7.5\times10^4\ \Omega\cdot\mathrm{cm}$。在需要精密加工的情况下,需有工作液的恒温控制装置。过滤装置采用能滤过 2 μm 以上粒子的纸过滤器。

(1)工作液箱　工作液箱是用于向电极间(电极丝—加工物间)供应工作液的装置。储存工作液的工作液箱由过滤器、检测水的阻抗比的水质计和净水器等组成。

(2)管路系统　低速走丝线切割机管路系统。低速走丝电火花线切割加工主要是用去离子水作工作液,极间污染程度不仅会影响工艺效果,也会影响电极相对损耗。有人认为,电火花成型加工在煤油中加工,可以设法形成黑炭保护膜来降低电极损耗;而电火花线切割加工是在水基工作液加工,难于创造形成黑炭保护膜的条件,因而只能利用水质工作液在加工过程所形成的电化学现象和电喷镀现象来降低电极损耗。实验表明,加工过程中的电化学所发生的阳极溶解有助于提高切割速度和改善加工表面粗糙度。而阴极所发生的阴极电镀现象有助于补偿电极丝的损耗。实验还发现,加工过程所产生的电化学反应不仅会影响加工尺寸精度,而且会影响加工表面质量，所以许多制造商都开发了无电解电源，并获得了较好的工艺效果。

在高速走丝场合，由于电极是往返重复使用，电极损耗问题令人关心。高速走丝电火花线切割加工采用皂化油乳化液。如果用磷酸三纳作皂化油的稳定剂，则可以明显降低电极损耗。用电子显微镜可以清楚看到，电极丝表面有电喷镀层。如果在乳化液中适当增加磷酸三锅比例，还会出现电极丝负损耗现象。但切割速度在负损耗现象出现时不仅不增加，反而会有所下降。现在不少从事线切割专用皂化液的生产厂商所生产的产品都在考虑使其产品更有利于提高加工效率的同时还兼备使电极丝减少损耗的效果。

一般来说，用不含油脂的水作工作液，可提高切割效率，也能做到防锈，但电极损耗都相对较大。目前，有关科技工作者都在研究相关理论和方法，解决水工作液的电极损耗问题，并取得了可喜的进展。

加工时的工作液采用线切割专用乳化液，乳化液与水按 1∶10 调配均匀。工作液箱放置于机床右后侧，工作液箱由水泵通过管道传达到线架上下臂，用过的乳化液经回水管流回工作液箱。为了保证工作稳定可靠，工作液应经常换新，一般 7 个工作日更换一次，更换时要把工作液箱清洗干净。

另：为保证加工稳定，工作液推荐采用线切割专用乳化液。

1.6.6　高速走丝线切割机床的精度检验

1. 几何精度检验

(1)X 轴运动直线度

①精度要求。在 XY 平面(水平面)内，任意 500 mm 测量长度上 X 轴运动直线度允差为 0.015 mm；在 ZX 平面(垂直面)内，任意 500 mm 测量长度上 X 轴运动直线度允差也是 0.015 mm。

②检测方法。在工作台上放置两个等高块，平尺放在等高块上，并使其与 X 轴平行；测量指示器固定在线架上，指示器的测头触及平尺上表面。在整个测量长度上移动 X 轴，所记录的指示器读数最大差值便是在 XY 平面的 X 轴运动直线度。

同样，在 ZX 平面内也按上述方法，让指示器测头触及平尺侧面，并在整个测量长度上移动 X 轴，所读取的指示器最大差值便是在 ZX 平面内的 X 轴运动直线度。

(2)Y 轴运动直线度

①精度要求。在 XY 平面(水平面)内，任意 500 mm 测量长度上 Y 轴运动直线度允差 0.015 mm；在 ZY 平面(垂直面)内，任意 500 mm 测量长度上 Y 轴运动直线度允差 0.015 mm。

②检测方法。在工作台上放置两个等高块，平尺放在等高块上，并使其与 Y 轴平行；测量指示器固定在线架上，指示器的测头触及平尺上表面。在整个测量长度上移动 Y 轴，所记录的指示器读数最大差值便是在 XY 平面的 Y 轴运动直线度。

同样，在 ZY 平面内按上述方法，让指示器测头触及平尺侧面，并在整个测量长度范围内移动 Y 轴，所记下的指示器读数最大差值便是 Y 轴在 ZY 平面内的运动直线度。

(3)X 轴运动与 Y 轴运动之间的垂直度。

①精度要求。在任意 300 mm 测量长度上允差为 0.02 mm。

②检测方法。在工作台上调整平尺，使其与 X 轴运动平行，并将角尺紧靠在平尺上。如角尺能满足测量长度要求，也可直接使用角尺，此时设置角尺使其长度与 X 轴运动平行，检查 Y 轴运动与角尺短边之间的平行度。

测量时将指示器固定在线架上，并使其测头触及角尺，在整个测量长度上移动 Y 轴，并记录指示器读数 。

(4)工件夹持框架或工作台表面平面度

①精度要求。工件夹持框架或工作台座及桥板(副工作台)表面，在 1000 mm 测量长度内其平面度允差为 0.04 mm，每增加 1000 mm 测量长度允差增加 0.01 mm；工作台面在 1000 mm 测量长度内，其平面度允差为 0.04 mm，测量长度每增加 1000 mm，允差增加 0.02 mm。

②检测方法。调整好机床水平之后，将精密水平仪放在工件夹持框架上表面，沿 $O—X$ 和 $O—Y$ 方向，并以同该方向上长度相适应的间隔逐步移动精密水平仪，并记下其读数。对于双边工件夹持框架的情况，先沿 Y 方向检测每一边的平面度，再利用桥板沿 X 方向检测平面度。

记录并计算每个间隙所测得的数值，便可得到平面度偏差值。注意，因工件夹持框架尺寸比 X、Y 行程长，用固定在头架上的测量指示器直接测量，通常是不可行的。

(5)工件夹持框架表面与 $X(Y)$轴运动之间的平行度

①精度要求。工件夹持框架表面与 $X(Y)$轴运动之间的平行度。要求在 300 mm 测量长度上允差为 0.02 mm，最大允差值为 0.05 mm。

②检测方法。将平尺沿 X 方何放置在工件夹持框架上的两个等高量块上，测量指示器固定在线架上，其测头触及平尺上表面，在整个测量长度上移动 X 轴并记录指示器的度数，便可检测到工件夹持框架表面与 X 轴运动之间的平行度。在 Y 方向用同样的方法重复检测，即可检测到工件夹持框架表面与 Y 轴运动之间的平行度。

此检测也可不用平尺而直接对工件夹持框架表面进行检测。

(6)定位销或工件夹持框架的基准面对 $X(Y)$轴运动之间的平行度

①精度要求。定位销或工件夹持框架的基准面对 $X(Y)$轴运动之间的平行度，在任意 300 mm测量长度上允差为 0.02 mm，最大允差值为 0.05 mm。

②检测方法。将平尺水平放置在工件夹持框架上，并使平尺基准面接触定位销(或工件夹持框架基准面)；测量指示器固定在线架上，其测头触及平尺侧面。在整个测量长度上移动 X 轴或 Y 轴，并记下读数。也可直接令指示器测头触及定位销(或工件夹持框架基准面)并录读数差值，在这种情况下，允差值应根据定位销之间距离按比例改变。

(7)U 轴运动对 X 轴运动平行度

①精度要求。U 轴运动对 X 轴运动平行度，在 ZX 平面内，任意 100 mm 测量长度上允差为 0.04 mm，最小允差值为 0.02 mm；在 XY 平面内，任意 100 mm 测量长度上允差为 0.02 mm，最小允差值为 0.01 mm。

②检验方法。将测量指示器固定在安装于锥度头上的头架上，在 ZX 平面内平行于 X 轴运动放置平尺，并使指示器的测头触及平尺的上表面，在整个测量长度上移动 U 轴，记录指示器的读数变化值。然后，在 Z 方向移动 100mm，重复上述方法再检验一次，至少检验三点，所得的读数变化值即为在 ZX 平面内的 U 轴运动对 X 轴运动平行度。

在 XY 平面内按上述同样的方法重复检查，此时指示器测头应该是触及平尺侧面，所检测到的数值变化应为 U 轴运动对 X 轴运动在 XY 平面内的平行度。

(8)V 轴运动对 Y 轴运动平行度

①精度要求。V 轴运动对 Y 轴运动平行度，在 ZY 平面内，任意 100 mm 测量长度上允差为 0.04 mm，最小允差值为 0.02 mm；在 XY 平面内，任意 100 mm 测量长度上允差为

0.02 mm，最小允差值为 0.001 mm。

②检验方法。将测量指示器固定在安装于锥度头的头架上，在 *ZY* 平面内平行于 *Y* 轴运动放置平尺，并使指示器的测头触及平尺的上表面，在整个测量长度上移动 *V* 轴，记录指示器的读数变化值。然后在 *Z* 轴方向移动 100 mm，重复上述方法再检验一次，至少检测三点，所得的读数变化值即为 *V* 轴运动对 *X* 轴运动在 *ZY* 平面内的平行度。

在 *XY* 平面内按上述同样的方法重复检测，此时指示器测头应注意触及平尺侧面。所检测到的数值变化即为 *V* 轴运动对 *Y* 轴运动在 *XY* 平面内的平行度。

(9)储丝筒轴线的径向跳动

①精度要求。储丝筒直径小于 120 mm 时，其轴线径向跳动允差为 0.012 mm；储丝筒直径大于 120 mm 时，径向跳动允差为 0.02 mm。

②检测方法。将测量指示器固定在机床不动部件(固定或锁紧)上，使其测头触及丝筒中间位置的表面，转动储丝筒，并记录指示器上的读数最大变化值。然后再将指示器测头分别触及储丝筒两端 10 mm 处再重复测量，三者中的最大误差值即为储丝筒轴线的径向跳动量。

2. 数控轴的定位精度和重复定位精度检验

(1)数控 *X* 轴运动定位精度和重复定位精度

①精度要求。数控坐标工作台的 *X* 轴运动的定位精度和重复定位精度的允差值随测量长度而异，不同规格的精度要求见表 1－14。

表 1－14　数控 *X* 轴(或 *Y* 轴)运动定位精度

允差	测量长度/mm		
	≤500	≤1000	≤2000
双向定位精度 A①	0.02	0.025	0.032
单项重复定位精度 R↑和 R↓①	0.01	0.013	0.016
双向系统偏差 E	0.016	0.02	0.025
反向偏差 B①	0.01	0.013	0.016
平均双向定为偏差范围 M	0.008	0.01	0.013
①可作为机床验收的基础			

②检测方法。首先将长度基准尺或激光测量仪的光束轴线与被测的 *X* 轴平行，然后用字控制其移动距离后定位。原则上采取快速进给定位，也可由用户和供应商(制造商)协商采用适宜的进给速度定位。

数控坐标工作台向 *X* 轴正(或负)方向移动，以停止位置作为基准点，然后按表 1－15 所定的测量间隔设定进给程序向同一方向移动定位。

表 1－15　测量间隔

工作台行程/mm	测量间隔/mm	测量长度/mm
≤125	10	全行程
>125～320	20	全行程
>320	50	全行程

根据测定的实际移动距离和规定移动距离(数控系统设定的移动距离)出现的误差值，即

可测定单向重复定位精度。如果确定测量基准点后按表 1－15 所规定的测量间隔设定进给程序向反方向移动定位，或是从基准点开始不论沿同方向还是沿反方向移动定位，将会包含螺距误差和间隙影响，所测得的实际移动距离和规定移动距离会出现较大的误差，即双向定位精度允差值会大一点。

(2)数控 Y 轴运动的定位精度和重复定位精度

①精度要求。数控坐标工作台的 Y 轴运动的定位精度和重复定位精度的允差值同样随测量长度而异，不同规格的机床精度要求见表 1－14。

②测量方法。数控 Y 轴运动的定位精度和重复定位精度的检测方法与 X 轴运动的定位精度和重复定位精度检测方法完全相同，不同的是测量对象，移动轴是 Y 轴而不是 X 轴。

(3)数控 U 轴 V 轴重复定位精度

①精度要求。锥度装置的数控 U 轴(或 V 轴)运动的定位精度和重复定位精度的允差值也与锥度装置大小有关。见表 1－16。

②检测方法。参照数控坐标工作台 X 轴(或 Y 轴)运动的定位精度和重复定位精度检测方法进行。不同的是数控 X 轴(或 Y 轴)的移动改为 U 轴(或 V 轴)移动。

表 1－16　数控 U 轴(或 V 轴)运动定位精度

允　差	测量长度/mm	
	≤100	≤－200
双向定位精度 A[①]	0.02	0.025
单向重复定位精度 $R\uparrow$ 和 $R\downarrow$[①]	0.01	0.013
双向系统偏差 E	0.016	0.02
反向差值 B	0.01	0.013
平均双向定位偏差范围 M	0.008	0.01

注：[①] 表示可作为机床验收的基础。

3. 工件精度检验

(1)正八棱柱加工工件尺寸偏差和表面粗糙度

①精度要求。加工图 1－27 所示工件，要求纵剖面上的尺寸偏差小于 0.012 mm，横剖面上的尺寸偏差小于 0.015 mm，加工表面粗糙度 $Ra \leqslant 2.5\ \mu m$。

②检验方法。用钼丝加工钢件后所获得的图 1－27 所示八棱柱工件，用千分尺在相对平行面的中间以及各距两端 5 mm 的三个位置分别测量相对面的尺寸，计算三个测量值的最大值与最小值的差值，即为纵剖面上的尺寸偏差；在相对平行面的中间位置测量相对面的尺寸，四组平行面中间位置均测量，计算测量值的最大值与最小值偏差，然后分别在相对平行面上各距两端 5 mm 处进行上述测量，并计算其尺寸偏差。取最大偏差值作为横剖面上的尺寸偏差。

在一个加工表面的中间及接近两端 5 mm 的位置，用电动轮廓仪(或其他粗糙度测量仪)分别测量表面粗糙度，计算其平均值；然后对八个面分别进行测量并计算平均值。八个面中平均值最大的即为该工件的表面粗糙度值。在切割试件时，切割速度应大于 25 mm^2/min，切割走向为 45°斜线。也可直接用上面的八棱柱。

(2)正八棱台加工工件大端尺寸偏差和锥度偏差

①精度要求。加工图 1－28(a)所示正八棱台工件时，大端尺寸允差为 0.03mm，斜度偏差允许 1′30″。

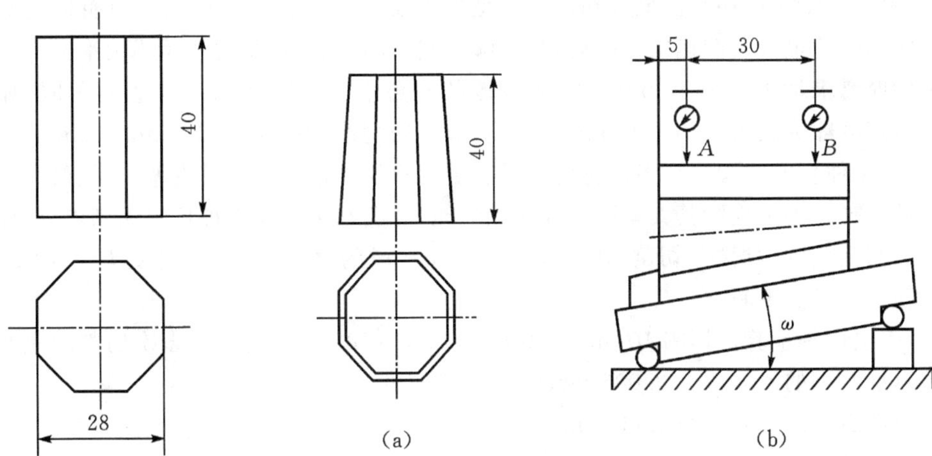

图 1－27　正八棱柱试件的尺寸　　　图 1－28　正八棱台工件测量

②检验方法。用 ϕ0.15～0.25 mm 的钼丝在 50 mm×50 mm×40 mm 的钢材料上加工图 1－25(a)所示正八棱台零件，大端尺寸大于 31 mm，锥度 3°，加工时切割速度大于 20 mm^2/min。加工好的零件按图 1－28(b)所示方法进行检测。

用万能工具显微镜依次测量最大端各组对边尺寸，计算测量值的差值，取最大差值为大端尺寸偏差值。

如图 1－28(b)所示，使正弦规上表面与水平面成 3°的斜面(随工件斜面而异)，将加工工件的一个侧面与正弦规上表面紧密接触，指示器的测头触于该侧面相对的侧面上的 A、B 两点(图 1－28)，其 A、B 分别距大、小端 5 mm，并读出两点的差值。依次将各侧面与正弦规上表面紧密接触进行测量，取最大差值 α，计算锥度偏差值。

4. 其他检验

除上述 GB 7926－2005 电火花线切割机精度检验国家标准规定的项目外，制造商和用户为了保证电火花线切割机质量，还提出了一些检验项目，主要有：

(1)储丝筒轴线与工作台运动之间的平行度。

(2)加工四孔的坐标精度和一致性。加工图 1－29 所示四孔工件，以验证电火花线切割机加工多孔时的坐标精度和一致体要求如下：

①试件切割厚度须 ≥5 mm；

②最小正方形孔边长须≥10 mm；

③每次孔的扩大余量须≥1 mm(允许含有 R＝3 mm 左右圆角)；

④正方孔也可用相应的圆孔代替。测量各孔沿坐标轴方向的中心距 X_1、X_2、X_3、X_4、Y_1、Y_2、Y_3 和 Y_4，并分别与设定值相比，以差值中的最大值为误差值。允差值为 0.015 mm。

⑤加工孔的一致性。取上项试件测量四孔在 X～Y 方向上的尺寸，即 X_1～X_4 和 Y_1～Y_4，其最大尺寸差为误差值(横向数值(X)相减，纵向数值(Y)相减)。允差值为 0.03 mm。

线切割机床精度检验应在正常状态下进行。应事先调好机床水平，做好机床维护清洁工作，环境条件（温度、湿度）、电源电压及频率等均应符合规定。使用的量具及仪器均需在检定有效期内。检验结果应稳定可靠，检验者应熟悉量具的使用及标准的含义。

(3)最大切割速度检验。最大切割速度是指该线切割机在不计加工表面粗糙度情况下能进行稳定切割的最大切割速度，其具体数值随不同产品而异，以供应商承诺为准。

检验时要求加工一个 40 mm～50 mm 厚的八角棱柱工件，加工参数设定不限，加工后的平均切割速度即为最大平均切割速度。目前，最大切割速度都大于 120 mm^2/min

(4)厚工件切割检验。许多供应商为了满足用户需要都将线架跨度增大，使机床能进行大厚度工件切割。为了检验其大厚度工件切割性能，一般都进行厚工件稳定切割检验：要求在不计加工表面粗糙度情况下，切割 ϕ10 mm×200 mm 厚的钢工件，加工速度大于 40 mm^2/min 时连续稳定切割而不断丝。

(5)多次切割检验。切割 10 mm×10 mm×(40～50)mm 正方柱，多次切割后允差为：

①纵剖面上的尺寸差为 0.006 mm；

②横剖面上的尺寸差为 0.008 mm；

③加工表面 $Ra \leqslant 1.25$ μm；

④总平均切割速度 $V \geqslant 16$ mm^2/min。

本章小结

1. 电火花加工的产生

电火花加工是在一定介质中，利用阴极和阳极（工具电极与工件电极）之间脉冲性火花放电时的电腐蚀现象对材料进行加工，以达到一定形状、尺寸和表面粗糙度要求的加工方法。这种加工方法有时也被称为"放电加工"或"电蚀加工"。

早在 19 世纪初人们就发现，电器开关的触头在开闭的一瞬间，会产生放电现象而使其接触部位烧蚀损坏。这种由于放电所引起的电极烧蚀现象，通常称为电腐蚀现象。长期以来，人们为了延长电器触头的寿命，曾对电腐蚀现象进行了大量研究，并提出了许多有效的抗腐蚀方法。与此同时，人们逐渐认识了产生电腐蚀的原因。当二极接近而产生火花放电时，会在放电通道中产生大量的热，致使电极表面的局部金属瞬时熔化和气化。到 19 世纪末，美国发明了用低压大电流施加在电极与工件之间的方法来刻印文字和花纹。20 世纪初，人们又发现，在液体介质中放电可以产生金属粉末。苏联学者拉扎连柯夫妇为了解释和利用电腐蚀原理，在金属工件上打出了小孔，创立了所谓的"电蚀加工法"。次年，苏联研制出了第一台电火花穿孔机。

能够把电腐蚀现象用于金属材料的尺寸加工，是因为解决了如下几个问题：

(1)工具电极与工件之间始终保持一定的距离（通常为数微米至数百微米），介质可以被击穿放电而又不至于短路。

(2)极间充有一定介质。对导电材料进行尺寸加工时，极间应充有液体介质；进行表面强化时，极间为气体介质。

(3)维持正常的火花放电，使放电点局部区域的功率密度足够高，即放电通道有很高的电流密度（一般为 10^5 A/cm^2～10^6 A/cm^2）。这样，放电时所产生的热量就可以达到很高的温度而使金属材料瞬时熔化和气化。

(4)放电是短时间的脉冲性放电。放电的持续时间为 10^{-7} s～10^{-3} s。由于放电持续时间短,放电时产生的热量就来不及传散到电极材料的内部。

(5)在先后两次脉冲性放电之间,需有足够的间隔时间使介质电液充分消电离恢复其介电性能。

(6)脉冲放电的电蚀产物能及时扩散,并从放电间隙中排出,以保证重复性脉冲放电顺利进行。

2. 电火花加工分类

电火花加工法自创立以来,经过半个多世纪的不断完善和发展,现已广泛应用于国民经济的各个生产部门,其机床种类和应用形式也是多种多样的。按其工艺过程中工具与工件相对运动的特及用途不同,大约可以分为如下几类:电火花成型、电火花线切割、电火花磨削、电火花展成加工以及电火花表面强化、非金属电火花加工以及电火花刻印等,如图 1－29 所示。

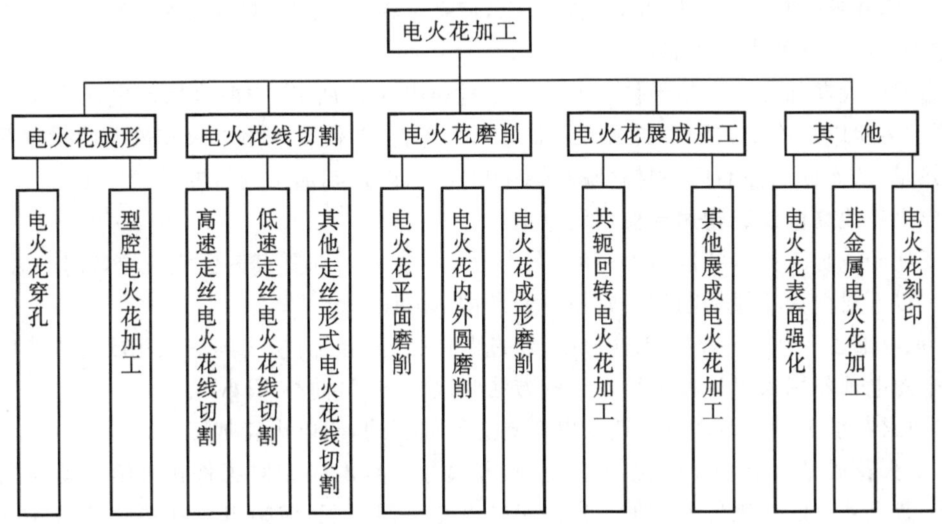

图 1－29　电火花加工分类

(1)电火花成型　这种加工方法是通过工具电极相对工件作进给运动,在加工过程中将工具电极的形状和尺寸反拷在工件上,从而加工出所需要的零件。它除了工具电极相对于工件作进给运动(这是主运动)外,有时还伴随着一两个辅助运动,如振动、抬起工具运动、转动、平动、行星运动或轨迹运动等。

这种加工方法还可以分为电火花穿孔和型腔电火花加工两类,前者一般指贯通的二维型孔的电火花加工,后者主要指三维型腔和型面电火花加工。

(2)电火花线切割　这种加工方法的加工原理不是用成型电极把形状尺寸复制在工件上,而是用移动着的线状金属电极丝按预定轨迹进行切割,加工出所需零件。其运动轨迹可以用靠模、光电或数字程序等方式来控制。如果电极丝再作某些辅助运动,还可以切割包括带斜度的任何以直线为母线的复杂零件。

根据电极丝上下移动的速度不同,又可分为高速走丝电火花线切割和低速走丝电火花线切割。此外,还有电极丝旋转的电火花线切割机以及电极丝的移动速度可以大范围调节的电火花线切割机。不同的走丝方式,电火花线切割机的结构形式及工艺特点也明显不同。

(3)电火花磨削　这种方法实质上是应用机械磨削的运动形式进行电火花加工。电火花磨削的工具电极与工件表面之间作相对运动，其中之一或二者作旋转或直线运动，但没有电火花成型时的那种伺服进给运动。

电火花磨削还可分为电火花平面磨削、电火花内外圆磨削以及电火花成型磨削(如电火花成型镗磨和铲磨等)。

(4)电火花展成加工　电火花展成加工是利用成型工具电极(通常形状较为简单)与工件电极作相对应的展成运动，逐点进行电火花加工以实现工件的整体成型。目前应用较多的有共轭回转电火花加工以及棱面展成、锥面展成、螺旋面展成加工等。

(5)其他电火花加工　电火花加工除上述四种工艺形式外，还有电火花表面强化、非金属电火花加工、电火花刻印以及其他多种复合加工形式。

电火花表面强化一般以空气为极间介质，工具电极相对工件作小振幅的振动，二者时而短接时而离开，在这过程中产生脉冲式火花放电，使空气中的氮或工具材料渗透到工件表面层内部，以改善工件表面的力学性能。

非金属电火花加工是指半导体和非导电体材料电火花加工，一般是用高电压高频率脉冲电源，通过尖状电极施加在所需要加工的非金属工件上，并使其产生电火花放电而瞬时释放出大量的热量，从而使工件的局部材料瞬时熔化和气化，以达到加工的目的。

3. 电火花线切割加工常用专业名词术语

为了便于电加工技术的国内外交流，在出版和教学方面都要有一套统一的名词术语、定义和符号。以下对电火花线切割加工常用专业名词术语做一介绍。

(1)放电加工　在一定的加工介质中，通过两极(工具与工件)之间的火花放电或非稳定短电弧放电的电蚀作用来对材料进行加工的方法叫放电加工(简称 EDM)。

(2)电火花加工　用脉冲电火花放电形式进行加工的，叫电火花加工。

(3)电火花成型加工，采用成型工具电极，并通过工具电极相对工件作进给运动而把成型电极的形状尺寸复制在工件上的加工方法叫电火花成型加工，包括电火花穿孔和型腔电火花加工。

(4)电火花穿孔　一般指贯通的二维形孔电火花加工，它既可以是圆孔，也可以是方孔或复杂的型孔。

(5)型腔电火花加工　一般指三维型腔和型面电火花加工，通常是非贯通的，讲究深度方向形状和尺寸。

(6)线电极电火花加工　指用线状电极作工具的电火花加工。电极沿轴向运动，其主要应用为电火花线切割加工。

(7)放电　绝缘介质(气体、液体或固体)被电场击穿而形成高密度电流通过的现象。

(8)脉冲放电　是指脉冲式的瞬时放电，这种放电不仅在时间上是断续的，而且在空间上是分散的，它是电火花加工采用的放电形式。

(9)火花放电　介质被击穿之后的初始阶段是火花放电，极间电压与电流呈现一种负特性。火花放电通道中的电流密度很高，瞬时温度很高(可达 10000 ℃)。随着放电时间的延续，极间电压将维持在一定数值(维持火花放电的放电电压 Ue)，而不随电流及间隙大小变化而变化，呈短电弧特性。但国内习惯上也称它为火花放电。

(10)电弧放电　电弧放电是一种渐趋稳定的放电，这种放电在时间上是连续的，在空间上是完全集中在一点或一点的附近放电。放电加工时遇到电弧放电常常引起电极和工件的烧伤。电弧放电往往是放电间隙中排屑不良或脉冲间隙过小来不及消电离恢复绝缘，或脉冲电源损坏变成直流放电等引起的。

(11)放电通道　放电通道又称电离通道或等离子通道，是介质击穿后极间形成导电的等离子体通道。

(12)放电间隙 δ(mm)　放电时电极之间的距离。它是放电加工回路的一部分，有一个随击穿而变化的电阻。

(13)电蚀　在电火花放电的作用下，蚀除电极材料的现象。

(14)电蚀产物　工作液中电火花放电时的生成物。它主要包括从两极上电蚀下来的金属材料微粒和工作液分解出来的气体和微粒等。

(15)加工屑　从两电极上电蚀下来的金属材料微粒小屑。

(16)金属转移　放电过程中，一极的金属转移到另一极的现象。例如，用钼丝切割紫铜时，钼丝表面的颜色逐渐转变成紫红色，这足以证明有部分铜转移到钼丝表面。

(17)二次放电　在已加工处，由于加工屑等的介人使极间实际距离减小而发生再次放电的现象。

(18)开路电压 $\hat{U}_i$(V)　间隙开路或间隙击穿之前(t_d 时间内)的极间峰值电压。

(19)放电电压 u_e(V)　间隙击穿后，流过放电电流时，间隙两端的瞬时电压。

(20)加工电压 U(V)　正常加工时，间隙两端电压的平均值。亦即一般所指的电压表上指示的电压平均值。

(21)短路峰值电流 $\hat{l}_s$(A)　短路时最大的瞬时电流，即功放管导通雨负载短路时的电流。正常放电时的脉冲峰值电流为 $\hat{l}_e$(A)。

(22)短路电流 I_s(A)　短路电流又称平均短路脉冲电流，即连续发生短路时电流表上指示的电流平均值。

(23)加工电流 I(A)　通过加工间隙电流的平均值，亦即一般所指的电流表上的读数。

(24)击穿电压。放电开始或介质击穿时瞬时的极间电压。

(25)击穿延时 t_d(μs)　从间隙两端加上电压脉冲到介质击穿之前的一段时间。

(26)脉冲宽度 t_i(μs)　加到间隙两端的电压脉冲的持续时间。对于方波脉冲，它等于放电时间 t_e 与击穿延时 t_d 之和(图 1 - 30)，即 $t_i = t_e + t_d$。

(27)放电时间 t_e(μs)　介质击穿后间隙中通过放电电流的时间，亦即电流脉宽。

(28)脉冲间隔 t_o(μs)　连接两个电压脉冲之间的时间。

(29)停歇时间 t_{eo}(μs)，又称放电间歇。相邻两次放电(电流脉冲)之间的时间间隔。对于方波脉冲，它等于脉冲间隔 t_o 与击穿延时 t_d 之和，即 $t_{eo} = t_o + t_d$。

(30)脉冲周期 t_p(μs)　从一个电压脉冲开始到相邻电压脉冲开始之间的时间。它等于脉冲宽度 t_i 与脉冲间隔 t_o 之和，即 $t_p = t_i + t_o$。

(31)脉冲频率 f_p(Hz)　单位时间(1 s)内，电源发出电压脉冲的个数。它等于脉冲周期 t_p 的倒数，即 $f_p = 1/t_p$。

(32)电参数　电加工过程中的电压、电流、脉冲宽度、脉冲间隔、功率和能量等参数叫电参数。

(33)电规准　电加工所用的一组电压、电流、脉冲宽度、脉冲间隔等电参数，称之为电

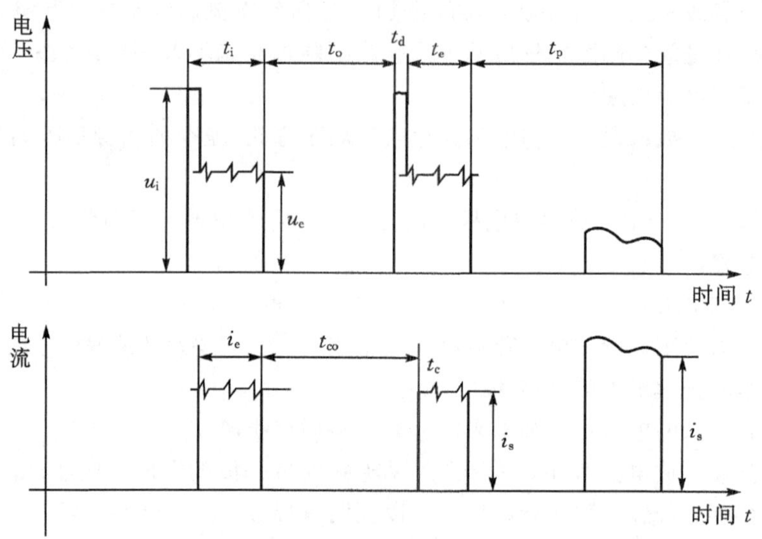

图 1-30 电火花线切割时的电压电流波形图

规准。

(34)脉冲前沿 t_r(μs) 又称脉冲上升时间。此处指电流脉冲前沿的上升时间，即从峰值电流的 10%上升到20.%所需要的时间(图 1-31)。

(35)脉冲后沿 t_f(μs) 又称脉冲下降时间。此处指电流脉冲后沿的下降时间，即从峰值电流的 90%下降到 10%所需的时间(图 1-31)。

(36)开路脉冲 间隙未被击穿时的电压脉冲，这时没有电流脉冲。

(37)工作脉冲 又称正常放电脉冲或有效脉冲，正常放电时极间既有电压，又有放电电流通过。

(38)短路脉冲 指工具电极与工件之间发生短路时所通过的脉冲。此时极间理论上没有电压降，实际观察时会有一定的压降(极间接触电阻及取样观察之间的电极丝电阻压降)；短路时，通过极间的电流(短路脉冲电流)最大。

(39)极性效应 电火花(线切割)加工时，即使正极和负极是同一种材料，但正负两极的蚀除量也是不同的，这种现象称为极性效应。一般短脉冲加工时正极的蚀除量较大，反之长脉冲加工时，则负极的蚀除量较大。

(40)正极性和负极性 工件接正极，工具电极接负极，在我国称正极性。反之，工件接负极，工具电极接正极为负极性，又称反极性。线切割加工时，所用脉宽较窄，为了增加切割速度和减少钼丝的损耗，一般工件应接正极，称正极性加工。

(41)切割速度 v_{wi}(mm^2/min) 在保持一定的表面粗糙度的切割过程中，单位时间内电极丝中心线在工件上扫过的面积的总和。

(42)高速走丝线切割(WEDM-HS) 电极丝沿其轴线方向高速往复移动的电火花线切割加工。一般走丝速度为 2 m/s～15 m/s。

(43)低速走丝线切割(WEDM-LS) 电极丝沿其轴线方向低速单向移动的电火花线切割加工。一般走丝速度在 0.2 m/s 以下。

(44)线径补偿 又称“间隙补偿”或“钼丝偏移”。为获得所要求的加工轮廓尺寸，数控系统通过对电极丝运动轨迹轮廓进行扩大或缩小来作偏移补偿。

(45)线径补偿量(mm)　电极丝几何中心实际运动轨迹与编程轮廓线之间的法向尺寸差值,又叫间隙补偿量或偏移量。

(46)进给速度 v_F(mm/min)　加工过程中电极丝中心沿切割方向相对于工件的移动速度。

(47)多次切割　同一表面先后进行二次或二次以上的切割,以改善表面质量及加工精度的切割方法。

(48)锥度切割　钼丝以一定的倾斜角进行切割的方法。

(49)乳化液　由水、有机或无机油脂混合在乳化剂作用下形成的乳化液,用于电火花线切割加工。

(50)条纹　被切割工件表面上出现的相互间隔凹凸不平或色彩不同的痕迹。当导轮、轴承精度不良时条纹更为严重。

(51)电火花加工表面　电火花加工过的由许多小凹坑重叠而成的表面(图 1-32)。

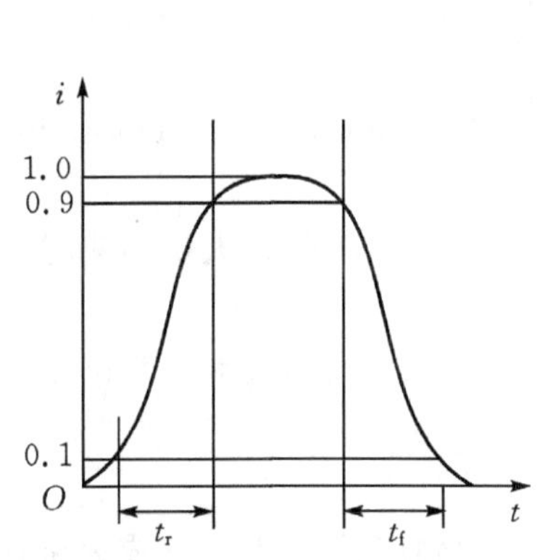

图 1-31　电流波形图

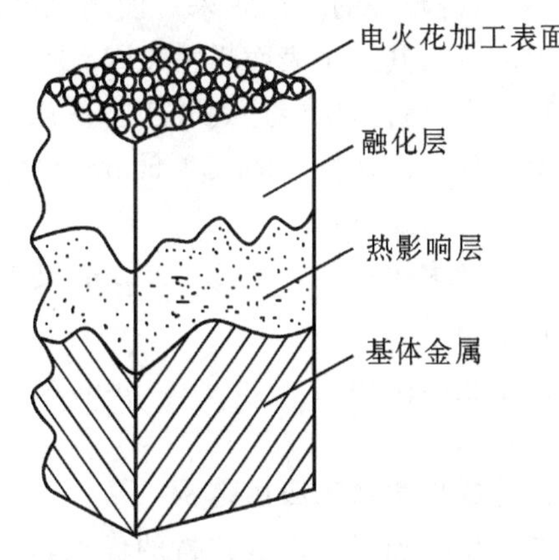

图 1-32　电火花加工表面与表层

(52)热影响层(简称 HAZ)　它是指位于熔化层下面的,由于热作用改变了基体金属金相组织和性能的一层金属(图 1-32)。

(53)基体金属　位于热影响层下面的,未改变金相组织和性能的原来基体的金属(图 1-27)。

(54)电火花加工表层　电火花加工表面下的一层,它包括熔化层和热影响层(图 1-27)。

4. 电火花线切割机加工特点

电火花线切割加工是利用脉冲放电时的电火花腐蚀现象来进行尺寸加工的,所用的工具电极又是一根简单的细长金属丝,所以有如下特点:

(1)加工与工件材料的力学性能无关　由于电火花线切割加工是利用脉冲放电时的电火花腐蚀现象进行加工的,加工过程不存在机械切削力的作用,加上脉冲放电时的能量密度很高,可以使任何材料瞬时熔化和气化,故可以加工任何硬、脆、韧及高熔点金属材料。

(2)加工过程工具电极与工件不直接接触　由于电火花线切割加工过程中的工具电极丝始终与工件保持一定的间隙而不直接接触。二者之间不存在明显的相互作用力,因此适宜加工低刚度工件及微细加工,也利于加工各种复杂的零件及窄缝。

(3)不需要制作复杂的成型工具电极　电火花线切割加工是用一根细长(ϕ0.03 mm～

ϕ0.35 mm)的金属丝作工具电极,通过数控系统驱动工作台使工件相对工具电极丝按预轨迹运动而切割出所需的复杂零件的,因而不必像电火花成型加工那样制作精密的成型电极。

(4)加工过程工件材料被蚀除量很少　电火花线切割加工仅仅是对工件材料按图形轮廓“切割”一条窄缝,工件材料的被蚀除量很少,这不仅有助于节省能量,提高加工效率,而且加工下来的材料还可以使用。

(5)电极丝丝径损耗对加工精度影响小　由于所采用的电极丝很长,使得单位长度的电极丝损耗较少,即电极丝丝径损耗对加工精度的影响较小。只要脉冲参数选择得当,电火花线切割机切割 50000 mm^{2}后其电极丝直径变化都在 0.01 mm 以下。而且在加工过程中还可以进行丝径补偿随机调整,所以说电极丝丝径损耗对加工精度影响小。

(6)自动化程度高、操作使用方便　由于电火花线切割加工是直接利用电能加工,监测和控制都十分方便,目前都实现了数字程序控制,整个加工程序都是事先编好的加工程序自动完成,而且电火花线切割机大都附有图形编程系统,使复杂零件的编程变得十分容易。

(7)能获得较好的工艺效果。电火花线切割机发展到现在质量都比较稳定,工艺也已成熟,一般都能获得较好的工艺效果。使用过电火花线切割机的人都会体会到,电火花线切割加工的切割速度 v 与其加工表面粗糙度 Ra 是相互影响的,Ra 越大取的 v 越小,操作者应根据生产需要合理选定。目前所能达到的工艺效果通常是:

①高速走丝一次切割　$Ra \leqslant 2.5\ \mu m$,尺寸误差 $\Delta \leqslant \pm 0.01$ mm,$v_s \geqslant 30$ mm^2/min,最大切割速度大于 100 mm^2/min。

②高速走丝多次切割　$Ra \leqslant 1.2\ \mu m$,尺寸误差 $\Delta \leqslant \pm 0.006$ mm,最大切割速度一般都大于 150 mm^2/min。

③低速走丝多次切割　$Ra \leqslant 0.5\ \mu m$,尺寸误差 $\Delta \leqslant \pm 0.005$ mm,最大切割速度工般都大于 200 mm^2/min。

5. 电火花线切割加工应用范围

电火花线切割加工有许多独特的优点,现已在国内外得到广泛的应用,并成为模具制造中的重要加工手段。中国电火花线切割机的年产量曾突破 35000 台/年,而在生产实践中应用的均 30 万台。电火花线切割加工主要应用集中在以下几个方面(表 1-17):

表 1-17　电火花线切割加工技术的适用范围

分类	适用范围
二维形状模具	冷冲模(冲裁模、弯曲模和拉深模),粉末冶金模,挤压模,塑料模
三维形状模具	冲裁模落料凹模,三维型材挤压模,拉丝模
电火花成型加工电极	微细形状复杂的电极,通孔加工用电极,带斜度的型腔加工用电极
微细精密加工	化学纤维喷丝头,异形窄缝、槽,微型精密齿轮及模具
工量具轮廓	成型刀具外形,各种样板,凸轮及模版
试制品及零件加工	试制品直接加工,多品种、小批量加工,几何形状复杂的零件,材料试片
特殊材料零件加工	半导体材料,陶瓷材料,聚晶金刚石、非导电材料等硬脆材料的微型零件的加工

(1)模具加工　冲裁模、挤压模、粉末冶金模、镶拼模、拉丝模等许多模具,不仅形状复杂,而且硬度很高,目前基本上都是采用电火花线切割加工。为了避免热处理变形对模具精度影响,电火花线切割都是在淬火之后最后加工成型的。

(2)检测样板及成型刀具加工　这类零件的材料硬度高、形状复杂、精度要求较高,用机械加工方法较难实现,现在也都采用电火花线切割加工。

(3)异形孔、窄缝和稀有贵重金属加工　这类零件加工要求切缝小,蚀除量小,用电火花疾切割加工是最合适的。

(4)特殊零件加工　包括汽车点火触头加工、超大厚度成型零件加工、复杂型材切薄片加工以及新产品切割的零件加工,用数控电火花线切割加工可以获得理想的工艺、经济效果。

6. 电火花线切割机床的维护保养方法

电火花线切割机床维护保养的目的是为了保持机床能正常可靠地工作,延长其使用寿命。维护保养是指定期润滑、定期调整机件、定期更换磨损较严重的配件等。

(1)定期润滑　电火花线切割机床上需定期润滑的主要部位有:机床导轨、丝杆螺母、传动齿轮、导轮轴承等。润滑油一般用油枪注人,轴承和滚珠丝杠如有保护套,可以在半年或一年后拆开注油。

(2)定期调整　对于丝杆螺母、导轨、电极丝挡块及进电块等,应根据使用时间、间隙大小或沟槽深浅进行调整。如电火花线切割机床采用锥形开槽式的调节螺母,则需适当地拧紧一些,凭经验和手感确定间隙,保持转动灵活。滚动导轨的调整方法为松开工作台一边的导轨固定螺钉,拧调节螺钉,看百分表的反映,使其紧靠另一边,挡丝块和进电块如果使用时间长,摩擦出了沟痕,应转动或移动,以改变接触部位。

(3)定期更换　电火花线切割机床上的导轮、馈电电刷(有的为进电块)、挡丝块和导轮轴承等均为易损件,磨损后应更换。导轮的装拆技术要求较高。电刷或进电块更换较易,螺母拧出后换上同型号的新电刷即可。目前常用硬质合金制作挡丝块,所以只需要改变位置,避开已磨损的部位。

第 2 章　凹模类零件的编程与加工

2.1　凹模类零件的结构与技术分析

2.1.1　零件图的图样分析(加工的工艺类型)

电火花线切割加工的工艺类型取决于不同的需求,有的着眼于加工速度的高速切割,有的则着眼于加工精度的多次切割,还有兼顾二者的一次切割。在实际应用中,高速走丝线切割机主要用于一次切割或加工精度要求不高的高速切割;低速走丝线切割机则主要用于加工质量要求较高的多次切割。

随着市场需求的多样化以及线切割自身的技术进步,这种界限也在发生改变。高速走丝线切割采用了一些特殊措施后也能进行多次切割;低速走丝线切割不光是多次切割后的精度高、重复性好,而且一次切割的精度指标也已经提高到一个新的高度。总之,这两类机床各自的技术、经济特性都在不同的用户中有着不同的判定标准,自身技术的发展与市场的选择将决定它们未来的走向。

由于这两类机床在功能和特点上相互渗透、互为补充,并将在一个很长的时期内共存。所以,有必要以发展的眼光来看待这三种(高速切割、一次切割、多次切割)加工类型,而不是仅以目前机床的类型来划分。

1. 高速切割

不懈地追求切割的高速度,对高、低速线切割机床来说始终都是个未尽的话题。用高速走丝线切割机床进行高速切割的切割速度,目前能够用于稳定生产的为 120～150 mm^2/min ,此时加工偏差达 0.03～0.06 mm,加工表面粗糙度小于 $Ra6.3\ \mu m$。所用的电规准为单脉冲能量较大的粗规准($t_i \geqslant 64\ \mu s$, $\hat{l}_e \geqslant 50A$),电极丝直径为 0.18～0.25 mm,高速切割时的切缝和放电间隙都比较大,连续切割时间约为 48 h,断丝前的丝耗达 0.04～0.05 mm。适用于模具零件的粗成型,硬、脆材料的下料加工、单件以及小批量零件的生产。其特点是简单、可靠,加工成本低。与低速走丝线切割相比,其最大优点是不需要工件上下两表面相互平行来保证压力冲液的实施,尤其是针对厚工件沿不规则边缘的切割,高速走丝线切割加工起来比低速走丝线切割要容易得多。

提高电源的加工速度、延长电极丝的使用寿命,是机床制造厂商为高速切割确立的有待持续改进的目标。

实现这种高速切割,如果单靠加大丝径和平均放电电流,会带来负面影响。加载在电极丝上的放电电流越大,电极丝的损耗就越大,意外断丝的概率也相应加大,有可能得不偿失。而通过增加丝筒的储丝量、减少换向次数、缩短换向时间,对断丝前兆有更好的诊断、预防策略,也会对切割速度有所促进。

用低速走丝线切割进行高速切割,目前的最高速度已达到 500 mm^2/min,在实际生产中能应用的高速切割约 320～350 mm^2/min，低一点的为 270～300 mm^2/min；通常使用 ϕ(0.30～0.35)mm 的涂层丝，1.2～2.2 MPa 的冲液压力，加工尺寸精度为 0.03～0.05 mm，表面粗糙度约 Ra3.2 μm。适用于工件尺寸和圆角半径较大，具有平行表面、满足压力冲液条件，轮廓不太复杂、切割路径较长的工件的加工。通常这类工件对加工精度要求不高、不作多次切割、对工件材料表面粗糙度和变质层厚度不敏感。

虽然高速切割的最大的优势是加工速度，却也带来了一些不可忽视的问题。例如：由于电极丝加粗，电流加大，蚀除物成倍地增加，使过滤纸芯的负荷加大、寿命缩短；普通的黄铜丝承受不了大电流的轰击，必须使用带有涂层的电极丝和被称为"铜包钢"的新型电极丝。高压冲液不但能耗高而且噪声大，再加上大电流放电时产生的噪声，都将给车间环境带来不良影响。

由此看来，高速切割还远未达到理想的程度。例如：高速走丝线切割的加工速度如果能再快一些，稳定在 150～200 mm^2/min，加工 48 h 不断丝；低速走丝线切割对不良的冲液状不再那么敏感、新型电极丝的价格与普通丝相差不太大，能稳定在 300 mm^2/min 以上，这些加工类型将会有更广阔的应用前景。

2. 一次切割

一次切割也称单次切割，是在切割速度与加工精度之间取得某种平衡的加工类型。按照传统的说法，高速走丝线切割只适合于单次切割。低速走丝线切割的一次切割也叫做质量切割，其含义就是不求最快，但求一定的精度质量，是应用面最广的一种加工类型。

高速走丝线切割机一次切割的水平基本上是依据国家标准的规定在 20 mm^2/min 条件下，获得不大于 Ra 2.5mm 的表面粗糙度和±0.015 mm 的尺寸精度，并能在实际加工中根据要求做出调整。当需要更高的表面质量时，可以通过损失一些加工速度来获得；想要切割得快一点时，可降低一些对粗糙度的要求。例如：在同一台机床上选择更弱的加工规准，可以降低单个脉冲的能量，虽然切割速度会下降到 20 mm^2/min 以下，却能获得 Ra1.6 μm 甚至 Ra1.0 μm的粗糙度。不同的机床能够调节的参数范围会有所不同，每台机床究竟能切出什么样的水平，还需要具体分析。

低速走丝线切割机一次切割的工艺水平，一直在稳步地提高。30 年前的切割速度为 60 mm^2/min，表面粗糙度 Ra2.0 μm，尺寸精度±0.015 mm。而当前的最高水平是在相同的精度指标下，切割速度达到 200 mm^2/min。除此之外，为适应市场的不同需求，追求更高质量的一次切割也在不断地推进，对使用者来说，即使是降低一些切割速度，比起多次切割，还是简化了操作，总体上仍然是节省了时间和各种消耗。

与高速切割不同的是一次切割更注重进给的控制策略，尤其是在曲率半径较小的圆弧或拐角处。由于形状精度与母线直线度是一次切割的保证重点，所以，如电极丝的张力与冲液方式这类外部条件必须与之适应，如加大张力、改双向高压冲液为和单方向适应调压冲液，以减少对丝的扰动。由于在低速走丝线切割机上可以同时对电源、进给、张力和冲液等多种参量进行按数据库要求的动态调节，所以只要数据库做得好，对典型零件的一次加工都会有比较理想的结果。

3. 多次切割

对于很多精密加工来说，高速切割和一次切割的质量水平还远不能满足所有的要求。就像在冲压模具中，要求刃口的表面粗糙度 Ra1.2 μm～Ra0.8 μm 是一项很普通的指标，粗糙度值再低一些就更理想，比如达到 Ra0.6 μm～Ra0.3 μm。这样可以使模具的初期磨损减小、配合性质稳定、耐用度提高。为获得这样的粗糙度，仅靠一次切割，过低的加工速度是无法被生产部门所接受的。所以，多次切割的一个基本概念就是设法把粗、精加工分开，用主切和修切两种加工程序来解决既要加工快、又要加工好的矛盾。

(1)主切(第一次切割)　以速度为主，但也不完全等同于高速切割，主要是为了减少误差对后续加工的影响。

(2)修切　在某种意义上来说，已经不是切的概念了，而是一种采用线电极的电火花磨削。它担负着两重任务：①校正主切后留下的轮廓误差；②提升工件的表面质量。修切可以是切一次，也可以是切多次，甚至可以做成某种特定的专家系统，进行电火花研磨，即利用创成规律实施有指向性的加工。修切所采用的工艺策略和建模所依赖的数据库是最终加工速度和质量构成的核心。

在多次切割方面，低速走丝线切割始终是生产应用的主体。表 2-1 列出了某种线切割机床典型的四次切割的工艺效果，从中不难看出，线切割加工表面质量是逐次修光的，但其切割速度也随之降低。

采用高速走丝线切割机进行多次切割，目前已从实验室走入市场，使许多没有低速走丝线切割机的用户在提高精加工效率和表面质量方面也有了新的加工手段。表 2-2 所列是与表 2-1 可比的一组多次切割工艺效果，使用 ϕ0.18 mm 钼丝加工 50 mm 厚的 Cr12 工件。

表 2-1　低速走丝机多次切割工艺效果

切割次数	偏移量 f mm	单次切割速度 $v_w/(mm^2/min)$	表面粗糙度 $R\alpha/\mu m$
1	0.246	142	2.0
2	0.166	130	12.0
3	0.146	168	0.6
4	0.136	124	0.45

表 2-2　高速走丝机多次切割工艺效果

切割次数	偏移量 f mm	单次切割速度 $v_w/(mm^2/min)$	表面粗糙度 $R\alpha/\mu m$
1	0.16	93.6	3.6
2	0.10	58	1.55
3	0.093	41	1.0

尽管二次切割以后的加工速度比低速走丝的多次切割低很多，但比起采用高速走丝的一次精加工的切割速度几乎提高了一倍，而且精度也高得多，因而受到广大用户的欢迎，并被称之为新一类线切割机——中走丝机。

2.1.2　凹模零件的结构工艺性分析

1. 切割凹模、孔类等零件

可将穿丝孔位置选在待切割型腔(孔)内部。穿丝孔位置选在工件待切割型孔的中心时，编程操作加工较方便。选在靠近待切割型腔(孔)的边角处时，切割中无用轨迹最短。选在已知坐标尺寸的交点处时，有利于尺寸的推算。因此，要根据实际情况妥善选取穿丝孔位置。

2. 确定穿丝孔的大小

穿丝孔的大小要适宜。一般不宜太小，如果穿丝孔径太小，不但钻孔难度增加，而且也不便于穿丝。但是，若穿丝孔径太大，则会增加钳工工艺上的难度。一般穿丝孔常用直径为 $\phi3\sim\phi10$ mm。如果预制孔可用车削等方法加工，则在允许的范围内可加大穿丝直径。

2.2　凹模零件的工艺装备

2.2.1　工件备料

1. 材料内应力消除

未经回火时效的工件在切割过程中会产生较大的变形，严重地影响加工精度，甚至引起开裂，导致工件报废。所以，凡是经过淬火热处理后的工件毛坯都应该进行消除内应力的回火处理。例如：冷冲模具中常用的微变形钢 Cr12MoV，通常需要根据不同毛坯厚度按 2～3 min/mm 的加热温度升至 230 ℃，再缓冷至室温，若有条件还应进行低温处理，以使毛坯中的残余内应力降至最小。对于各种材料的回火工艺，请参阅有关的热处理手册。

一般来说，硬质合金类的粉末冶金材料内应力最小，其次是淬火后的铬钢及合金工具钢，变形最大的是碳素工具钢。所以，在选择零件材料时，不但要考虑机械物理性能方面的要求，还要对残余内应力有所考虑。对有特殊精度要求的零件，甚至要优先选择热处理变形小的材料。

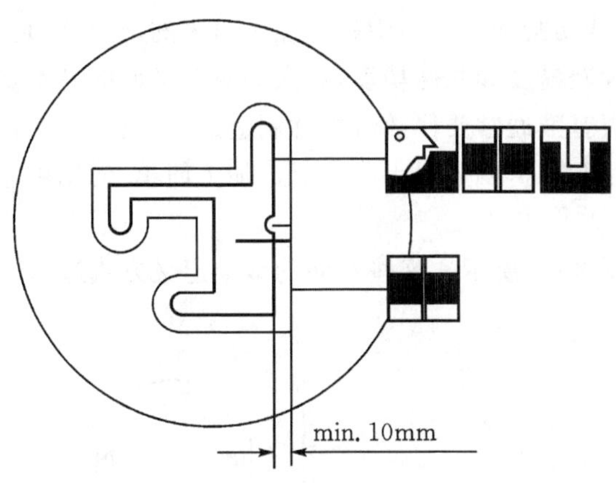

图 2-1　大型工件热处理前的预加工

对于碳素工具钢的加工，残余应力不容易消除，要防止出现较大的加工变形，还须在精加工之前安排一些用于释放应力的辅助加工或者留余量较大的预加工，以减少加工变形带来的误差，使精加工前的加工余量尽可能均匀。图 2-1 就是为了减少大型工件加工过程中的变形而采取的两次加工方式。

图 2-2 所示的大型工件，欲使工件芯部淬透，热处理前最好先进行预加工。预加工的方法可以用常规的金属切削，也可以用线切割或者电火花成型加工。热处理之后，再进行最后的线切割加工。从穿丝孔 3 开始，沿轮廓 1 进行释放应力的粗加工，其中线段 5 也是为了使应力释放充分。再由穿丝孔 4 进入，对轮廓 2 进行最终的切割。

二次切割预留的宽度要大于上下喷水嘴的流通半径，以保证在加工到轮廓的任何位置上冲液压力都不会泄漏，维持稳定放电。

图 2-3 所示的是对工件先进行应力释放，再进行切割，以减少材料变形的影响。图 2-3 中，1 为释放应力切割时的穿丝孔，2 为轮廓切割时用的穿丝孔。

对于刚性弱、热容量小的零件，还要避免加工中热影响所带来的新的变形。

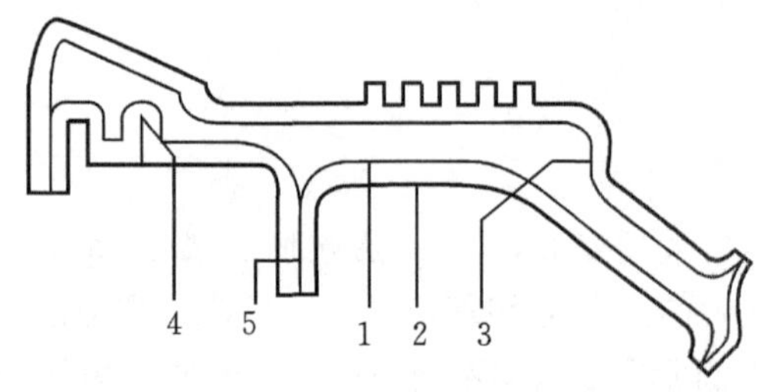

图 2-2　为减少变形分两次加工

图 2-3　释放应力后再加工

2. 基准的确定

工件的基准分为平面基准和位置基准，用来确定工件的相位和建立坐标系。有了这样的基准就可以确定工件相对于 X-Y 导轨平面和电极丝的垂直状态以及要加工的型腔的坐标位置。

平面基准通常是在磨削工序中完成，两面要求平行。位置基准可以是在前道工序中加工好的，也可以是在电火花线切割加工工序中一并加工出来的，甚至就是工件上的某一定位销孔或型腔。具有良好的表面粗糙度和几何精度，是人们对基准面的基本要求。

由于平面基准和位置基准通常要伴随着零件制造的全过程，甚至是零件的整个寿命周期。所以，对基准的加工、使用和保护就显得十分重要。加工简单、使用可靠、不易改变是我们对基准的总体的要求。

常用的位置基准如图 2-4 所示。这些不同的基准定义方式适用于不同的工艺对象，有着各自的特点。

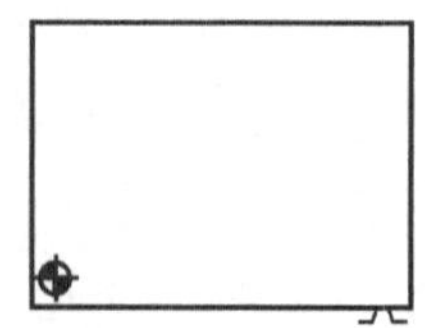

(a)一条直边加一个坐标孔

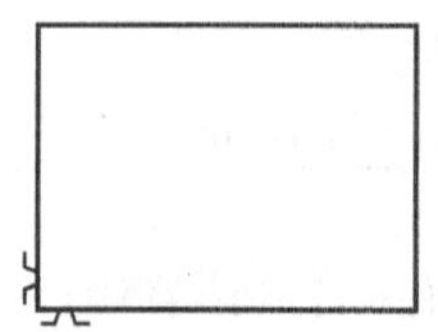

(b)一对直角边

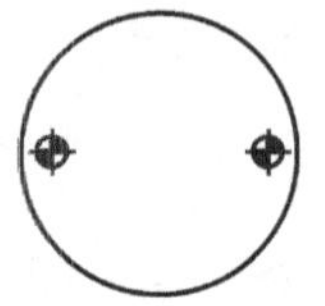

(c)一对定位销孔

(d)互成直角的标准矩形

图 2-4　线切割常用的基准形式

(1)直边与孔　大模板通常采用这种基准定义方式。直边用来确定相位，孔用来确定坐标。直边用磨削的方法加工成，并要求最好的直线度。孔做成 ϕ10 mm 左右的通孔(图 2-4)。有 3～5 mm 的直壁段并靠近平面基准；孔两端做 0.5×40°倒角，以保护孔的柱面，并使其与平面基准保持最好的垂直度；孔的圆度要小于 0.005 mm，表面粗糙度 Ra<0.4 μm。孔可以用坐标磨床直接加工出，或用镗一铣床精镗后，再精研出来。这样的基准孔可用于电极丝自动找中心、建立和恢复工件上的坐标系。

电极丝找中心是采取对称取中的识别方式，抵消了单向找正时的绝对感知误差。通常都要进行两次找正，以减少了第一次找正前粗定位误差的影响。这种方式的找正精度高、重复性好。一般情况下，好的重复性应表现为 10 次孔找中心，最大的坐标离散值应在 0.005 mm 以内，做得好的精密机床总能控制在 0.002～0.003 mm。

如果发现离散值很大，找正总是失败，就要检查孔壁是否清洁，要避免油渍、汗渍与锈触。有些机床在作接触找正时，要求不能有水，怕接触电阻与校正状态不一致。遇到这种情况可以用无水乙醇擦拭干净后，再来找正。

如果找正的离散值仍然很大，就需要进一步检查机床的重复定位精度、走丝系统稳定性以及张力波动的幅度。

基准孔也可以在开始时就做成与其他要加工的型腔一样的穿丝孔，与模板上的其他型孔一样用线切割加工出来。当然，这样加工出来的孔的精度要与零件的最终要求相匹配。一般来说，要按机床所能达到的水平来加工。

这种定义方式，除了要求机床自动找中心的重复性好之外，同时还要求孔壁光滑、厚度不宜过大，这样可以降低电极丝对孔轴线不平行的敏感程度，提高找正的可靠性。

另外，该种找正方式还可以用于超机床行程的串接加工。只要基准的几何精度高、机床自动找中心重复性好，小行程的机床同样可以加工出位置精度高的大模板。所以，在机床选型时确认这一功能实际所能达到的精度是十分必要的，它可以在需要的时候无需新的投资即可拓展加工范围，解燃眉之急，获取效益。

(2)直角边　中小零件或模板常用这种方式来建立基准，它对设备的种类和精密程度要求低，直角边可用磨削获得。长边用来确定相位、直角用来确定坐标原点；靠电极丝碰边找正来建立坐标系。比起孔找中心，碰边找正的重复性要差一些，原因在于它依据的是单向接触感知的绝对精度，很容易受到工件材料的导电性、粗糙度、厚度、垂直度、电极丝的张力以及表面清洁程度等诸多因素的影响。

直角边基准的优点是加工简单，找正方便，可与前道工序共用同一基准。

(3)定位孔　这种基准常用在小型单孔模具、复合模具以及整体式凹模镶件等结构上。工件上的一对定位孔通常也是与模板上的型腔一起切割出来的，既作为装配时的定位孔，又是今后模板修复时的找正基准。由于这种模板比较薄、又是在一次装夹中加工出来，所以不必再改成找正用的特殊沉孔，如图 4-21 所示，而是直接用来作基准孔，必要时孔两端予以倒角。

用在模板修复时，为了找正方便，要选择其中的一个孔作为编程时的起点。由这个点再自动走到要加工的位置上去。因为，有可能通过两孔找正后建立起的坐标系不完全正交于机床的坐标轴，加工时需要旋转机床坐标与其重合。这时要注意：机床在做坐标旋转时可执行的旋转角度需要精确到何等程度，坐标旋转后的位置精度仍然要与正交时的相同。如果不习惯于这种做法或者为了简化操作起见，可在原模板上加工出一条直边，用来确定相位，找正时会更方便些。通过自动找中心,可根据实际测量值恢复工件上原有的坐标系。

(4)标准矩形　这种基准的特征是六面之间相互的平行度与垂直度很高。通常是用精密平口钳,通过磨削来实现。常用于精密冷冲模具上的硬质合金凹模镶块的加工,可以达到 0.002×10^{-2} mm 的几何精度。高质量的基准面,再加上采用对称找中,抵消了单向感知误差,使得用这种方式确定的基准具有良好的重复性和可信度。

在工艺图样上最好将穿丝孔位置的标注尺寸以镶块的对称轴线为起点来标注,并把型腔的位置调整环放到外形上。调整量的大小取决于机床的找正精度、镶块加工的尺寸精度与几何龄度。

一般来说,使用低速走丝线切割机床对这样的矩形镶块进行找正、加工,型腔相对于外形对称轴线的位置偏差小,能很好地控制在 0.005mm 以内。应用于普通模具时,不设调整环也能满足大部分应用要求。

3. 预留装夹空间

工件装夹必须有可靠的定位、找正时易于微调、夹紧不产生附加应力、在高压冲液等外力作用下工件不发生松动;在加工过程中,内应力能够得到自然的释放,所产生的加工变形尽可能小地影响到零件的位置精度。

另外,夹持工件的夹具不能与机床的上下水嘴发生干涉碰撞,同时还要满足压力冲液的密封要求,保证理想的冲液效果。

工件在各料时要考虑到这些要求,合理的装夹方式可以避免很多意想不到加工结果和机床事故。

4. 穿丝孔加工

与用电火花小孔机在淬火后的工件上加工穿丝孔,无论是效率还是质量都要比淬火之前用钻头钻孔要好。尤其是对多型腔级进模板的穿丝孔加工,既方便又可靠,是一种广泛应用的工艺方法。它的主要优点有:

①孔的几何精度与位置精度高,不受材料热处理状态的影响。

②自动穿丝时导流好、成功率高。

③孔壁光滑、无淬火后遗留的杂物,启动放电时不易发生短路。

④在多型腔的模板上不易疏漏所有该加工的穿丝孔。

⑤孔径小,冲液压力不会遗漏,启动放电后可以很快进入正常的大效率切割状态,节省了用弱规准进入切割的过渡时间。

⑥特别适合加工细小型腔的穿丝孔。

⑦是硬质合金或超硬材料工件上加工穿丝孔的主要方法,甚至是唯一的方法。

⑧加工小孔径穿丝孔时,不会出现钻头断在里面的情况。

如果只能在淬火前用钻床打孔,应注意以下几个问题:

①热处理前,一定要保护好穿丝孔,避免孔壁过度氧化,尤其对于细小的穿丝孔。

②热处理后,要将穿丝孔清理干净,保证丝切入时能正常放电。

③对于大孔径的穿丝孔,引入切割长度要加大,使冲液压力稳定后,再进入大效率切割,减少断丝发生的可能性。

5. 材料与工艺标准化

建立企业内部的材料标准和规范化的作业程序,有助于简化日常大量的重复劳动,减少错误发生的概率,提高生产效率。

随着模具行业中标准件商品化程度的逐步提高,企业内部的材料标准有可能被商品化、社会化的模具标准件所替代。这样,对线切割来说工艺参数与工件材料的匹配会更好、更稳定,加工结果的离散性会更小,掌握线切割操作技术的门坎会进一步降低,企业的经济效益也会由此产生。

对于线切割加工中用量少的一些特殊材料,寻找专门的供应商来提供特殊供货,也可以减少一些意外的加工失误。

因此,寻找和选择好模具标准件及其供应商,并相对固定下来,建立和完善标准化的作业程序也是做好线切割工艺工作的重要方面,应予重视。

2.2.2　凹模零件工件装夹

加工前,合理而快捷地装夹工件是确保顺利加工和提高劳动生产率的有效途径,也是实现自动化生产的一个重要环节。围绕这一辅助工序已经形成一个与电加工机床密切相关的专用附件产品制造门类,如瑞士的 3R 夹具、EROWE 夹具、上海大量 TX 夹具。因此,了解市场上已有的各种夹具系统的特点,选择适合自己加工对象的夹具,掌握工件正确装夹的基本原理和夹具的使用方法,有利于机床功能的最大的发挥。

1. 对夹具的基本要求

定位和夹紧是各类夹具的基本功能,电火花线切割加工夹具也不例外,只是在加工过程中不像金属切削加工那样承受着很大的切削力。所以,电火花线切割加工夹具在使用时,一般都是定位装夹,所施加的夹紧力都比较小,仅仅是为了保证定位不受冲液压力以及加工过程中轻微外力的影响。

除此之外,电火花线切割加工夹具还有一些特殊的要求,已在市场上供应的夹具产品中体现。

①夹具中的定位、夹紧元件与工件的接触面积与露出高度要尽可能地窄和矮,避免过定位的发生。

②在一次装夹中,工件上的加工区域能全部覆盖,机床行走时上下水嘴不会与夹具碰撞。对低速走丝线切割机床的加工来说,一旦在加工过程中发现水嘴躲避不开夹具,就不得不拆下水嘴或抬起 z 轴,冲液的设定压力就维持不住。在这种情况下,为了不断丝只有降低放电能量,以牺牲切割效率为代价。

③夹具能够灵活、自由地布置,以适应各种类型零件的装夹需要,尤其是那些对周边有加工要求或找正需要的工件。

④夹具上要有微调环节,使工件上基准边、基准面的找正作业容易进行。同时,这些微调环节必须具有足够的刚性,调定后自身不发生蠕变、不对工件造成新的附加应力;使用完毕后可复原,不造成永久变形,影响夹具的原始精度。

⑤夹具带有标准接口,能够进行机外的预先设定并与其他工序共享,还能够以最少的标准元件获得最丰富的组合形式。

⑥夹具材料采用不锈钢,满足在水中的使用要求。常用的材料有 4Cr13、9Cr18 这类含铬量高的马氏体不锈钢,经真空淬火和冷处理,使夹具硬度达到 50 HRC～55 HRC,具有良好耐磨性和稳定性。夹具上重要工作面的几何精度在精磨后通常不低于 0.005 mm,寿命不低于

机床的使用年限。

2. 不同类型的夹具

用于高速走丝线切割机床上的夹具种类不是很多，其主要原因是加工时不需要采用压力冲液，其工作液主要是由高速移动的电极丝带入加工区域。因此，不用将上下丝臂做得很粗，就能满足运丝对刚度的要求，而且喷水嘴也不必贴着工件。

通常情况下，在线切割工作台上用一对工件夹持架和几块压板构成的夹具系统就能满足大多数工件的装夹需要，电极丝可以很轻易地接近工件的边缘，完成各种作业。但是，这并不能说明高速走丝线切割机不需要好的夹具系统，而是与机床价格不成比例，限制了夹具系统的普及和应用。下面的这些已被广泛应用于低速走丝线切割机床的夹具类型，都可在高速走丝线切割机床上借鉴应用。

(1)压板类夹具(图 2－5)　它的种类最多，适用于大多数工件的装夹。优点是结构简单、找正方便、易于维护。缺点是在机床行走过程中必须留意有可能与夹具发生的碰撞，工件上有足够的装夹位置，定位、夹紧部位以及周围不能加工到。

(2)钳形夹具(图 2－6)　最适合于小型工件的装夹，尤其是工件边缘有需要加工的部分，使用起来十分简便。如果工件的高度大于钳口的厚度，装夹后就不会有任何碰撞发生，使作业变得轻松。适用该种方式装夹的工件必须保证在夹紧力方向上有一定的刚性，以免切空后出现变形。如果工件比钳口低，作业时同样要防止机床撞夹。

图 2－5　压板夹紧

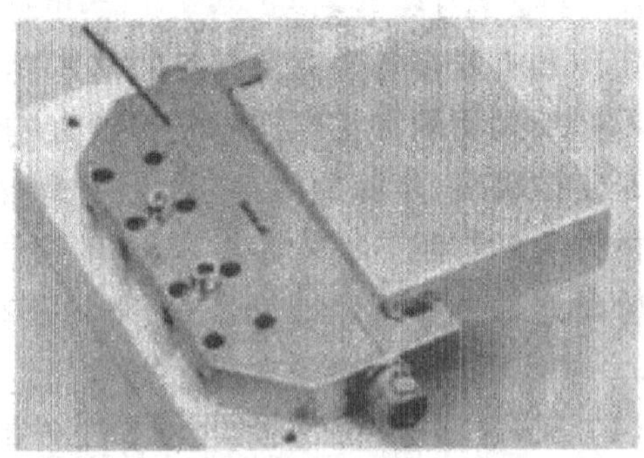

图 2－6　虎钳夹紧

(3)框式夹具(图 2－7)　相当于大规格的钳形夹具，同样采取的是侧向夹紧的方式，与钳型夹具相比倾覆力矩小，可靠性高。通常由一组开挡不同、夹持高度不等的夹具组合而成，以适应不同大小、厚薄的工件。

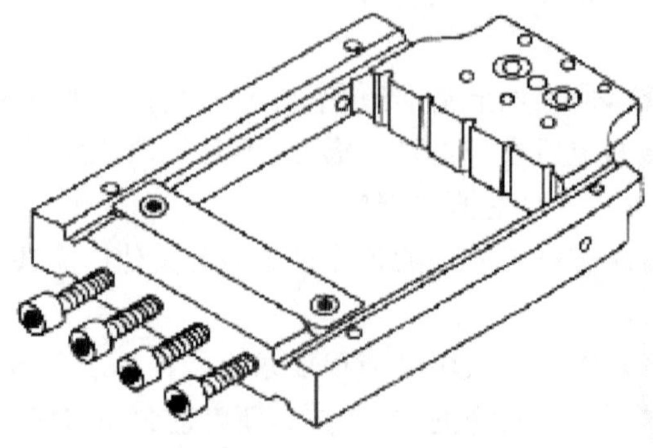

图 2－7　框式夹紧

(4)V 形夹具(图 2-8)　适用于各种圆柱形工件的装夹,其中又分成适用于夹盘类零件和轴类零件两种。小型盘类夹具及 V 形铁附件如图 2-8(a)、(b)所示。

在轴类零件的装夹中又分水平装夹和垂直装夹两种不同形式,如图 2-8(c)、图 2-8(d)、图 2-8(e)所示。

由于这类装夹方式是用工件的外圆为基准,因此对外圆与端面的形位公差要求较严,尤其是相同的多个零件同时装夹。另外,V 形夹具不适用于装夹大型盘类零件及太重的工件。

(5)桥式夹具(图 2-9)　这种夹具的制造难度比较大,价格高。因为在材料、热处理以及加工工艺等诸多环节上都有许多特殊的要求。

为了方便使用、减轻重量和拓展功能,这种夹具都被设计成具有多功能的基础件。既能适用于大件的装夹、又能搭载很多其他夹具附件,组成各种各样的装夹形式。

但是,在兼有大量辅助功能的同时,对最常用的简单装夹与在机调微反而显得不那么得心应手。尤其当所夹持的工件又小又薄时,上喷水嘴无法贴近工件,高压冲液也难以实施;在快速进给中,机床很容易于与夹具发生干涉,两条粗大的横梁常常挡住操作者的视线,如果横梁下有突起的承挡,又极易与下臂上的喷水嘴发生碰撞,加大了作业的紧张程度。

在没有其他夹具配套的情况下,单独靠一对桥型夹具,很难对小型工件实施精巧的装夹。

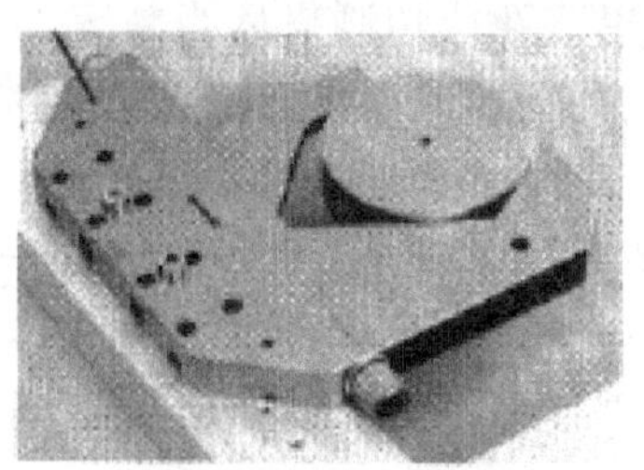
(a)小型盘类夹具

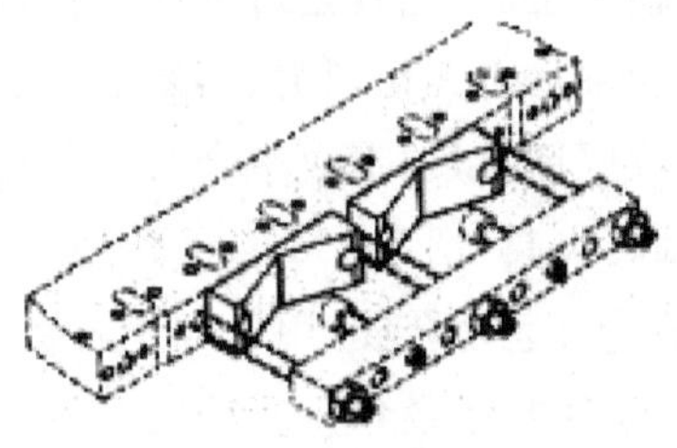
(b)V 形铁附件

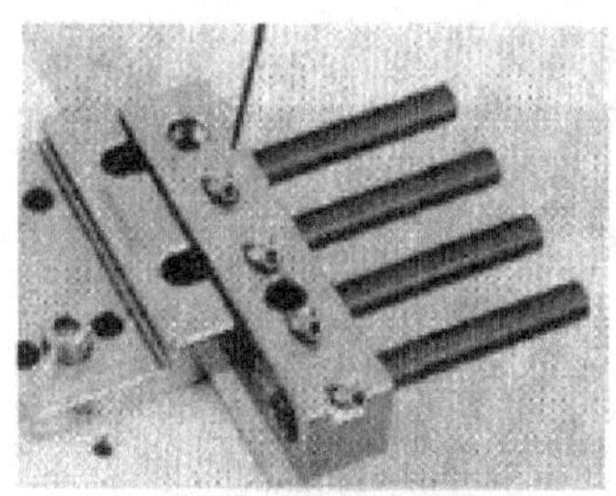
(c)轴类水平装夹

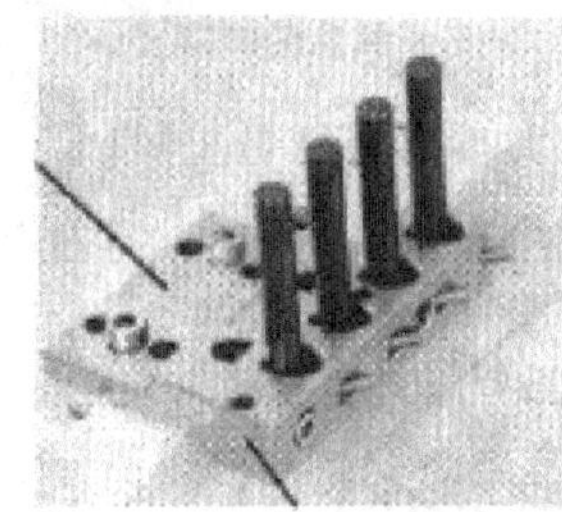
(d)轴类垂直装夹

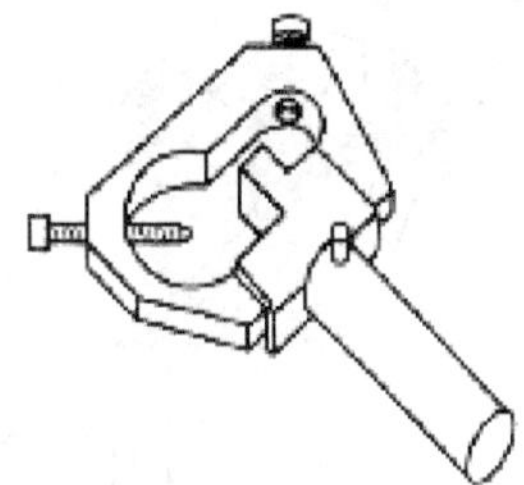
(e)小型轴类零件夹头

图 2-8　V 形夹具

所以在夹具选型时,适用性与配套性一定要充分加以考虑。

(6)磁力夹具(图 2-10)　磁力夹具适用于只需简单装夹可实施修切加工的零件、微小零件以及特薄零件的弱规准加工。这些加工,在一般情况下的冲液压力不大,使用起来比较灵活。

缺点是:工件材料必须导磁;不适用于板类零件的水平装夹;喷水嘴离工件远,不具备通常的压力冲液条件，不宜进行大电流高速切割；当电极丝贴近磁铁放电时，还应考虑磁场对电极丝的作用力，看其是否对加工精度有影响。

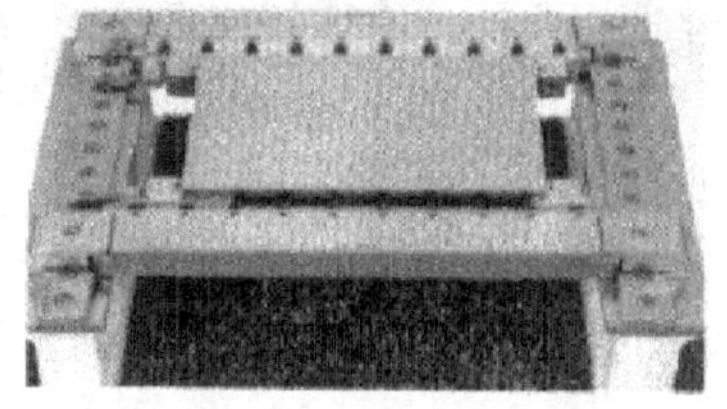

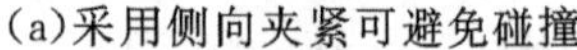

(a)采用侧向夹紧可避免碰撞

(b)适用于承载较重的板类零件

图 2-9　桥式夹具

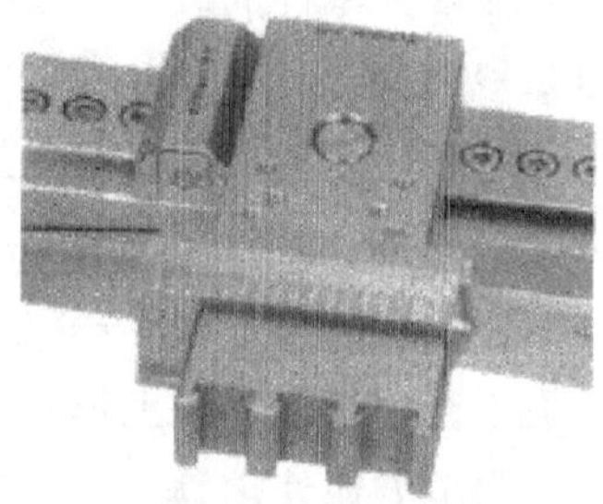

图 2-10　带有永磁吸盘的磁力夹具

(7)万向夹具(图 2-11)　将几个带转轴的夹具组合起来使用，通过对两个转动自由度的独立调整，使工件获得所需要的空间姿态，再进行加工。主要用于一些切割角度超出机床斜度范围的特殊零件和刀具的加工，或者是有特殊角度要求的小批量零件生产。

在实际生产中，有时在夹具上设定好角度，用垂直状态的电极丝对工件进行简单的切割来获得所需要的空间角度，要比 3D 编程后再加工容易操作得多，精度也容易得到保证，还可以减少很多辅助工时，尤其是对某些单件试制品，等于把电火花线切割机床当磨床来使用，充分利用了线切割加工无切削力、热影响小、适用于弱刚性工件加工等特点。缺点是正常的压力冲液条件很难保证，粗加工效率会大大降低。

(8)回转夹具(图 2-12)　回转夹具也称为数控转台，可以作为 A、B 或 C 轴之一与已有的 X、Y 轴进行运动合成，用于加工各类内外圆、参数方程曲线、螺旋线构成的特殊曲面。无间隙转动、最小转角以及角重复精度是其主要的技术指标，通常由机床的生产厂家根据用户的要求作为特殊订货来配置。

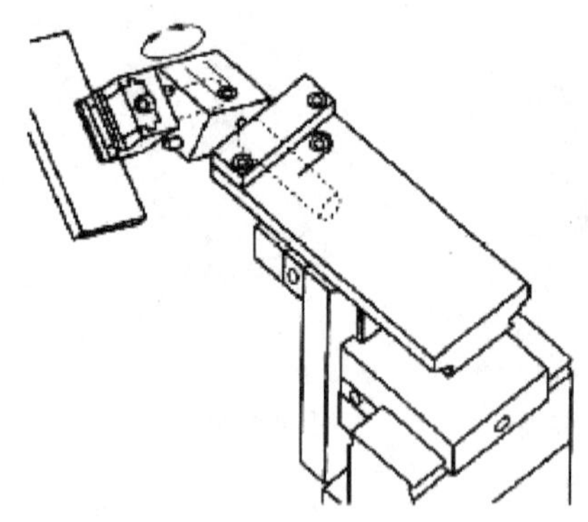

图 2-11　具有五个自由度的万向夹具

图 2-12　X-Y-C 二轴展成加工

(9)可交换式夹具　图 2-13 与工件直接连接的夹具上带有标准的机械接口，它能与安装在预先设定工作台、线切割机以及各类金属切削机床上的标准夹具座进行快速、可靠的刚性连接，并能承受一定强度的切削载荷，实现工序间基准统一的工件交换，减少装夹误差和辅助时间，有利于作业的标准化。适用于工序关联密切，加工类型固定和有较高生产率要求的制造过程，参见图 2-13。

图 2-13　基准统一的多工序加工

(10)整体式夹具(图 2-14)　框形的机床工作台架就是夹具主体,工件可在台面上自由放置,确定后只需用压板夹紧即可。夹具的内侧边缘较薄,目的是为了让下臂上的喷水嘴尽可能接近夹具,以适应那些型腔距离边缘较窄的工件的装夹。

这种夹具的最大优点是简单可靠、适用面广、承载能力强,对于大型板类零件的装夹十分便利,同时也易于搭载其他夹具来扩大应用范围。在电气方面大大增强了电缆连接的可靠性。提高了高频电流的传输效率。

缺点是整块的不锈钢材料成本高,整体淬火困难,基体及表面硬度低,怕磕碰,没有微调环节,小型及窄边零件无法直接装夹。

图 2-14　板类零件的简单装夹

另外,机床须具备自动穿丝功能,并且要求工件自身的结构、穿丝孔的位置与大小适合于自动穿丝,否则靠手动穿丝会感到十分不便,下不去手,框架也会妨碍视线。

3. 典型零件的装夹方式

无论采用什么样的夹具系统,都要能够应对各种典型零件的装夹,这是对夹具设计的基本要求。只有当使用者用惯了某种夹具,才有可能将其发挥极至。所以,评价一种夹具系统是否好用,还包含着一个使用习惯的问题。当然,还与投入的代价、配套需求的满足以及已有投资的兼顾等因素有关。

下面通过一组简单的夹具系统的应用图解,来说明如何根据零件特征来选择夹具。

(1)板类零件　大型薄板类零件的装夹如图 2-15 所示。小型薄板类零件的装夹如图 2-16所示。

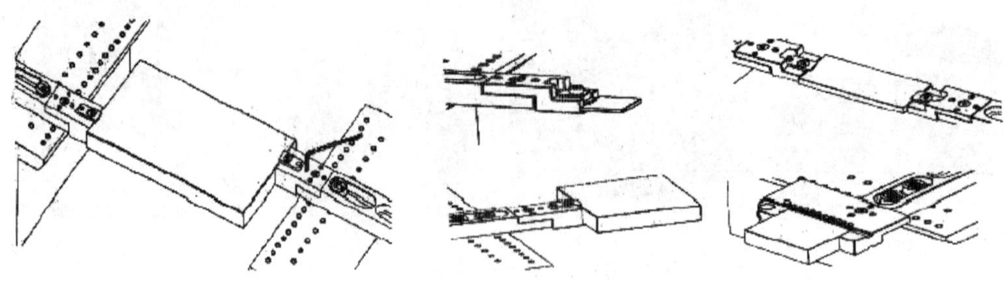

图 2-15　大型薄板类零件的装夹　　　　图 2-16　小型薄板类零夹件的装夹

厚板类零件的装夹如图 2-17 所示;超厚板类零件的装夹如图 2-18 所示。

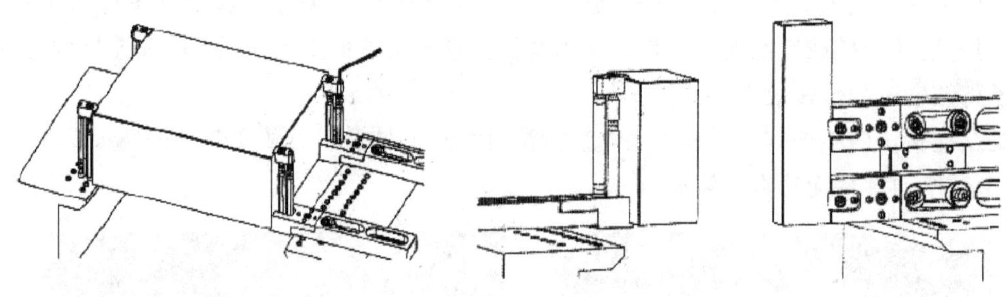

图 2-17　较厚板类零件的装夹　　　　图 2-18　超厚板类零件的装夹

(2)轴类零件　切割轴类零件的装夹方式如图 2-19 所示。

(3)盘类零件　切割盘类零件的装夹方式如图 2-20 所示。

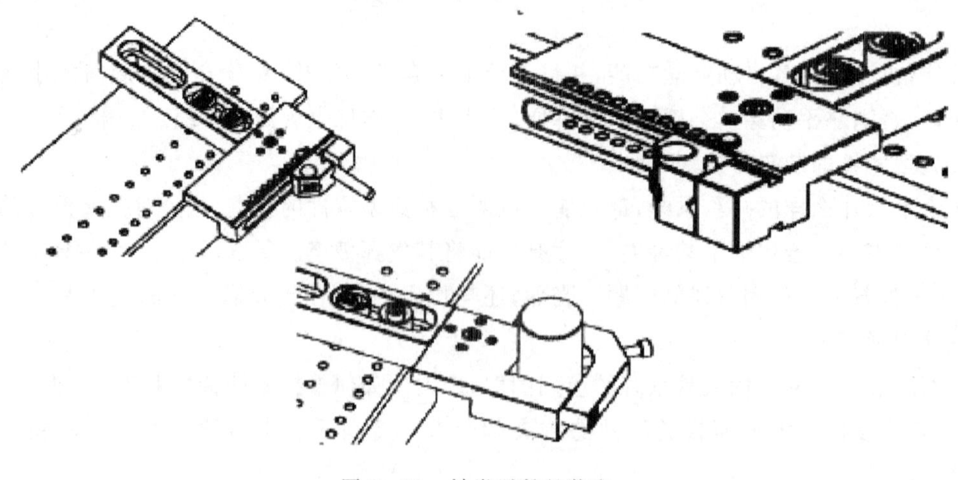

图 2-19　轴类零件的装夹

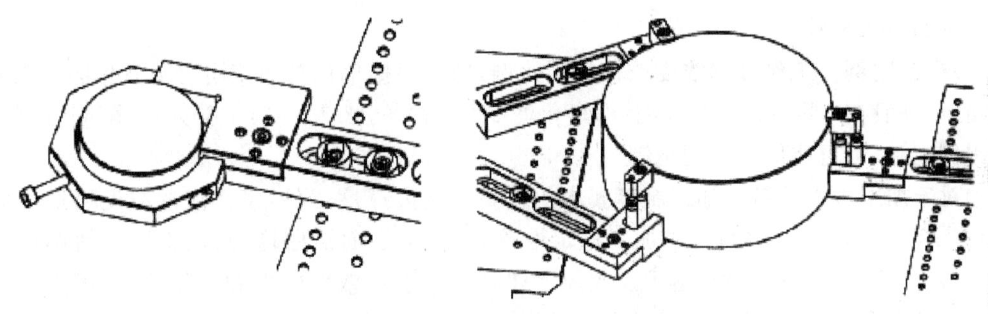

图 2-20　盘类零件的装夹

在图 2-15～图 2-20 所示的各类零件切割装夹图解实例中，每件夹具上都有微调环节。微调通过端部的四颗螺丝来完成。螺丝呈正交分布，目的是为了保证运动的独立性，即一个方向上的微调对另一个方向的影响很小。因此，工件很容易找正，尤其是在机外预调时。当工件加工完毕，卸下来之后，务必要将螺丝全部放松、使端头复位，以备下次使用时，装夹面处于正确的起始状态，避免在接下来的作业中调过头。用于机外预调的工作台如图 2-21 所示。

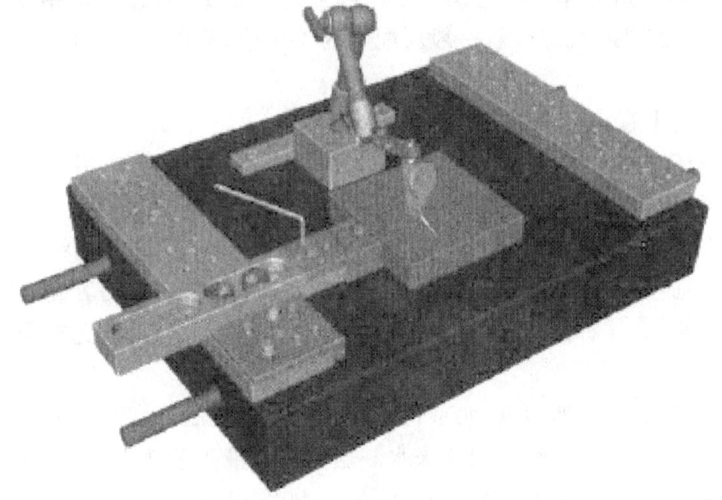

图 2-21　机外预调工作台

2.2.3　常用乳化液及其配制使用方法

乳化液是目前高速电火花线切割机普遍采用的工作液，它是用一定比例的皂化油与水配制而成。皂化油则由油脂(矿物油或植物油)、表面活性剂、稳定剂、添加剂与水按一定的比例和工艺规程配制而成。我国高速走丝线切割机常用的几种乳化液都是以油为分散相的水包油型的乳化液，液珠直径约在 1～10 μm 范围内。

1. 工作液的配制

(1)配制方法　一般都是根据所选用的皂化油使用说明书要求，按一定比例将自来水(或蒸馏水)冲入皂化油，并不停地搅拌使工作液充分乳化成均匀的乳化液，形成所需的乳白色乳化液。如气温较低(在 1℃左右)时，可先用少量热水冲入皂化油，使其均匀分散乳化后再加入一定比例的冷水搅拌。

(2)配制比例　工作液的浓度或称配制比例，通常根据皂化油的使用说明书和加工工艺要求来确定，一般在5%～20%范围内(即皂化油5%～20%，水为95%～80%)。配制时可按其质量比例配制，也可按体积比例配制。

①对于加工表面质量和加工精度要求比较高或是大厚度工件，工作液的浓度可适当大一些，约在12%～20%范围内；此时加工稳定性较好，加工表面洁白均匀，加工后的料芯可以轻松地从料块中取出或是靠自重落下。大厚度切割也要求用浓度较大的工作液，是因为浓度大的工作液黏度大，有助于快速移动的电极丝把工作液带入窄小的切缝加工区内，对于提高大厚度工件切割稳定性及加工效率都非常有利。

②对于要求切割效率和切割速度较高的加工场合，工作液的浓度应适当减小，约在5%～10%范围内。工作液浓度小，有助于排屑和加工稳定性提高，而且不易断丝。

③切割Cr12工件时，宜用蒸馏水配制乳化液，浓度也稍低一些，这样有助于减轻加工表面的黑白条纹，使加工后的工件表面洁白均匀。

④新配制的工作液，切割效率都可稳定在20～25 $mm^2/min\cdot A$，即2A加工电流时切割速度可达40～50 mm^2/min。使用十多小时之后，工艺效果最好；连续使用50小时后会出现油水分离现象，并易发生断丝。所以，一般新配制的工作液，使用80～100 h之后，就应该要换新的工作液。

2. 几种常用的乳化液

市场上供应的高速走丝线切割专用工作液种类很多，且各有特点，用户可以根据自己的要求选用。目前常用的主要有以下几种：

(1)NG-1型线切割皂化块　产地南京，呈固态，每块1kg，使用时先将皂化块切碎后用热水泡半小时左右，并加搅拌；然后按一定比例加冷水并搅拌，使其均匀乳化(一块1kg的皂化块通常能配制20L水)。这种固态皂化块运输和储存都比较方便。工艺效果也比较好，特别适合出口或远销。

(2)DX-1型皂化油　产地南京、北京，呈液态，使用时配制浓度约为7%～15%，即7%～15%的DX-1型皂液配93%～85%的自来水。这类工作液工艺效果较好，应用面也较大。

(3)502型皂化油　产地北京，呈液态、目前有502-Ⅰ型和502-Ⅱ型二种配制浓度为10%～20%。因切割效果好，又适于大厚度切割，比较受用户欢迎。

(4)JR乳化膏　产地浙江诸暨、江苏南京，呈膏状，配制浓度约2%，携带和配制方便，适于大电流和大厚度切割。

无论是哪种乳化液，乳化效果都是靠一价的离子(Na^+或K^+)作稳定剂来稳定乳化状态的。但线切割加工过程不可避免地产生二价的金属离子；影响乳化液的稳定性，导致油水分离。所以，我们必须采取相应措施，一方面增加乳化液的稳定性，另一方面设法使分离出来的油脂不再进入加工区，影响线切割加工状态和效果，保证工作环境清洁无污染。

2.2.4　慢走丝线切割常用丝的选用

在加工过程中，低速走丝线切割机采取单向走丝，使用一次后的电极丝就处理掉，因而对电极损耗大小不是太计较，而是重视它的加工稳定性及其加工工艺效果。市场上供应的电极丝种类和牌号很多，根据使用条件和要求不同分成以下几种：

(1)普通黄铜电极丝　黄铜是铜与锌的合金,最常见的成分比例是 65%的铜和 35%的锌。黄铜丝切割稳定,切割速度高,所以,自黄铜电极丝研制成功后很快就得到推广应用,并使得低速走丝的切割速度成倍提高。锌的比例适当增加,效果会更好。但因黄铜材料特性限制,黄铜的含锌比例超过 40%后会变得硬脆,这就限制了切割速度进一步提高,也制约了它不可拉制直径小的细丝。

黄铜丝的不足在于:①最大切割速度难于进一步提高;②加工表面质量不够理想;③损耗大,加工精度不够高。

(2)镀锌电极丝　这种电极丝是在普通的黄铜电极丝外表镀了一层锌或铜铸合金,即电极丝的芯材为黄铜,镀层为锌或铜锌合金。由于低熔点铸在电火花线切割加工过程中的气化作用,有助于提高线切割加工的稳定性,切割速度高,不易断丝,使加工表面比用普通黄铜丝加工时更光滑,加工精度也有所改善,故深受用户欢迎。不足之处是镀层均匀性难于控制,会影响线切割加工的稳定性。

实践表明,镀铜锌合金的电极丝要比镀锌的切割速度还要高,故被称为速度型镀层电极丝,常用于高效率切割加工。

(3)钢芯电极丝　钢芯电极丝是用钢丝作芯材,表层镀纯铜后再镀黄铜,也有直接镀黄铜的。钢芯在常温下的拉伸强度与黄铜丝差不多,但随着温度的升高黄铜丝的拉伸强度会迅速降低,而钢丝的拉伸强度则高于黄铜丝。此外,由于钢的导电性能差,在铜丝外包一层紫铜可以提高钢芯电极丝的导电能力而外表的黄铜层则起到改善洗涤性能。

在下述加工难度较大的情况下,常选用钢芯电极丝。

①大厚度工件切割。一般来说,但加工工件厚度较大(100 mm 以上)时,加工速度明显降低,加工面的直线度误差也较大。此时选用钢芯电极丝进行线切割加工,可以提高切割速度和改善加工质量。

②冲水不良场合加工。当加工大斜度或多层不规则工件时,往往冲水十分困难,加工速度大幅下降,选用钢芯电极丝可以增大张紧力和加工电流,改善加工效果。

③线切割加工石墨、铜、铝等难于加工材料时,也选用钢芯电极丝。

(4)精细加工电极丝　低速走丝机所用的电极丝一般为黄铜丝或镀层电极丝,其直径在 0.10～0.35 mm 范围内,最小不低于 ϕ0.07 mm。

但有一些精密零件加工,如航空航天、电子、光电、仪表等行业的细微零件,要求小圆角 R0.10～R0.03 mm,如采用传统的黄铜丝或镀层电极丝则线切割加工很难实现。过去,有人选用 0.03～0.10 mm 的镅丝或鸽铝丝加工,但成本较高,很难推广。现在市场上已推出钢琴电极丝,即芯材选用制造钢琴的高碳钢,表层镀黄铜,也有再镀锌的。高碳钢(钢琴)电极丝经过多道次加工及热处理,强度可达钨钼丝的强度,切割效率比黄铜丝高出 30%左右。

2.3　凹模零件加工工艺设计

(1)穿丝孔的作用　许多模具制造在切割凸模类外形工件时,常常直接从材料的侧面切入,在切入处产生缺口,残余应力从缺口处向外释放,易使凸模变形。为了避免变形,在淬火前先在模坯上打穿丝孔,孔径为 3～10 mm,待淬火后从模坯内对凸模进行封闭切割,可以使模坯保持完整,从而减少变形。

(2)穿丝孔的位置和直径　在切割凹模类工件时,穿丝孔最好设置在凹形工件的中心位置。因为这样既可以准确确定穿丝孔的加工位置,又便于计算轨迹的坐标,但是这种方法切割的无用行程较长,因此只适合中、小尺寸的凹形工件使用。大孔的凹形工件加工,穿丝孔可设定在起割点附近,且可以沿着加工轨迹多设置几个,以便在断丝后就近穿丝,减少进刀行程。在切割凸模类工件时,穿丝孔应设在加工轮廓轨迹的拐角附近,这样可以减少穿丝孔对模具表面的影响或便于进行修磨。同理,穿丝孔的位置最好选在已知坐标点或便于计算的坐标点上,以简化计算。如图 2-22 所示,穿丝孔的直径不宜太大或太小,以钻孔工艺方便为宜,一般选在 1～8 mm 范围内,孔径选取整数为好。

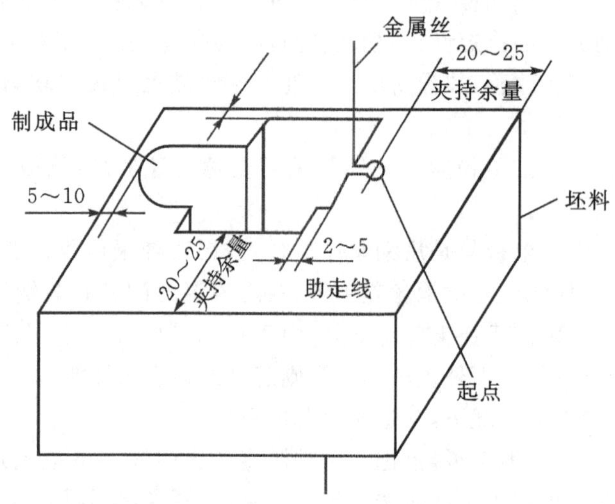

图 2-22　穿丝孔的位置及直径

(3)穿丝孔的加工　由于很多穿丝孔要作为加工基准,穿丝孔的位置精度和尺寸精度要等于或高于工件的精度。因此,要求穿丝孔在较精密坐标工作台的机床上进行钻铰等较精密的加工。如果穿丝孔精度要求不高,则只需要进行一般的加工即可。

(4)穿丝孔的计算　在线切割加工工艺中是不可缺少的。它有三个作用:①用于加工凹模;②减小凸模加工中的变形量和防止因材料变形而发生夹丝现象;③保证被加工部分跟其他有关部位的位置精度。对于前两个作用来说,工艺孔的加工要求不需过高,但对于第三个作用来说,就需要考虑其加工精度。显然,如果所加工的工艺孔的精度差,那么工件在加工前的定位也不准,被加工部分的位置精度自然也就不符合要求。在这里,工艺孔的精度是位置精度的基础。通常影响工艺孔精度的主要因素有两个,即圆度和垂直度。如果利用精度较高的镗床、钻床或镜床加工工艺孔,圆度就能基本上得到保证,而垂直度的控制一般是比较困难的。在实际加工中,孔越深,垂直度越不好保证。尤其是在孔径较小、深度较大时,要满足较高垂直度的要求非常困难。因此,在较厚工件上加工工艺孔,其垂直度如何就成为工件加工前定位准确与否的重要因素。下面对工艺孔的垂直度与定位误差之间的关系作一分析。

为了能够看清问题,可以用夸张的方式画一个如图 2-23 的示意图。图中 AA' 和 BB' 两条线是理想孔径线。其孔径为 D,点 O 为 AB(即 D)的中点。现假设在加工中钻头偏离了垂直方向 α 角,使加工后的孔径剖面线变成了 AC 和 BE,其偏移量 δ 为

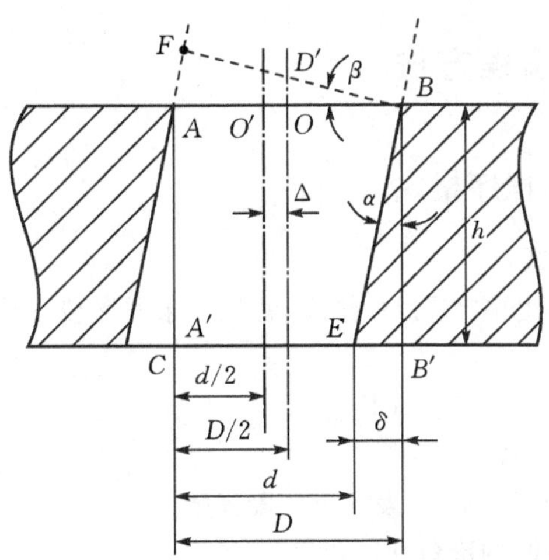

图 2-23　工艺孔精度分析

$$\delta=h\cdot\tan\alpha$$

式中：h——孔深。

一般将钼丝跟孔边接触与否作为找中心的一个条件。那么，此时利用接触法所测得的孔径就是图中的 d。根据其关系，有

$$d=D-\delta=D-h\tan\alpha$$

其 d 的中点为 O'。那么所产生的定位误差就是点 O 到 O' 的距离。设该距离为 Δ，于是有

$$\Delta=\frac{D}{2}-\frac{d}{2}=\frac{D-h\tan\alpha}{2}=h\frac{\tan\alpha}{2}$$

即
$$\Delta=\frac{\delta}{2}$$

从以上结果可以看到，由于工艺孔的不垂直而造成了 $\delta/2$ 的定位误差。这里忽略了因孔的倾斜而产生的孔径 D 的误差。因为孔的倾斜角 α 一般很小，由此造成的孔径变化微乎其微，可以认为孔径不变，也可以用数学的方法来证明这一点。由图 2-23 可以看到，D 表示原孔径，D' 表示孔倾斜了 α 度后的孔径，又因为 $BF\perp BE$、$AB\perp BB'$、$FA/\!/BE$，故 $\beta=\alpha$，此时有

$$D=D'/\cos\beta=D'/\cos\alpha$$

其增量
$$\Delta D=D-D'=D'(1/\cos\alpha-1)$$

$$\alpha=2^\circ,\ D'=10\ \text{mm}$$

代入公式可得

$$\Delta D=10\,(1/\cos2^\circ-1)=0.006\ \text{mm}$$

可见，其变化是很小的。所以，可以认为 D 就等于原孔的直径。

2.4 凹模零件加工编程方法

2.4.1 ISO"G"代码程序格式

1."G"指令基本程序格式

ISO"G"代码程序格式，也称"G"指令格式，就是一条程序段中用字、字符及数据表示的基本形式，即

N　G　IJK　XYZ　F　LF

"G"指令程序格式含义说明如下：

①N 表示运行的程序段，如 N002 表示第二段程序。

②G 表示各段程序运行时的准备功能代码。

③IJK 表示加工圆弧时，圆心相对起点的坐标值。设所要加工的圆弧圆心为 $0(X_0, Y_0, Z_0)$，圆弧起点坐标为 $A(X_A, Y_A, Z_A)$，则有

$$I = X_0 - X_A$$
$$J = Y_0 - Y_A$$
$$K = Z_0 - Z_A$$

④X、Y、Z 为执行该段程序的终点坐标值。

⑤F 表示加工参数。金属切削数控加工中，加工参数包括进给量 F(F0.2 表示进给量为 0.2 mm/r)、主轴转速 S(S300 表示主轴转速 300 r/min)、刀具 T(T0101 表示一号刀具用一号万补)；电火花加工可表示加工时的脉冲参数及自动抬刀等。

⑥LF 为程序段的结束符号。

⑦程序段中的字没有严格的顺序，可以调换其先后次序。

⑧上一段程序的功能需保留的，在第二段程序中可以省略不写。

⑨表示各点坐标值的字有正负号，但"+"是可以省略的。

⑩表示各点坐标值的数字，各机床都会设定其数据单位，如数控铣削加工大多以0.01 mm为其单位(脉冲当量)，而电火花线切割加工则以 0.001 mm 为计量单位。

需要提醒大家，不同的机床产品，其程序格式及代码的含义会稍有差异，编程前务必充分了解。如本公司提供的 TP 系列数控电火花线切割机的"G"指令格式，规定每条程序段写一行，可以省除程序段号 N 和程序结束符号 LF，且加工参数也不在程序段内，而是另外设置。

2.准备功能代码与辅助功能代码

在数控编程中，是用 G 指令代码、M 指令代码及 F、S、T 指令来描述加工工艺过程、数控系统的运动特征、数控机床的启与停、冷却液的开关等辅助功能以及给出进给的速度、主轴转速等。

必须注意，国际上广泛应用 ISO 制定的 G 代码和 M 代码标准与我国根据 ISO 标准制定的 JB 3208－83 标准完全等效，但也有些国家或集团公司所制定的 G 代码和 M 代码的含义与此不完全相同，操作时务必根据使用说明书进行编辑。

(1)准备功能"G"代码　它是由字母"G"和其后的二位数字组成，从 G00～G99 共有 100 种。该指令主要是命令数控机床进行何种运动，为控制系统的插补运算作好准备。所以，一般

它们都位于程序段中坐标数字指令的前面。常用的 G 指令有：

①G01——直线插补指令。使机床进行二坐标(或三坐标)联动的运动，在各个平面内切削出任意斜率的直线。

②G02、G03——圆弧插补指令。G02 为顺时针圆弧插补指令，G03 为逆时针圆弧插补指令。使用圆弧插补指令之前必须应用平面选择指令，指定圆弧插补的平面。

③G00——快速点定位指令。它命令刀具以定位控制方向从刀具所在点以最快速度移动到下一个目标位置。它只是快速定位，而无运动轨迹要求。

④G17、G18、G19——坐标平面选择指令。G17 表示进行 XY 平面上的加工，G18 和 G19 分别为 ZX 平面和 YZ 平面上的加工。这些指令在进行圆弧插补、刀具补偿时必须使用。

⑤G40、G41、G42——刀具半径补偿指令。利用该指令之后，可以按零件轮廓尺寸编程，由数控装置自动地计算出刀具中心移动轨迹。其中 G41 为左偏刀具半径补偿指令，G42 为右偏刀具半径补偿指令，G40 为刀具半径补偿撤消指令。

⑥G90、G91——绝对坐标尺寸及增量坐标尺寸编程指令。其中 G90 表示程序输入的坐标值为绝对坐标值，G91 表示程序段的坐标值为增量坐标值。

(2)辅助功能“M”代码　辅助功能 M 指令是由字母“M”和其后的二位数字组成，从 M00～M99 共 100 种。这些指令与数控系统的插补运算无关，主要是为了数控加工、机床操作而设定的工艺性指令及辅助功能。常用的辅助功能指令如下：

①M00——程序停止。完成该程序段的其他功能后，主轴、进给、冷却液送进都停止。

②M01——计划停止。该指令与 M00 类似。所不同的是，必须在操作面板上预先按下“任选停止”按钮，才能使程序停止，否则 M01 不起作用。当零件加工时间较长或在加工过程中需要停机检查、测量关键部位以及交接班等情况时使用该指令很方便。

③M02——程序结束。当全部程序结束时使用该指令，它使主轴、进给、冷却液送进停止，并使机床复位。

④M03、M04、M05——分别命令主轴正转、反转和停转。

⑤M06——换刀指令。常用于加工中心机床刀具库换刀前的准备动作。

⑥M07、M08——分别命令 1 号切削液和 2 号切削液开启(冷却泵启动)。

⑦MO9——切削液停。

⑧M10、M11——运动部件的夹紧及松开。

⑨M30——程序结束并倒带。该指令与 M02 类似。所不同的是，可使程序返回到开始状态，即使纸带倒回起始位置。

⑩M98——子程序调用指令。

⑪M99——子程序返回到主程序指令。

3.“G”代码几何轨迹程序实例

根据“G”代码程序格式以及所设定的“G”代码含义，我们可以不考虑加工参数及数控的辅助功能，写出几何轨迹各线段的程序。

(1)直线段程序

①平行坐标轴的直线段。已知 OA 线段为 100mm，并平行 X 轴，则 OA 线段移动程序为

```
G90    X0        Y0
G01    G17    X100000    Y0    M02
```

以上程序说明,在绝对坐标系情况下,起点为坐标原点,在 XY 平面内从 O 点直线插补移至 A(x100.00,y0)后程序结束。

②空间任意直线段。已知线段 OA 的 O(0,0,0)、A(10.000,5.000,2.000)。则从 O 点直线插补移至 A 点的程序为

G90　X0　Y0　Z0

G01　X10000　Y5000　Z2000　M02

以上程序说明,取起点为坐标原点,在绝对坐标系中移至 A(10.000,5.000,2.000)后程序运行结束。

(2)在 XY 平面内的圆弧段

设圆弧段的半径为 5mm,圆心在直角坐标系的原点,起点坐标 A 点在 X 轴点,沿逆时针方向移至 B(−4.000,3.000),其圆弧段的程序为

G90　X5000　Y00

G03　G17　I−5000　J0　X−4000　Y3000　M02

其中,$I=X_0-X_A=-5000$;$J=Y0-Y=0$。

2.4.2　凹模零件编制加工程序的注意事项

1.改善尺寸精度的工艺方法

在电火花线切割加工之前,工件材料已经进行过热加工和冷加工,材料内部都存在一定的应力,即使是进行过退火处理,在线切割加工过程中还会表现出各种应力的存在,并引起工件变形,影响线切割加工零件的最终精度。为改善工件的加工尺寸精度,除了在线切割加工前采取必要的消去内应力的措施之外,还应采用合理的线切割加工工艺。

1)切割凹模之类的型腔零件

(1)采用先粗加工后精加工的工艺方法　在电火花线切割加工之前,先对工件材料进行粗加工,去除大部分废料,仅留少量的精加工余量(一般留 1～2 mm 的加工余量)。粗加工可用金属切削加工方法,也可在淬火之后用电火花线切割加工,目的都是让内应力充分释放并产生一定的变形然后进行一二次线切割精加工。这不仅可以消去因内应力释放引起的变形,还可通过精密微细加工获得更高的质量。低速走丝电火花线切割加工经多次切割之后都能获得较高的加工精度,也是因为它在第一次切割过程中已经消除了内应力变形影响。这种工艺方法,对于加工那些厚度较大的淬火工件尤为重要。

(2)采用带穿丝孔的型腔封闭切割工艺　所谓的带穿孔丝的封闭切割就是在每个型腔内先打一个穿丝孔各型腔之间以及外边界都不割通。因为工件材料内部总会有一定的残余应力,如果切割型腔不封闭,而是从外部边界或是从其他临近型腔切割进去,都会使工件变形超差,影响线切割加工精度。由此也可以知道,凹模之类的型腔不应该分解成镶拼结构进行开放式切割,以保证电火花线切割加工的精度及使用寿命。

(3)内清角加工　凹模之类的零件内腔清角加工比较困难,一般都不允许用延长切割长度方法来加工清角,而是采用加工到预定的位置后(内角顶点)停止进给而继续放电加工数秒钟,清除拐角时因电极丝受放电力作用而迟后的影响。此时的小圆角半径一般都会大于 0.3 mm。因为它受到电极丝半径及放电间隙的约束。对于某些清角半径要求高的场合,还可以采取以下工艺措施:

①减小放电脉冲能量，并选用直径较小的电极丝加工。

②适当延长加工长度，通常加工到棱角顶点之后再继续向前加工 0.02～0.03 mm，用圆弧过渡方法过渡到下一条加工程序。延续加工长度过大(如 0.05mm 以上)，就易在拐角处出现痕迹，这易导致凹模在使用过程应力集中而破裂。

③收紧电极丝，减小柔性电极丝受放电力作用而产生的偏移。

2.5　凹模零件编程与加工案例分析

2.5.1　实例一

1. 实例描述

四方凹模零件如图 2-24 所示，材料为 Cr12，零件厚度为 20mm，要求采用数控快走丝电火花线切割加工机床加工。

2. 加工分析

根据图 2-14 所示零件和加工要求，把第一次穿丝点设定在编程原点(0,0)，起点和终点均为(50,0)。用直径为 0.2 mm 钼丝，单边放电间隙为 0.01 mm，因此在编程时要考虑到电极丝和放电间隙补偿。程序采用逆时针编程，因此补偿指令为 G41，电极丝补偿量为(0.2/2 + 0.01) mm =0.11 mm。各编程点坐标见表 2-3。

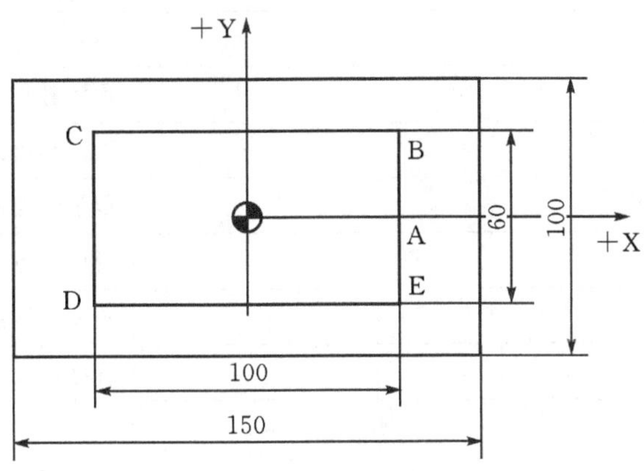

图 2-24　四方凹模零件

表 2-3　编程点坐标

基点编号	X 坐标	Y 坐标	基点编号	X 坐标	Y 坐标
A	50	0	D	−50	30
B	50	30	E	50	−30
C	−50	30			

3. 主要知识点如下

①直线插补 G01。

②半径补偿指令 G40/G41/G42。

4. 参考程序与注释

O0113	程序号
N0010 H000=0	给 H000 赋值为 0.11
N0020 H001=110	给 H001 赋值为 0.11
N0030 G90 G92 X0 Y0	制定绝对坐标，预设当前位置
N0040 T84 T86	开启工作液、运丝
N0050 C096	调入切入加工条件
N0060 G01 X49 Y0	直线插补加工
N0070 C002	调入加工参数
N0080 G41 H000	建立左补偿
N0090 G01 X50Y0	直线插补到 A 点
N0100 G41 H001	对切割路径进行左补偿
N0110 G01 X50 Y30	直线插补 B
N0120 X-50 Y-30	直线插补 C
N0130 X-50 Y-30	直线插补 D
N0140 X50 Y0	直线插补 A
N0150 N00	暂停
N0160 G40 H000	取消补偿
N0170 C097	调入切出条件
N0180 C01 X49 Y0	取消补偿后，退出到点(49,0)
N0190 X0 Y0	返回原点
N0200 T85 T87	关闭工作液，停止走丝
N0210 M02	程序结束

2.5.2 实例二

1. 实例描述

多腔凹模零件如图 2-25 所示，材料为 Cr12，零件厚度为 30mm，要求采用数控快走丝电火花线切割加工机床加工。

2. 加工分析

根据图 2-25 所示零件和加工要求，编程原点(0,0)，把第一次穿丝点设定在(45,40)，第二次穿丝点设定在(165,40)。用直径为 0.2 mm 钼丝，单边放电间隙为 0.01 mm，因此在编程时要考虑到电极丝和放电间隙补偿。程序采用顺时针编程，因此补偿指令为 G41，电极丝补偿量为(0.2/2 + 0.01) mm =0.11 mm。各编程点坐标见表 2-4。

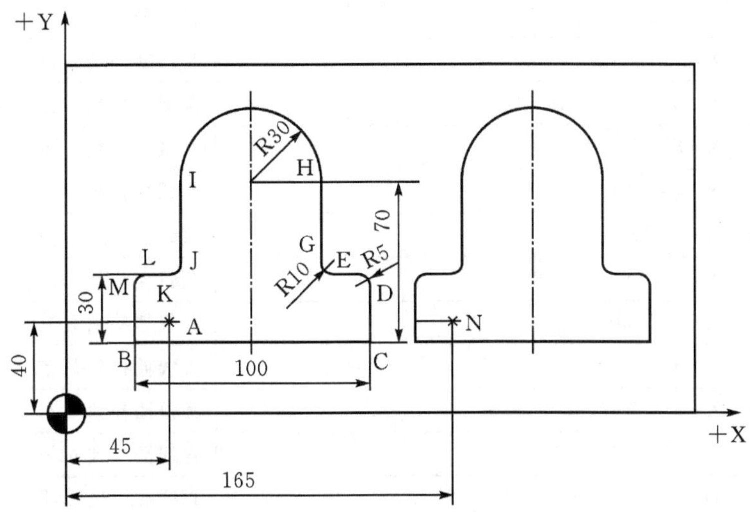

图 2－25　多腔凹模零件

表 2－4　编程点坐标(增量坐标)

基点编号	X 坐标	Y 坐标	基点编号	X 坐标	Y 坐标
A	－15Y	－10	G	0	30
B	100	0	H	－60	0
C	0	25	I	0	－30
D	－5	5	J	－10	－10
E	－5	0	K	－5	0
F	－10	10	M	0	－25

3. 主要知识点

①圆弧插补 G02/G03。

②半径补偿指令 G40/G41/G42。

4. 参考程序与注释

O0204	程序号
N0010 H000＝0	给 H000 赋值为 0
N0020 H001＝110	给 H001 赋值为 0.11
N0030 G91　G92　X0　Y0	指定相对坐标，预设当前位置
N0040 C003	调入加工参数
N0050 G00　X45　Y40	到达穿丝点
N0060 T84　T86	开启工作液，运丝
N0070 G41　H000	建立左补偿
N0080 G01　X－15　Y－10	直线插补到 A 点
N0090 G41　H001	对切割路径进行左补偿
N0100 G01　X100　Y0	直线插补到 B 点

O0204	程序号
N0110 G01 X0 Y25	直线插补到 C 点
N0120 G03 X−5 Y5 I−5 J0	圆弧补偿到 D 点
N0130 G01 X−5 Y0	直线插补到 E 点
N0140 G02 X−10 Y10 I0 J10	圆弧插补到 F 点
N0150 G01 X0 Y30	直线插补到 G 点
N0160 G03 X−60 Y0 I−30 J0	圆弧插补到 H 点
N0170 G01 X0 Y−30	直线插补到 I 点
N0190 G01 X−5 Y0	直线插补到 K 点
N0200 G03 X−5 Y−5 I0 J−5	圆弧插补到 L 点
N0210 G01 X0 Y−25	直线插补到 M 点
N0220 G40 H000 G01 X15 Y10	直线插补返回，取消补偿
N0230 T85 T87	关闭工作液，停止走丝
N0240 M00	暂停，取下电极丝
N0250 G00 X120 Y0	快速定位到第二个穿丝点
N0260 T84 T86	开启工作液，运丝
N0270 C003	调入切入加工条件
N0280 G41 H000	建立左补偿
N0290 G01 X−15 Y−10	直线插补到 A 点
N0300 G41 H001	对切割路径进行左补偿
N0310 G01 X100 Y0	直线插补到 B 点
N0320 G01 X0 Y25	直线插补到 C 点
N0330 G03 X−5 Y5 I−5 J0	圆弧插补到 D 点
N0340 G01 X−5 Y0	直线插补到 E 点
N0350 G02 X−10 Y10 10 J10	直线插补到 F 点
N0360 G01 X0 Y30	直线插补到 G 点
N0370 G03 X−60 Y0 I−30 J0	圆弧插补到 H 点
N0380 G01 X0 Y−30	直线插补到 I 点
N0390 G02 X−10 Y−10 I−10 J0	圆弧插补到 J 点
N0400 G01 X−5 Y0	直线插补到 K 点
N0410 G03 X−5 Y−5 I0 J−5	圆弧插补到 L 点
N0420 G01 X0 Y−25	直线插补到 M 点
N0430 G40 H000 G01 X15 Y10	直线插补返回，取消补偿
N0440 T85 T87	关闭工作液，停止运丝
N0450 M02	程序结束

2.5.3　实例三

1. 实例描述

凹模型腔零件如图 2－26 所示，材料为钢，零件厚度为 20 mm，要求采用数控慢走丝电火花线切割加工机床加工。

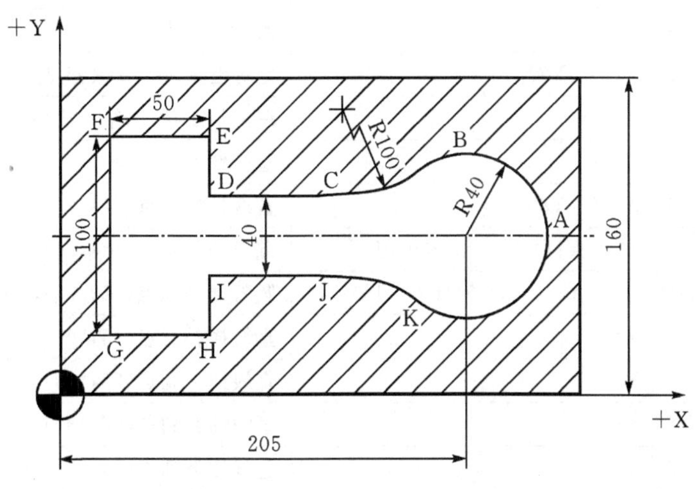

图 2－26　凹模型腔零件

2. 加工分析

根据图 2－26 所示零件和加工要求可知，加工为内轮廓表面，把穿丝点设定在(205,80)，起点为(245,80)。用直径为 0.2 mm 铜丝，逆时针方向切割，采用四次切割，即割一修三。第一次电极丝偏移量为 0.246 mm，第二次为 0.166 mm，第三次为 0.146 mm，第四次为 0.136 mm。各编程点坐标见表 2－5。

表 2－5　编程点坐标

基点编号	X 坐标	Y 坐标	基点编号	X 坐标	Y 坐标
A	245	80	G	25	30
B	184.397	114.286	H	75	30
C	132.889	100	I	75	60
D	75	100	J	132.889	60
E	75	130	K	184.397	45.714
F	25	130			

3. 主要知识点如下：

①偏移量计算。

②切割位置和长度的确定。

③切割路线的选取。

④直线插补、圆弧插补及刀具补偿指令的使用。

4. 参考程序与注释

O0402	程序号
N0010 H001＝246	给 H001 赋值为 0.246
N0020 H002＝166	给 H002 赋值为 0.166
N0030 H003＝146	给 H003 赋值为 0.146
N0040 H004＝136	给 H004 赋值为 0.136
N0050 G90 G92 X205 Y80	绝对坐标方式，定义起点坐标为(205,80)
N0060 S501	调入加工条件(第一次切割)
N0070 G41 H001	左补偿
N0080 G90 G01 X244 Y80	直线插补到点(244,80)
N0090 G03 X184.397 Y114.286 I－39 J0	圆弧插补到点(184.397,114.286)
N0100 G02 X132.889 Y100 I－51.508 J85.714	圆弧插补到点(132.889,100)
N0110 G01 X75 Y100	直线插补到点(75,100)
N0120 G01 X75 Y130	直线插补到点(75,130)
N0130 G01 X25 Y130	直线插补到点(25,130)
N0140 G01 X25 Y30	直线插补到点(25,30)
N0150 G01 X75 Y30	直线插补到点(75,30)
N0160 G01 X75 Y60	直线插补到点(75,60)
N0170 G01 X132.889 Y60	直线插补到点(132.889,60)
N0180 G02 X184.397 Y45.714 J－100	圆弧插补到点(184.39＋7,45.714)
N0190 G01 X245 Y80 I20.603 J34.286	圆弧插补到点(245,80)
N0200 G40 G01 X244.5 Y80	取消补偿，直线插补到点(244.5,80)
N0210 S502	调入加工条件(第二次切割)
N0220 G42 H002	右补偿
N0230 G90 G01 X245 Y80	直线插补到点(245,80)
N0240 G02 X184.397 Y45.714 I－40	圆弧插补到点(184.397,60)
N0250 G03 X132.889 Y60 I－51.508 J－85.714	圆弧插补到点(132.889,60)
N0260 G01 X75 Y60	直线插补到点(75,60)
N0270 G01 X75 Y30	直线插补到(75,30)
N0280 G01 X25 Y30	直线插补到点(25,30)
N0290 G01 X25 Y130	直线插补到点(25,130)
N0300 G01 X75 Y130	直线插补到点(75,130)
N0310 G01 X75 Y100	直线插补到点(75,100)
N0320 G01 X132.889 Y100	直线插补到点(132.889,100)
N0330 G03 X184.397 Y114.286 J100	圆弧插补到点(184.397,114.286)
N0340 G02 X245 Y80 I20.603 J－34.286	圆弧插补到点(245,80)
N0350 G40 G01 X244.5 Y80	取消补偿，直线插补到点(244.5,80)

O0402	程序号
N0360 S503	调入加工条件(第三次切割)
N0370 G41　H003	左补偿
N0380 G41　G01　X245　Y80	直线插补到点(245,80)
N0390 G03　X184.397　Y114.286　I—40	圆弧插补到点(184.397,114.286)
N0400 G02　X132.889　Y100　I—51.508　J85.714	圆弧插补到点(132.889,100)
N0410 G01　X75　Y100	直线插补到点(75,100)
N0420 G01　X75　Y130	直线插补到点(75,130)
N0430 G01　X25　Y130	直线插补到点(25,130)
N0450 G01　X75　Y30	直线插补到点(75,30)
N0460 G01　X75　Y60	直线插补到点(75,60)
N0470 G01　X132.889　Y60	直线插补到点(132.889,60)
N0480 G02　X184.397　Y45.714　J—100	直线插补到点(184.397,45.714)
N0490 G03　X245　Y80　I20.603　J34.286	直线插补到点(245,80)
N0500 G40　G01　X244.5　Y80	取消补偿,直线插补到点(244.5,80)
N0510 S504	调入加工条件(第四次切割)
N0520 G42　H004	右补偿
N0530 G90　G42　G01　X245　Y80	直线插补到点(245,80)
N0540 G02　X184.397　Y45.714　I—40	圆弧插补到点(184.397,45.714)
N0550 G03　X132.889　Y60　I—51.508　J—85.714	圆弧插补到点(132.889,60)
N0560 G01　X75　Y60	直线插补到点(75,60)
N0570 G01　X75　Y30	直线插补到点(75,30)
N0580 G01　X25　Y30	直线插补到点(25,30)
N0590 G01　X25　Y130	直线插补到点(25,130)
N0600 G01　X75　Y130	直线插补到点(75,130)
N0610 G01　X75　Y100	直线插补到点(75,100)
N0620 G01　X132.889　Y100	直线插补到点(132.889,100)
N0630 G03　X184.397　Y114.286　J100	直线插补到点(184.397,114.286)
N0640 G02　X244.997　Y79.5　I—40	圆弧插补到点(244.997,79.5)
N0650 G02　X244.497　Y79.506	取消补偿,直线插补到点(244.497,79.506)
N0660 G40　G01　X244.497　Y79.506	取消补偿,直线插补到点(244.497,79.506)
N0670 G40　G01　X205　Y80	取消补偿,直线插补到点(205,80)
N0680 M02	程序结束

2.6 知识拓展

2.6.1 电参数的设置

按机床说明书来设定、或由系统自动地生成加工参数是最为常见的加工前的参数输入方式。不仅如此，如果使用者能对一些重要参数的作用以及对其调节所能产生的影响有更多的认识，那么，工作的主动性就会得到进一步的发挥。

1. 电参数

单纯拿线切割机床和磨床来作个对比的话，显然对电参数的选择就如同磨削加工中的对砂轮材质、粒度和磨削用量的选择一样。由粗到精的整个放电加工过程，实质上就是对放电火花在时间和能量上进行配置，使之在工件的指定空间上产生所希望的有效去除，排除术语上的差异，体会其物理过程，将有助于加深对这一整套参数的认识。

在名目繁多的电参数中，有相当一部分电参数的作用是相似的，有的是为了增加某种特性而专门设置的特殊参数，这些参数也不一定在所有的机床上出现。电参数主要有如下几种：

(1)加工模式　由于在实际的粗、精加工中所用到的放电能量差异较大，电极丝上所加载的平均电流大到几十安培、小到几十毫安；所用的电极丝的直径，最细的为 ϕ0.03 mm(截面 0.0007 mm^2)，最粗的电极丝有 ϕ0.33 mm(截面积 0.085 mm^2)，截面积相差近 120 倍。为了使高频电源能满足这样大的输出跨度，有些机床采用加工模式作为一种特定的参数选择方式来规定加工类型，以满足粗、精甚至微细加工时功率输出的需要。

(2)放电电流　需根据工艺要求、工件材料、切割高度以及电极丝的类型、直径来决定该参数。该参数表征的是高频电源所能提供的最大电流，而不是实际要加工的电流。实际加工的放电电流在正常加工过程中是不允许改变的，改变放电电流会直接影响到工件的表面粗糙度和放电间隙的大小；放电电流值设定得越大，粗糙度和放电间隙也越大。频繁断丝时，降低放电电流能直接地起作用，但必须考虑会影响放电间隙大小以及降低切割速度，一般都是放在功率参数设定后来进行调整的。

(3)平均放电功率　由于放电蚀除量是 N 个有效的脉冲能量叠加的结果，平均放电功率主要由脉冲频率来决定，表示的是间隙上加载的能量的大小，对切割速度有直接的影响；平均功率越大，实际放电电流也越大，切割速度越快。大功率切割会产生较大的轮廓误差和较厚的热影响层，并增加了断丝的风险，尤其是当冲液条件不好的时候，或者是在进行斜度较大的切割时。粗加工中出现断丝，应先把功率值降低两点，看看是否见效，这是最常用的对策，因为对平均功率参数的调节只是在加工速度与断丝两者之间作出平衡的选择，不会影响到最终的加工结果。

(4)空载百分率　在一个放电检测的周期内空载所占的百分比。改变其大小，会影响加工的稳定性和母线的直线度。

通常，粗加工时高速走丝机虽不允许有空载波形出现，但低速走丝线切割机的空载百分率可设定在 25%～30%；若过份减小，加工速度可能略有提升，但稳定性会降低，断丝的风险也会相应加大，同时轮廓精度会变差，对后续的多次切割不利。

精加工时，高速走丝机虽允许有一定的空载波形出现，但百分率很少；低速走丝线切割加工的空载百分率则较高，一般可设定在 40%～45%，以兼顾切割精度与效率。虽然，此时脉冲能量较粗加工时小很多，减小空载的比率也不会造成断丝，但会导致对粗加工后轮廓的修整不充分，使"误差复映"得不到很好地纠正，母线变凸。相反，如果一昧地增加空载百分率，会更多地损失切割效率，母线反而变凹，同样影响精度，高速走丝线切割加工还易断丝。

在加工中，该项参数允许根据当前的放电状态和已知的加工结果在小范围内进行调整。尤其是在粗加工中，当放电不稳定时，适当增大空载百分率能明显地使加工变得稳定，切割速度反而会有所回升同时降低了断丝发生的概率。

(5)恒定速度　设定加工时的进给速度为某一恒定值。类似于电火花磨削中所采用的固定进给速度。不管有没有放电，进给都不受伺服检测的控制，始终以选定的速度前进，以适应弱规准下的修切需要，特别是对于那些大厚度工件，用弱规准加工时由于电极丝上分布的能量密度太小，会使伺服调节非常困难，导致进给速度极不均匀，甚至停在某一点上不走、持续放电，使工件报废。该参数对加工速度和母线形状都有影响。与空载百分率类似，进给速度过慢会损失效率，母线会变凹；反之，过快，会导致母线变凸。

(6)短路电流限制　粗加工时瞬间的过大短路电流是造成断丝的主要原因。用大电流加工时，对有可能产生短路电流的参数需按预先设定值进行削减，防止断丝的发生。参数的取值越大对短路电流削减的幅度就越大，以确保加工过程不易断丝，此时切割速度也会降低很多。

为防止断丝，还有一种参数是用于对短路进行斩波处理，即：加工中出现了 N 个短路脉冲后自行削去后面的若干个，满足变截面加工时，对电流突变的适应。

(7)附加正极性电压　在间隙上叠加一个正极性的低压直流电源，获得类似于电解的某种效应，以提高细电极丝、小电流加工时的切割效率，降低硬质合金修切后的表面粗糙度值。

(8)脉冲宽度　决定单个脉冲能量直接影响加工速度和表面粗糙度。在其他参数不变的情况下，脉宽越大，放电能量也越大，加工速度会有所加快，但断丝的可能性也会加大，粗糙度变差。在实际应用中，先是根据工件最终的要求来选择该项参数，加工过程中一般不作调整；减小每挡加工所对应的脉宽，对降低该挡的最终粗糙度影响不大，反而会影响加工效率。

(9)空载电压　根据不同的工件材料以及电极丝的类型来选择，对熔点高的难加工材料和使用带涂层的电极丝宜选择较高的空载电压。提升空载电压能使被加工材料和电极丝表面材料放电时的气化过程加剧、气化压力增高、放电间隙加大、促进排屑、提高加工速度，同时粗糙度会变大。降低空载电压尽管对减小粗糙度有利，但对加工稳定性不利，尤其是在弱规准的精修过程中，会导致加工短路、停顿，空走、不发生放电，使表面质量和尺寸精度恶化。所以，该项参数一般不作为加工时的可调节参量。

(10)伺服调节　根据间隙电压的检测值与设定的基准相对比，给出加工时的进给速度上限，用来决定放电跟踪的紧密程度。伺服调节的敏感程度会影响到切割速度、加工稳定性和母线的凸凹，过于敏感会导致加工表面条纹增多。由于该参数与其它参数在加工策略方面关联密切，在给用户的加工条件中的数值已经是经过大量测试、优化过的，一般无需加以改变。

(11)拐角策略　加工时，由于放电力的作用，会使电极丝产生挠曲、滞后于前进方向。在进行直线和大曲率半径切割时，这种滞后现象带来的不利影响并不明显。当加工到有小圆弧的拐角处，这种滞后就会带来较大的拐角误差。凸出的尖角因丝的滞后被抹去，凹进去的内角得不到充分的放电而被让过，最终拐角处加工出的实际圆弧半径会比要求的大很多，而且不圆。粗加工中的切割速度越快，拐角误差就越大，误差复映也会影响到后面多次切割的精度和加工速度。

因此，随着高速切割指标的不断提升，当加工轮廓上存在着大量小圆角时($R<3$)，拐角策略的作用就变得比较明显。其作用的实质就是减缓电极丝在拐角处的行进速度，把电极丝在放电力作用下产生的挠曲降低到最小程度，减小滞后量。

粗加工时，系统根据拐角处圆弧半径的大小，自动进行判别，减弱放电能量和冲液压力，以此降低电极丝在拐角处的行进速度和作用在电极丝上的放电力，使电极丝尽可能直地通过拐角，加工出接近理想的轮廓形状，并使精加工的余量均匀。

在修切加工中，同样是以降低拐角处的加工速度为主要策略，并辅之以反方向上的轮廓修切，抵消滞后的作用方向 O 还可以对拐角反复修磨直至放电空载率达到一定比例后，再进入下一程序段进行加工这取决于所依赖的工艺模型和机床的重复定位精度。

拐角策略是从大量试验数据中得出的一种经验方法，并被固化在控制软件中，所以可以直接调用。加工中如果试图调整拐角策略参数，也仅仅是为了修正状态的偏移。

在含有大量小圆弧轮廓的加工中，适当的加工速度是保证拐角精度的首要措施，即便在所使用的机床上没有拐角策略，或者感觉其效果并不理想，也可以通过改变编程方法、调整其他参数来达到同样的目的，尽管没有直接调用拐角策略来得方便、快捷。

通常，加工中选取的拐角策略越强，圆角精度越高，加工速度降低得就越多，这取决于使用者所强调的方面。在关注拐角精度的同时，不要忽略对加工出的母线直线度结果的核对。

2. 电极丝的参数

电极丝的基本参数有电极丝的类型、直径和长度，设定参数包括电极丝的张力和丝速。基本参数由加工要求决定，设定参数由选择的加工条件决定。

(1)电极丝的张力　电极丝的张力设定范围为 1～30 N，取决于电极丝的材质和直径以及对拐角精度的要求。在同样的放电条件下，增加张力值对提高加工精度有利，尤其是对于切割厚度较大的工件，较大的张力值是获得较好母线直线度和拐角精度的基本条件。

加大张力的负面影响是容易引起断丝。高速切割后的电极丝，在其表面上可以明显地看到布满的坑穴，直径方向上的损耗高达 1/4，抗拉强度被大幅削弱。因此，在一些精度要求不高的加工场合，如果追求更高的加工速度又不至于引起频繁的断丝，可以适当地降低丝的张力。

在粗、精加工过程中，要交替地使用不同的张力值，应注意由此带来的电极丝的空间位置的改变，为保证后面多次切割余量的均匀，最好增加一次不改变偏移量的粗修切，并采用较大的空载百分率，以减小误差复映对后面精加工的影响。斜度切割时，应始终采用同一张力值，避免因张力的改变造成角度的变化，使有些面修切不到。

(2)电极丝移动速度　高速走丝线切割加工时电极丝移动对于工作液进入间隙、促进排屑、带走热量、消除电离以及减少断丝起着至关重要的作用。由于电极丝是往复使用的，移动速度的高低都不会引起电极丝消耗增大的问题。

在低速走丝线切害。加工时，操作者为了减少电极丝的消耗，常常要根据所使用的电极丝直径和工件的加工高度，在保证母线精度和不断丝的情况下，调整适当的电极丝移动速度，而不是完全依照参数表来设定。这种调整必须是经过加工验证过的，否则会因走丝速度低、损耗过大而导致产生加工斜度或者频繁断丝。

(3)电极丝材质与丝径　因镀铸层电极丝表面材料的气化作用有利于排屑，所以在较低的电极丝移动速度下运行，也不易断丝，并能获得较高的表面质量。在实际生产中，要比较电极丝的价格和单位时间内电极丝的消耗量，并与电源的适配程度以及要求获得的精度联系起来，把握好性价比，合理地选型。

直径为 0.05 mm 及以下的电极丝，通常是鸽丝和铟丝，以保证运行时必要的抗拉强度，用于有特殊扑圆角要求的轮廓的加工，例如：$R0.02$ mm～$R0.05$ mm 除使用极其微弱的放电规准外，张力和速度必须追求十分稳定。

在高速走丝线切割机床上使用这样的微细电极丝，必须保证每个导轮运转时的正反向阻力矩相等、且比较小。细丝的路径越短越好；上丝时预紧的张力应十分均匀；换向延时适当加长以减少换向冲击；丝速可降到使用粗丝时的 1/2，甚至更低。因为，用这种细丝加工的工件，厚度都不会太大；如果切割厚度超过 10mm，结果也不会太好。

在低速走丝线切割机上选用微细电极丝时所有与电极丝接触的环节都必须确认是适宜的。否则，设定好的丝速和张力一定会与实际值之间存在不小的差异，尤其是在不经常使用细电极丝的情况下，变换使用细电极丝，易引起加工断丝，最好用张力计事先校核后再加工。为使用细电极丝，所有传送导向零件都需要更换和保养，这会增加成本，事先要有所考虑。

3. 冲液参数

高速走丝线切割机床所用的线切割工作液，基本上靠配比调定，使用中无须加压，完全可以由电极丝带人间隙，最多分别对上下喷水嘴的流量作一点非量化的调整，操作很简单。

大多数低速走丝线切割机床使用纯净的水作为介质。上下冲液的压力和流量可以分别设定、浸液或非浸液式加工方式的选择以及水的电导率设定，这些参数对加工速度、避免断丝和最后的加工精度有着至关重要的影响。

对于不断创纪录的高速切割来说，冲液压力的大小与稳定性几乎起着决定性的作用。大电流加工时，切缝中的电极丝几乎是处在断丝的临界状态，电极丝上受到的热轰击与包围它的冷却介质一旦有瞬间的失衡，必然会导致断丝。一些新推出的机床已将最大的冲液压力提高到 2.2MPa 以上，其目的就是为了克服介质的延程压力损失、加大通过间隙的有效流量、使更大的放电能量能够加载到电极丝上。对于大厚度切割，更要强调上下喷嘴的指向性，使之有更好的液流导向。

另外，精加工时，尽可能减小冲液及其对电极丝产生的扰动，在冲液压力仅为 0.02 MPa 时，也能保持液流的稳定和对电极丝的包裹。

通常，为适应各种加工需要，有以下几种不同的冲液方式。

①两喷水嘴按同一设定的压力值来进行冲液常用于上下表面平行的工件的切割。

②分别设定上下喷水嘴不同的冲液压力，以适应无法满足冲液密封条件下的工件切割。

③上冲液、下抽液，以此来减小冲液及其对电极的扰动，有利于放电蚀除物迅速排除加工区域，保持液槽内介质尤其是下喷水嘴处电导率的稳定常用于一次切割成型、工件下表面凹进或为斜面，具有兼顾加工速度和精度质量的特点，前提是须在浸液式加工条件下进行。

④根据切割断面的变化以及拐角策略的安排，配合高频电源和伺服进给，进行冲液压力的自适应调节。

⑤在较低的冲液压力下，分别调定上下喷水嘴的流量，使水柱平稳地包裹着丝，满足修切、尤其是在非浸液条件下进行大厚度修切时对水流稳定性的要求。

⑥由于过滤器堵塞，清洁水供应不足，系统自动减小冲液压力和放电能量，降低加工所需

的流量，使切割不会因总的水量不够而中断，特别是在元人加工条件下。

4. 浸液与非浸液式加工

浸液式加工具有放电稳定、不易断丝、切割效率高、精度一致性好以及无溅射等优点，是非常适宜低速走丝线切割机床的一种加工方式。当机床具有了这种功能，就应该充分加以利用。除非在一些特殊的情况下，需关掉此项功能，改为非浸液式加工。比如：

①加工非常细小的多孔型腔时，单个型腔的加工时间非常短暂，自动穿丝无法准确地实施，经常需要人来干预；工件非常重要、任何一个操作都不能有失误、需要实时地观察。总之，在门总是需要敞开着的场合下，不能使用浸液式加工。

②利用工装进行批量零件的单工序加工，由于放电时间短暂，为缩短辅助时间和工件装卸方便。

③利用特殊附件进行加工，附件不能被水浸泡。

④工件超长，工作液槽门无法关闭。

⑤工作液箱的水位过低，不能维持浸液式加工所需要的最小水量，又来不及补充，只好作非浸液式的加工。

5. 电导率设定

低速走丝线切割加工所用去离子水的电导率高低，直接影响到放电间隙和表面粗糙度的大小，通常设定在 1～15 μs/cm 范围内；电极丝越细，选择使用的电导率越低；电导率越低，放电对工件的电解腐蚀作用就越小。使用 ϕ0.03 mm 的电极丝需将电导率设定在 1 μs/cm，而使用 ϕ0.25 mm 的电极丝时，设定在 10 μs/cm 即可。电导率设定的数值越低，离子交换树脂的寿命就越短，维持成本就越高。

通常，将电导率检测点设置在冲液回路上，以便能够准确地反映出介质的当前测量值。除此之外，浸液式机床液槽中水的电导率也受到监控，对于一些机床来说，当检测到的电导率大于 25 μs/cm，并工作超过 30 min 后，系统报警，自动中止加工，以保证尺寸的一致。

2.6.2 高速走丝线切割多次走丝的必要性和条件

随着模具工业的发展，广大用户纷纷提出，线切割加工不仅要速度快，而且要求有尚佳的加工表面质量。为满足广大用户需要，国外低速走丝电火花线切割加工机都采用多次切割工艺，即第一次切割用较大的电规准进行高速粗切割，然后用第二次、第三次甚至第四次切割逐步用精规准和精微规准进行修光，以获得理想的加工表面质量和加工精度。低速走丝线切割加工多次切割应用结果表明，多次切割工艺是解决速度与加工表面质量矛盾，获得较高综合工艺效果的有效办法。

在低速走丝电火花线切割机推广应用多次切割技术的同时，中国高速走丝电火花线切割机也进行了大量的多次切割试验，虽在实验室环境下获得了一定的成功，利用三次切割工艺加工出了质量较好的零件，但在很长一段时间内，仍无一家在生产中得到应用。其主要原因是，在电极丝高速移动情况下，运丝系统工作不稳定，电极丝的空间形位变化异常，使前后二次切割时的空间位置无法重叠，加上中国式 WEDM 的往返切割条纹明显，要进行多次切割是困难的。

前人所进行的大量试验研究所得到的许多有益的结论对继续深入研究高速走丝线切割机多次切割工艺有重要意义。根据上述研究可以得到如下结论中国的高速走丝电火花线切割加工采用多次切割工艺，不仅有必要，而且是有可能的，但必须创造如下条件：

①按国家有关技术标准，严格控制高速走丝 WEDM 机的制造精度和走丝系统的稳定性；

②深入研究电极丝在加工过程中的空间形位变化，并提出稳定电极丝空间形位的有效措施；

③采取有效措施，控制往返切割条纹的产生；

④现有高频脉冲电源及跟踪控制都是为一次切割工艺而设计的，需根据多次切割需要对原有高频脉冲电源及跟踪控制系统进行必要的改造；

⑤深入研究高速走丝电火花线切割机的多次切割工艺，确定粗切割，精修及精微修光的脉冲参数、加工轨迹补偿量、电极丝移动方式及其速度等；并开发相应的多次切割软件。

2.6.3　多次切割工艺及效果

高速走丝电火花线切割机在进行必要的改造并创造了多次切割条件之后，进行多次切割是能够获得比较满意的加工效果的。目前市场上 TP 系列新型高速走丝线切割机已经基本具备多次切割的必要条件，并获得了明显的工艺效果。

1. 第一次切割的工艺参数

第一次切割的主要任务是高速稳定切割。各有关参数选用原则如下：

(1)脉冲参数　应选用高峰值电流、大能量切割，并采用脉冲电流逐个增大方法，控制脉冲电流上升率，以获得更好的工艺效果。

(2)电极丝中心轨迹的补偿量 f：

$$f=\delta+d/2+\Delta+s \tag{2-1}$$

式中：f——补偿量(mm)；

δ——第一次切割时的平均放电间隙(mm)；

d——电极丝直径(mm)；

Δ——给第二次切割留的加工余量(mm)；

s——精修余量(mm)。

在高峰值电流加工的情况下，放电间隙 δ 约为 0.015～0.025 mm；精修余量 S，约为 0.005mm；而加工余量 Δ 则取决于切割后的加工表面粗糙度。在试验及应用的条址下，第一次切割的加工表面粗糙度一般控制在稲 $Ra=3.5\ \mu m$ 上下，考虑到往复走丝切割条生的影响，$\Delta=2\times(5\times0.0035)=0.035$ mm。这样，补偿量 f 应在 0.05～0.07 mm 之间，选大了会影响第二次切割的速度，选小了又会在第二次切割时难于消除第一次切割留下的换向条纹痕迹。

(3)走丝方式　采用整个储丝筒的绕丝长度全程往复走丝，走丝速度 10 m/s。

2. 第二次切割的工艺参数

第二次切割的主要任务是修光并确保零件的尺寸精度。各有关参数选用如下：

(1)脉冲参数　要达到修光的目的，就必须减少脉冲放电能量，但放电能量太小，又会影响第二次切割的速度，在兼顾加工表面质量及切割速度的情况下，所选用的脉冲参数应使加工质量提高一级，即第二次切割的表面质量要达到 $Ra1.7\ \mu m$，减少脉冲能量的方法主要靠减少脉宽，而脉冲峰值电流不宜太小。

(2)电极丝中心轨迹线的补偿量 f　由于第二次切割是精修，此时的放电间隙很小，仅为 0.007～0.010 mm 第三次切割所需的加工余量甚微，只有几微米，二者加起来约为 0.01～

0.015 mm。这样，此时的补偿量 f 约为 $d/2+(0.01\sim0.015)$ mm 即可。注意，此刻的电极丝直径必须是实际值。

(3)走丝方式　为了达到修光的目的，通常以降低丝速来实现，降低丝速虽可减少电极丝的抖动，但往复切割条纹仍难避免。采用超短行程往复走丝方式，使每次往复切割长度控制在114 电极丝直径范围内，并限制其加工过程的最高进给速度，能获得很好的工艺效果，可以在第二次切割后基本消除往返切割条纹，加工表面粗糙度 $R\alpha$ 在 1.4～1.7 μm 范围内。

3. 第三次切割的工艺参数

第三次切割的主要任务是精修，以获得较理想的加工表面质量。

(1)脉冲参数　应采用精微加工脉冲参数，脉冲宽度 $t_i\leqslant1$ μm，并采用相应的对策，克服线路寄生电容和寄生电感影响，保证精微加工时的放电强度。

(2)电极丝中心轨迹线的补偿量 f　由于此时的能量甚小，修光过程不会改变零件的形状和尺寸，加上电极丝在移动过程产生的振动，放电间隙已对补偿量 f 没有多大影响，补偿量 f 主要取决于电极丝直径，设精修时电极丝为 d，则 $f=d/2+(0\sim0.005)$ mm。

(3)走丝方式　由于第二次切割后留下的加工余量甚微($s\leqslant0.005$ mm)，如何保证在第三次切割过程中能均匀精修，是一个技术难题。以前的做法是将丝速降到 1 m/s 以下，这固然可以大幅度减少电极丝振动，获得一定的工艺效果，但常常会出现加工不稳定的现象，容易受工作液污染程度及其数度影响，严重时甚至还会使人感到无法正常精修。考虑到电极丝与工件之间需要有相对运动，采用超短行程往复走丝方式，并限制其加工过程的最大进给速度，也能获得很好的工艺效果。最近试验研究发现，第三、第四次切割只是加工表面的修光，并不改变工件的形状和尺寸。修光过程是一个电火花磨削过程，因而只要电极丝与工件有相对运动，并在修光过程有火花放电现象产生(此刻不只是电极丝与工件之间有一定间隙，更重要的是电极丝移动会产生振动)。那么，电极丝相对工件以一定的速度恒速进给，就能获得良好的修光效果。

4. 多次切割工艺应用例

上述多次切割工艺，早在 2002 年就在上海大量电子设备有限公司生产的 TP 系列电火花线切割机上得到普遍应用，并获得很好工艺效果。因而被不少用户称之为中走丝机。下面将列举几个在不同工艺条件下多次切割实例，供大家了解其工艺参数和效果。

①用 ϕ0.16 mm 钼丝在 TP25 +8WPC 电火花线切割机上加工图 2-27 所示零件，工件材料为 45 mm 厚的淬火 Cr12，工作液为 10%浓度的乳化液。三次切割后的尺寸差 Δ=0.004 mm，表面粗糙度 $R\alpha=0.85$ μm。所用的工艺参数见表 2-6。

表 2-6　多次切割工艺参数及工艺效果

工序	工艺参数						工艺效果		实测效果	
	补偿量 f/mm	脉冲宽度 /μS	峰值电流 /A	加工电流 /A	走丝方式	进给控制	切割速度 (mm²/min)	表面粗糙度 Ra/μm	尺寸差 Δ /mm	粗糙度 Ra/μm
第一次切割	0.150	45	34	3.2	11m/s	伺服进给	81	3.4	0.004	0.85
第二次切割	0.09	8	24	1.2	短程往复	限速进给	49	1.4		
第三次切割	0.083	1	12	0.5	短程往复	恒速进给	35	0.85		

②用 ϕ0.18 mm 钼丝在 TP32 +8WPC 电火花线切割机上加工图 2-28 所示零件，工件材料为 50 mm 厚的淬火 Cr12，工作液为 10%浓度的乳化液。三次切割后的尺寸差 Δ=0.005 mm，表面粗糙度 Ra= 1.02 μm。所用的工艺参数见表 2-7。

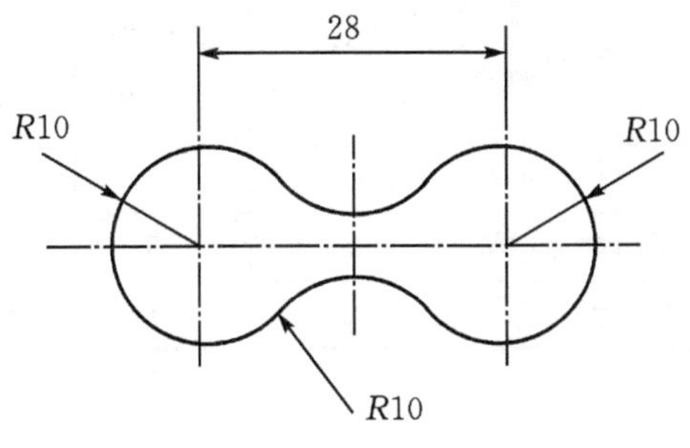

图 2-27　H=45 mm 试样

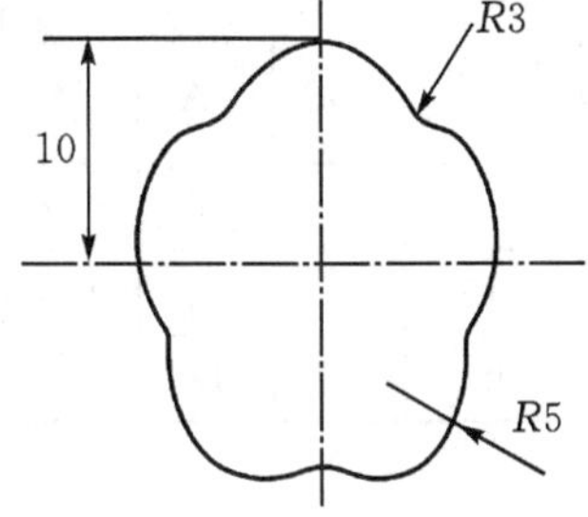

图 2-28　H=50 mm 试样

表 2-7　多次切割工艺参数及工艺效果

工序	工艺参数						工艺效果		实测效果	
	补偿量 f/mm	脉冲宽度 /μS	峰值电流 /A	加工电流 /A	走丝方式	进给控制	切割速度 (mm^2/min)	表面粗糙度 Ra/μm	尺寸差 Δ /mm	粗糙度 Ra/μm
第一次切割	0.160	45	42	3.9	11m/s	伺服进给	93.6	3.6	0.005	1.02
第二次切割	0.100	8	34	1.5	短程往复	限速进给	58.0	1.65		
第三次切割	0.003	1	12	0.82	短程往复	恒速进给	41.6	1.02		

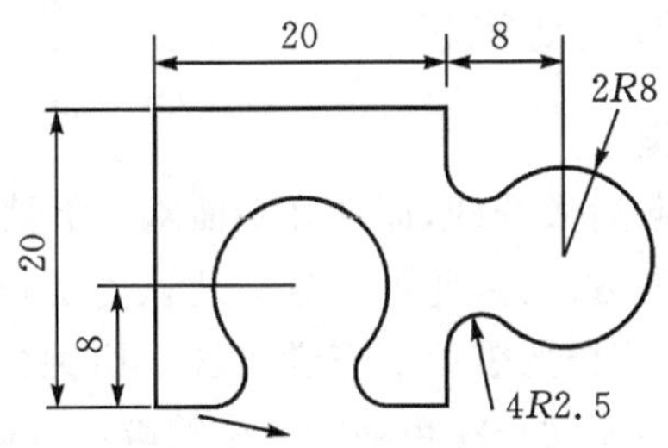

图 2-29　H=60 mm 试样

③用 ϕ0.18 mm 钼丝在 TP40+8WPC 电火花线切割机上加工图 2-29 所示零件，工件材料为 60 mm 厚的淬火 Cr12，工作液为 10%浓度的乳化液。三次切割后的尺寸差 Δ=0.006 mm，表面粗糙度 Ra=1.15μm。所用的工艺参数见表 2-8。

④用 ϕ0.18 mm 钼丝在 TP40+9WPC 电火花线切割机上加 40 mm×40 mm×70 mm 的 Cr12 试样，工作液为 DIC-206 水溶液。四次切割后的工件白亮，无条纹痕迹，尺寸差 Δ=0.006 mm，表面粗糙度 Ra=1.14 μm。所用的工艺参数见表 2-9。

表 2-8　多次切割工艺参数及工艺效果

工序	工艺参数						工艺效果		实测效果	
	补偿量 f/mm	脉冲宽度 /μS	峰值电流 /A	加工电流 /A	走丝方式	进给控制	切割速度 (mm^2/min)	表面粗糙度 Ra/μm	尺寸差 Δ /mm	粗糙度 Ra/μm
第一次切割	0.160	45	50	4.2	11m/s	伺服进给	104	3.8	0.006	1.15
第二次切割	0.100	8	34	1.5	短程往复	限速进给	56	1.55		
第三次切割	0.095	1	12	0.8	短程往复	恒速进给	56	1.15		

表 2-9　多次切割工艺参数及工艺效果

工序	工艺参数						工艺效果		实测效果	
	补偿量 f/mm	脉冲宽度 /μS	峰值电流 /A	加工电流 /A	走丝方式	进给控制	切割速度 (mm^2/min)	表面粗糙度 Ra/μm	尺寸差 Δ /mm	粗糙度 Ra/μm
第一次切割	0.165	64	56	6.5	11m/s	伺服进给	152	4.10	0.006	1.14
第二次切割	0.105	8	32	2.0	短程往复	限速进给	98	1.65		
第三次切割	0.005	4	21	0.8	短程往复	恒速进给	150	1.33		
第四次切割	0.003	1	7	0.5	短程往复	恒速进给	150	1.14		

注:第二,第三,第四次切割用的是分组脉冲。

2.6.4　切缝中工作液的流动状态

1. 切缝中工作液的流动模型

由于线切割加工的切缝是向后敞开的,而敞开一面基本上被排出的电蚀产物所堵塞,加上工作液运动的方向垂直于敞开的方向,因此可以近似地认为工作液的流动是在环形管中的流动。又因为是放电腐蚀加工,在两极的表面上布满了放电腐蚀的凹坑,表面十分粗糙,而敞开则被电蚀产物堵塞所以工作液的流动是在粗糙管壁中的教性液体流动。电蚀产物与工作液的混合液在切缝中的流动是缝隙流动。只要混合液及时排离前进方向上的缝隙,就对加工没有影响。故排屑只需考虑前进方向上的缝隙。

根据流体力学中对教性流体从层流向端流过渡的论述,当雷诺数 Re 大于临界雷诺数时,黏性流体的流动由层流转化为漏流。而临界雷诺数取比较保守的值也为 2330。因此,根据雷诺数的计算公式可得出工作液在切缝中的流动状态。雷诺数为

$$\mathrm{Re}=U\cdot d_e/\mu \tag{2-2}$$

式中:d_e——当量直径,其值为 $2\times(R-r)$;

μ ——运动黏性系数;

U ——流体的速度。

取电极丝半径 $r=0.10$ mm,切缝半径 $R=0.11$ mm,$U=10$ m/s, $\mu=0.01$ cm^2/s,则

$$Re=220< 2320$$

故可以认为缝内流动状态为层流。实际上，在切缝中工作液的流动是非常紊乱的。因为：①进出口过渡段的影响；②放电过程中通道振荡、气泡运动、爆炸力等的扰动作用；③电极丝的振动。因此，缝隙内局部的瞬时流速可能非常高，上面得到的雷诺数只在平均意义上适用。在后面的计算中，仍认为流动是层流状态，以简化计算过程。

2. 压差流动

假设切缝入口与出口之间的压力差为件，由压差的定义可得：

$$\Delta p = \frac{\rho V g}{S} h\rho g \tag{2-3}$$

式中：ρ ——流体的密度；

g ——重力加速度常数；

S ——管路的截面积；

V ——体积，其值为 $h \times S$。

由哈根—泊肃叶(Hagen-Poiseuille)方程可得：

$$h_f = \frac{32l\mu}{de^2\gamma} \tag{2-4}$$

式中：l ——切缝的长度；

γ ——重度，其值为 pg 。

由式(2-3)和式(2-4)得液体的流速：

$$U = \frac{\Delta\rho de^2}{32l\mu} \tag{2-5}$$

$$Q_P = U \cdot S = \pi(R^2 - r2)\,\frac{\Delta\rho d_e^2}{32l\mu} \tag{2-6}$$

式中：Q_P ——压差流动的流量；

R ——切缝半径；

r ——电极丝半径。

假设：$R=0.07$ mm，$r=0.06$ mm，$l=100$ mm，$\Delta\rho=100$ N/mm^2，$\mu=1\times10^{-6}$ mm^2/s (实际情况比此值大)，可得：$Q_P=4.6\times10^{-2}$ mm^3/s。

实际生产中，水泵的压力真正作用在切缝中的部分是非常少的，这主要是由以下几个方面原因造成的：①液体从水泵出来后，首先经过弯曲的管路要损失一部分；②在喷嘴处转变为射流形式，再由射流喷人切缝中，由于喷嘴与切缝的尺寸相差非常大(喷嘴的直径为 2 mm，切缝的直径大约为 0.14 mm)，并且喷流的方向与切缝存在很大的角度，因此这将损失水泵能量的很大一部分。实际情况中 Q_P 要小得多。

将以上所假设的各值代人式(2-5)，得重力产生的压差 ΔP_g 为

$$\Delta P_g = pgh = 1000 \text{ N/m}^2 \text{得}$$

将 ΔP_g 之值代人式(2-6)，得重力产生的压差流量。Q_p 为

$$Q_P=0.146 \text{ mm}^3/\text{s}$$

由此可见，重力产生的压差流动的流量比水泵喷射产生的压差流动的流量要大三倍多。此在实际情况中，水泵产生的压差流动效果是有限的。

3. 剪切流动

由于工作液具有一定的黏度，工作液在缝隙流动时，电极丝的走丝运动将带动工作液流动。这种流动的根源就在于流层间的黏性摩擦作用。为了简化计算，在不至产生太大误差的前提下，我们假设工作液在切缝中是均匀的，即液体间的动力黏性系数是一个常数 μ，工作液的流动符合牛顿内摩擦定律。

工作液剪应力 τ 分布可按图 2－30 所示的模型求解。

首先在切缝工作液中取一半径为 r、厚度为 $\mathrm{d}r$、张角为 θ、高度为 l 的弧形微单元体，由于该微元体受力是平衡的，由层流模型可知微元体两侧面剪力的合力等于 0，即 $\sum F_z=0$。所以：

$$\sum Fz = \tau r\theta - (\tau + \mathrm{d}\tau) \times (\tau + \mathrm{d}r) \times \theta = 0 \tag{2-7}$$

整理式(2－7)，略去高阶无穷小 $\mathrm{d}\tau\times\mathrm{d}r$，积分，可得

$$\tau = \frac{C_0}{r} \tag{2-8}$$

式中：C_0——积分常数。

由牛顿内摩擦定律：

$$\tau = \mu\frac{\mathrm{d}v}{\mathrm{d}r} \tag{2-9}$$

将式(2－8)代入式(2－9)，则工作液的剪切流动速度分布 U 可得：

$$\mathrm{d}U = \frac{C_0}{r}\mathrm{d}r \tag{2-10}$$

对式(2－10)两边积分，可得：

$$U = \frac{C_0}{\mu}\ln r + C_1 \tag{2-11}$$

式中：C_0、C_1——积分常数。

设电极丝以 U_0 的线速度运动，电极丝的半径为 r_0，切缝宽度为 $2R$，则式(2－10)的边界条件为：当 $r=r_0$ 时，$U=U_0$；$r=R$ 时，将边界条件代入式(2－11)，可得：

$$C_0 = \frac{\mu U_0}{\ln(r_0/R)} \qquad C_1 = \frac{-U_0}{\ln(r_0/R)}\ln R$$

将 C_0、C_1 的值代入式(4－22)，得工作液的速度分布为

$$U = \frac{U_0}{\ln(r_0/R)}\ln(r/R) \tag{2-12}$$

4. 工作液剪切流动的流量

得到工作液剪切流动的速度分布后，通过对速度积分，即可获得工作液剪切流动的流量。

在切缝截面上取一半径为 r、宽度为 $\mathrm{d}r$ 的微圆环(图 2－31)，其面积 $\mathrm{d}s = 2\pi r\mathrm{d}r$，则

$$Q_\tau = \int_x^R \frac{U_0}{\ln(r_0/R)}\ln\frac{r}{R}2\pi r\mathrm{d}r \tag{2-13}$$

$$Q_\tau = \pi u_0\left(\frac{r_0{}^2 - R^2}{2\ln(r_0/R)} - r_0{}^2\right) \tag{2-14}$$

由式(2－14)可得出，工作液剪切流动的流量与切缝长度无关，只与电极丝运动的速度以及切缝的几何尺寸相关，这点与压差流动是不同的。因此切缝越长，则切缝中工作液剪切流动

所占比重越大。

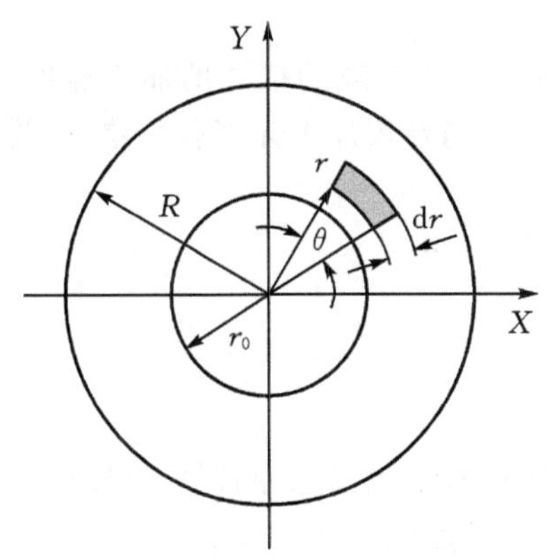

图 2 - 30　工作液力学模型

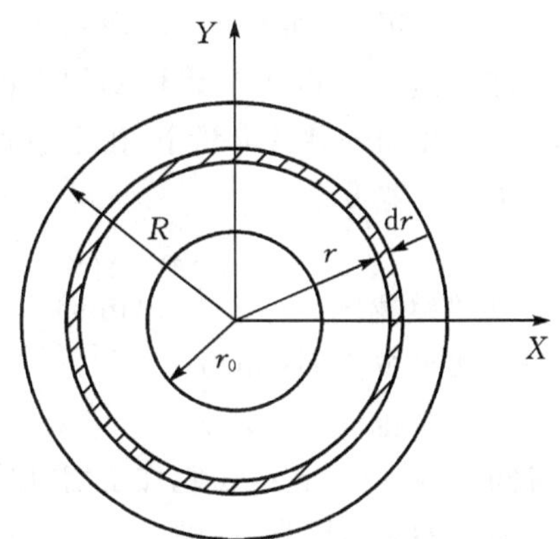

图 2 - 31　切缝中的微圆环

假设：$R=0.07$ mm，$R_0=0.06$ mm，$U=10$ m/s，代入上式得：

$$Q_\tau = 19.4\ \text{mm}^3/\text{s}$$

与前面压差流动的流量进行比较，会发现剪切流动的流量比压差流动(包括重力引起的流动)的流量要大三个数量级。因此，在高速走丝线切割加工中，基本上是以剪切流动为主，这与实际情况是符合的。在实际加工中可以看到，工作液的流动方向总是随着电极丝运动的方向流动，而非随冲液的方向流动。

2.6.5　影响切割速度的主要因素

电火花线切割加工与电火花成型加工一样，都是基于脉冲放电时的电腐蚀原理，即每次脉冲放电都会在工件表面形成一个高温热源而使一定的工件材料被蚀除，并在工件表面留下一个微小的放电凹坑。而且，脉冲放电能量 w 越大，传递给工件上的热量就越多，被蚀除的材料也越多，并近似于正比例关系。设在一个脉冲当量的作用下蚀除的材料体积为 V_i，则有：

$$V_i = kw \tag{2-15}$$

根据叠加原理，1 min 重复脉冲放电的蚀除量(即加工速度，或称蚀除率)v 为

$$v = \sum v_i = 60\ fkw\lambda \tag{2-16}$$

式中：v ——加工速度，即 1 min 内工件材料的蚀除量(mm^3/min)；

v_i——单个脉冲放电时工件材料的蚀除量(mm^3)；

f ——重复脉冲放电频率(s^{-1})；

k ——系数，与电极丝材料、工件材料、脉冲参数、工作液以及排屑条件等有关；

w——单个脉冲放电能量(J)；

λ ——有效脉冲利用率(%)。

单个脉冲放电所释放的能量 w 取决于极间电压 $u(t)$、放电电流 $i(t)$ 及脉冲放电持续时间 t_e，即

$$W = \int_0^{t_i} u(t) \cdot i(t) \cdot \mathrm{d}(t) \tag{2-17}$$

实际上，击穿后的极间火花维持电压 u_i 是一个与电极对材料及工作液种类有关的数值

(如在煤油中用铜丝加工钢时约为 25 V,而在乳化液中用铝丝加工钢时不到 20 V),而与脉冲电压幅值大小关系不大,如图 2-32 所示。

在实际加工过程中电火花线切割加工的切割速度 v_{wi} 和上述的描述的加工速度 v(蚀除率)略有不同,在相同的脉冲能量下,由于电极丝的直径不同导致加工速度有所差异,两者之间主要相差一个切缝宽度 b:

$$v_{wi}=v/b = 60fkw\lambda(d + 2\delta) \quad (2-18)$$

式中:b——切割缝宽度 $b=d+2\delta$(mm);

d——电极丝的直径(mm);

δ——单面放电间隙(mm)。

由此可知,影响电火花线切割加工切割速度的因素很多。包括脉冲参数、电极丝的直径以及与系数 k 相关的众多因素,如图 2-33 所示,下面将有重点地分别加以论述。

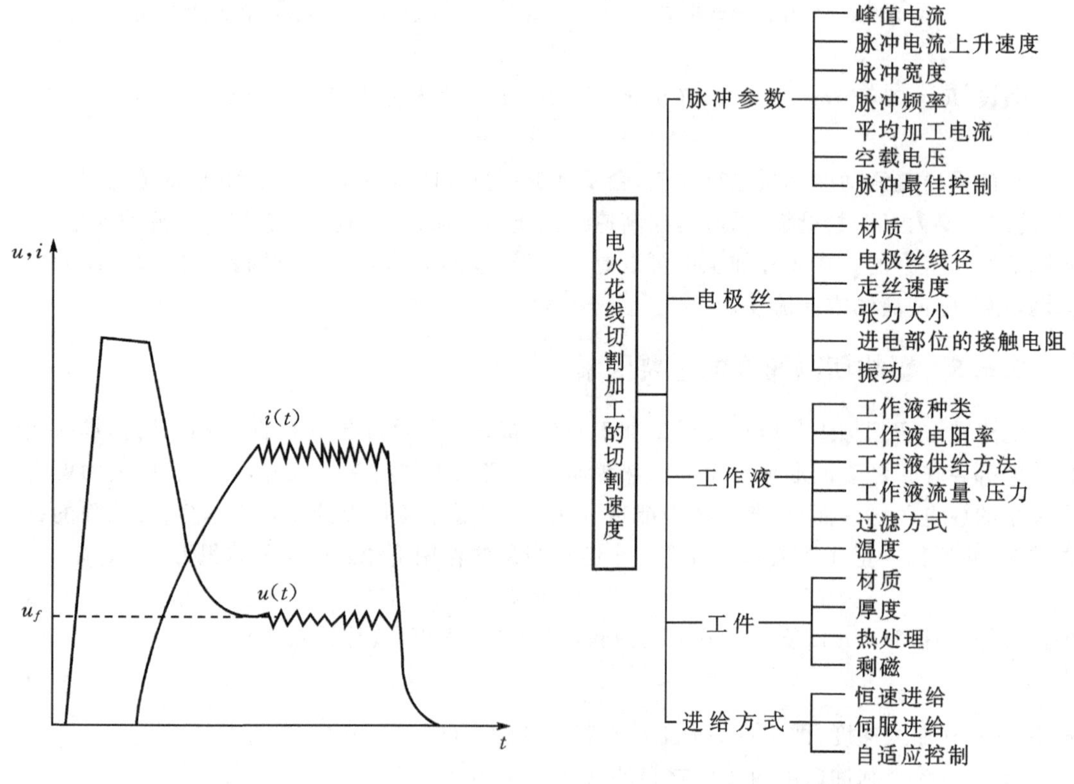

图 2-32 极间放电电压与电流

图 2-33 影响电火花线切割加工切

1. 脉冲参数对切割速度的影响

(1)峰值电流 $\hat{i}_e$ 的影响　在其他条件保持不变的情况下,提高脉冲峰值电流 $\hat{i}_e$ 可以按比例提高单个脉冲放电能量,因而可以按比例提高切割速度(图 2-34)。

从图 2-34(a)中不难看出:①在高速走丝的情况下,切割速度在一定范围内随脉冲峰值电流的增大而增大。②当峰值电流增大到一定程度时,由于加工电流增大,电蚀产物浓度增加,会影响力日工稳定性而使切割速度增大速度减慢,甚至会导致切割速度因峰值电流继续增大而下降。电极丝直径越细,这种现象出现得越早。③较粗的电极丝在较大的峰值电流情况下仍可稳定加工,这不仅仅是因为电极丝横截面积大,能承受较大的峰值电流,而且还因为用粗电极丝加工时切缝较宽，有助于电蚀产物的排出。正因如此，在加工过程中可以体会到在峰值电流小而排屑条件良好的情况下，细电极丝的切割速度会比粗电极丝高一些。

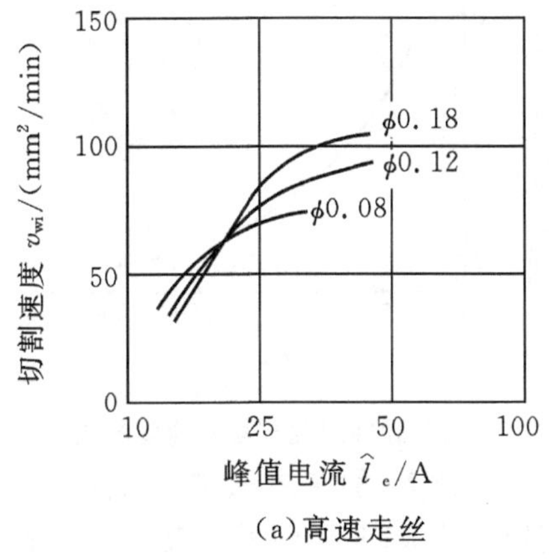

(a)高速走丝

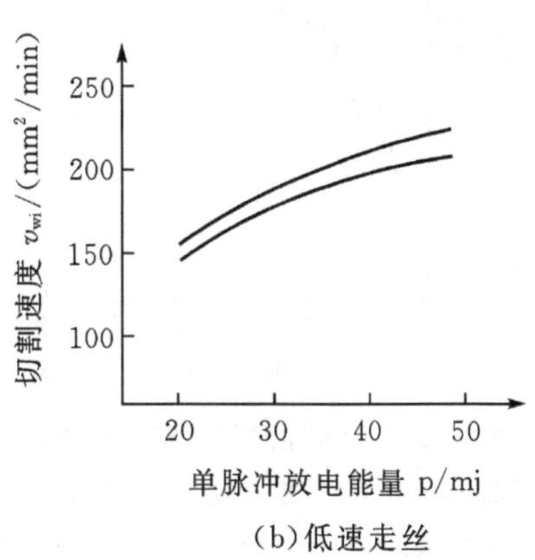

(b)低速走丝

图 2－34　峰值电流与切割速度

图 2－34(b)所示的低速走丝情况，在一定的范围内，切割速度几乎与单脉冲能量(峰值电流)成比例增加。但若峰值电流过大，加上冲液状况不良而影响其切缝排屑，切割速度则会减慢，并有可能引起断丝。一般来讲，慢速运丝线切割机的切缝排屑主要靠高压冲淋强制排屑，切缝宽一点有利于高压水流进入，排屑效果好。图 2－34(b)中粗丝在相同条件下切割速度比细丝高一点，主要是因为低速走丝排屑条件差，粗丝加工时切缝较宽有助于排屑。

(2)脉宽 t_i对切割速度影响　在其他条件保持不变的情况下，切割速度将随着脉冲宽度 t_j 的增加而增加。如图 2－35 所示。但当脉宽增大到一定范围时，切割速度将明显偏离其正比关系，甚至还会随脉宽的增加反而下降。出现这种情况的原因主要是由于脉宽增加时，蚀除量增加，排屑条件变差，使加工变得不稳定而影响切割速度。另外，脉冲宽度过大还有可能使正常的脉冲放电状态转变为瞬间电弧放电状态，烧坏工件或造成断丝。由于低速走丝时排屑条件较差，一般都不采用增加脉宽的方法来提高切割速度，而是以窄脉冲高峰值电流方式来提高切割速度。高峰值电流有助于增大放电爆炸力，扩大放电间隙，以改善排屑条件。目前，低速走丝线切割所用的脉宽都在 10 μ 以下，有的采用亚微秒级脉宽，最小可小至 50 ns。而最大峰值电流 $\hat{i}_e$可达 1000 A。此外，在低峰值电流情况下，脉冲宽度过大也会导致热量向工件内部传散的比重增大。不仅会影响切割速度，而且还会影响加工表面热影响层厚度。

(3)脉冲间隔 t_0 对切割速度的影响　在其他加工条件保持不变的情况下，减小脉冲间隔 t_0 会使脉冲放电频率增加，从而使切割速度随之提高，如图 2－36 所示。实验结果表明，脉冲间隔 t_0 远远大于脉 t_i 时，脉冲间隔的减小会使切割速度成比例的增大；当 t_0 减到可以与脉宽 t_i 比拟时，这种反比例关系将会明显偏离，加上脉冲间隔 t_0 过小会使切割中的电蚀产物浓度剧增而使加工变得不稳定，严重影响切割速度的提高，甚至因脉冲间隔过小而产生电弧放电使电极丝烧断，致使线切割加工无法继续进行。脉冲间隔 t_0 的合理选取，与其他脉冲参数、走丝速度、电极丝直径、工件材料及厚度等多种因素有关，应视不同条件而异。在高速走丝的条件下，因其脉冲峰值电流一般都在 20 A 以下，一般认为脉冲间隔 t_0 为脉冲宽 t_{ti}的 4～8 倍为佳。如果工件厚，排泄条件恶劣时，可以适当增加脉冲间隔，降低加工电流和切割速度，提高切割的稳定性。

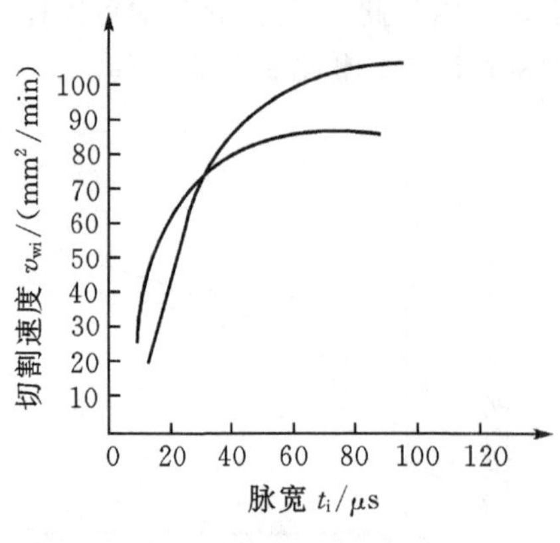

图 2-35 脉冲宽度与切割速度的关系

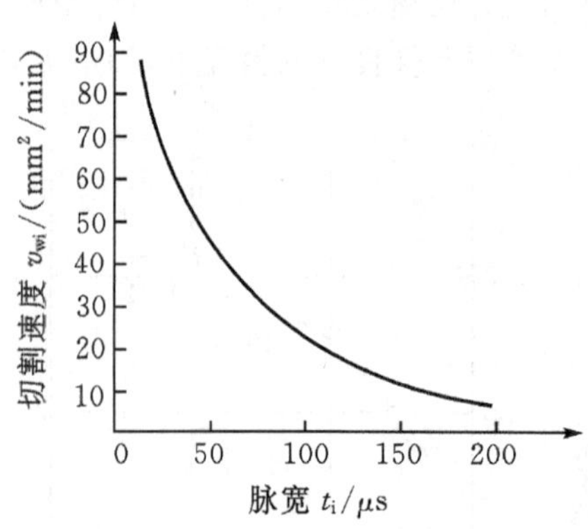

图 2-36 脉冲间隔与切割速度的关系

增大脉冲间隔虽然可以防止断丝,但并非脉冲间隔越大,加工越稳定。因为脉冲间隔越大,在现有的检测条件下,会使进给控制系统的检测取样造成困难,降低了跟踪的灵敏性,反而不易保证加工的稳定性。高速走丝电火花线切割机在脉冲峰值电流较低($\hat{l}_e \leqslant 20$ A)的情况下,脉冲宽度与脉冲间隔的比值可参照表 2-10。如果脉冲峰值电流较大,则脉冲宽度与脉冲间隔之比也应相应增大。改变脉冲间隔大小可以明显改变加工电流和切割速度(图 2-36),而单个脉冲的放电能量及加工表面粗糙度基本不变。这一特征在实现自动控制中经常被利用,即把脉冲间隔 t_0 作为自动控制中的主要控制参数。

表 2-10 脉冲宽度与脉冲间隔比的选择

电源消形	方波			分组脉冲			高低压分组脉冲		
材料＼厚度	普通厚度	大厚度	超厚度	普通厚度	大厚度	超厚度	普通厚度	大厚度	超厚度
Cr12	1∶3	1∶5	1∶7	1∶3	1∶4	1∶6	1∶3	1∶4	1∶5
Cr12MoV CrWMn	1∶4	1∶6	1∶8	1∶4	1∶5	1∶7	1∶4	1∶5	1∶6
H62	1∶2	1∶4	1∶5	1∶2	1∶3	1∶5	1∶2	1∶4	1∶5
紫铜	1∶3	1∶5	1∶7	1∶3	1∶4	1∶7	1∶3	1∶4	1∶6
硬质合金	1∶5	1∶6	1∶7	1∶4	1∶5	1∶8	1∶4	1∶5	1∶6
铸铁	1∶5	1∶6	1∶7	1∶4	1∶6	1∶9	1∶4	1∶5	1∶6
不锈钢	1∶4	1∶6	1∶8	1∶4	1∶6	1∶8	1∶4	1∶5	1∶7
电工纯铁	1∶4	1∶6	1∶8	1∶4	1∶5	1∶7	1∶4	1∶5	1∶6
硅钢片	1∶5	1∶7	1∶9	1∶5	1∶6	1∶9	1∶4	1∶5	1∶6

尽管如此,在稳定加工条件下,加工电流相同时切割速度的差异是不大的。因此,切割速度与加工电流的关系可以用下式来估算:

$$v_{wi} = kI \tag{2-19}$$

式中:I——加工电流(A)。

系数 k 的大小随加工条件而异:用低速走丝机切割硬质合金等难于加工的材料,或者要求加工表面粗糙度 $R_a < 0.63$ μm 时,k 取 5～10;如果电极丝移动速度低或要求 $Ra < 1.25$ μm

时，k 取 10～15；高速走丝机因电极丝移动速度高，且对加工表面粗糙度没有特殊要求，k 取 20～25。在电火花线切割加工过程中，只要加工条件一定，选用一定的加工电流进行加工，则它的切割速度也是一定的，所以说，一个零件用电火花线切割加工最容易估算其加工工时。

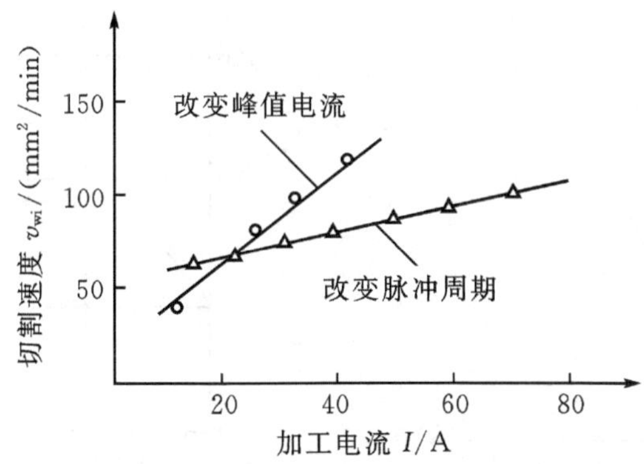

图 2-37 加工电流对切割速度的影响

(4)开路电压 $\hat{u}_i$ 对切割速度的影响 开路电压也就是脉冲电源的空载电压，它与切割速度的关系如图 2-37 所示。在正常情况下，开路电压的升高会使切割速度显著提高，这是因为脉冲电源的内阻是不变的。脉冲电源的空载电压升高必然会使脉冲峰值电流和平均加工电流提高。但是，切割速度提高到一定程度的时候，加工区内的电蚀产物会越来越多而使切缝排屑条件逐渐恶化，影响切割速度的提高，这时，我们可以采用加大丝径的方法来扩大切缝，从而改善排屑条件，如图 2-38 曲线上端所示。而开路电压过低，则会因放电间隙过小而无法稳定加工。开路电压对切割速度的影响，不仅仅是通过改变脉冲峰值电流来起作用的，而且还会改变放电间隙大小来影响加工的稳定性。

根据介质击穿理论所推导出的单面放电间隙经验公式：

$$\delta = k_n \hat{u} - k_t t^{-n} + K_R w^{0.4} + A_m \qquad (2-20)$$

式中：δ ——单面放电间隙(mm)；

$\hat{u}_i$——脉冲电压幅值(V)；

k_n ——常数(mm/V)，$k_n = E_{KP}^{-1}$；

k_t ——系数(mm·s)，$k_t = C/E_{KP}$；

C ——系数(V·S)，与工作液介质有关。

t ——脉冲持续时间，即脉宽(s)；

n ——系数，与工作液介质有关；

k_R——系数，与电极对材料有关；

W——单个脉冲放电能量(J)；

A_m——机械因素引起的放电间隙扩大量(mm)。

从式(2-20)中可以看出，如果不考虑材质、工作液介质等因素外，开路电压与放电间隙是正比例关系，提高开路电压有助于增大放电间隙，从而改善排屑条件，因而有助于切割速度的提高。图 2-39 是通过改变脉冲电源内阻来维持脉冲峰值电流不变的情况下，开路电压对切割速度的影响曲线。此关系曲线可以说明以下几点：①开路电压过低(如小于 50 V)，会因放电间隙太小而难于保持加工稳定；②随着开路电压的提高，切割速度会相应提高；③开路电压增加到一定数值时，切割速度几乎不再增加。在高速走丝时用乳化油作工作液，最高开路电压不宜超过 150 V；而低速走丝时用去离子水作工作液，并采用高压喷射强行排除放电产物，故开路电压可以提高到 350 V 左右。

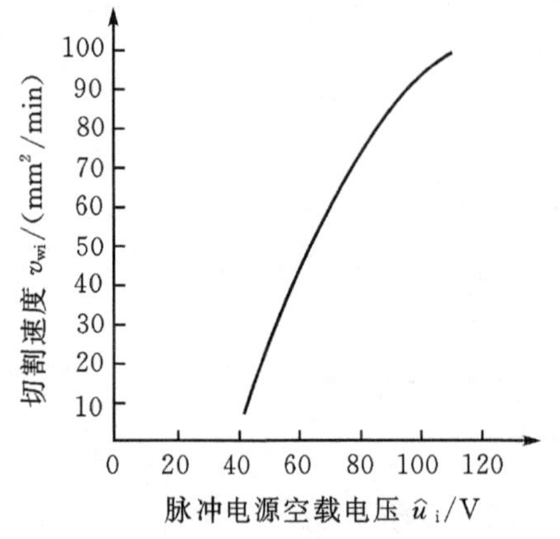

图 2-38　开路电压 $\hat{u}_i$ 对切割速度的影响曲线

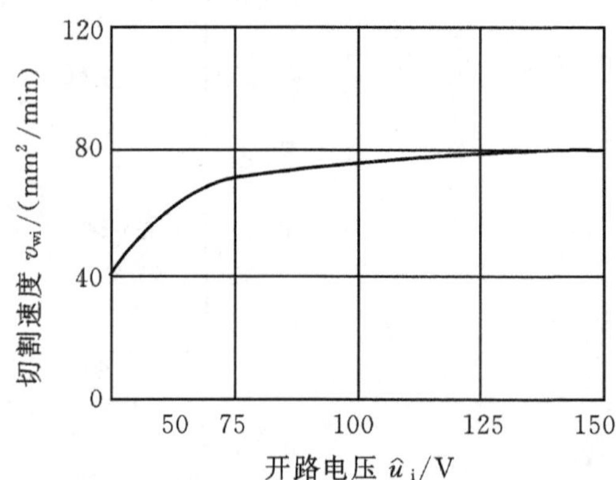

图 2-39　在加工电流不变的条件下电压对切割速度的影响

2. 非电参数对切割速度的影响

(1)电极丝及其移动速度对切割速度影响

①电极丝直径。电火花线切割加工时所用的电极丝直径，通常在 ϕ0.03 mm～0.35 mm 范围内。由于不同的材料有不同的抗拉强度，所以由不同材料所制成的电极丝其允许的直径范围也有所不同：黄铜丝直径一般为 0.10～0.35 mm，钼丝直径为 0.06～0.25 mm，而钨钼丝直径为 0.03～0.25 mm，电极丝的粗细直接影响到切割速度。由式(3-7)可知，在排屑条件良好的情况下，增大电极丝直径会使切缝宽度 b 增大而导致切割速度 V_{wi}($v_{wi}=v/b$)下降，见表 3-4。但由于电火花线切割加工时的切缝均比较小，排屑一般都比较困难，特别是加工电流比较大时，因产生的电蚀产物较多，切缝中的物理状态容易恶化，而且直径较细的电极丝承受电流的能力也有限，这时，可以采用增大电极丝直径的方法来提高切削速度，电极丝承受峰值电流的大小是与其截面积成正比的，增大电极丝直径有利于施加大峰值电流，从而提高切割速度。当然，增大电极丝直径，也增加了切缝宽度 b，从这点上来看对提高切割速度不利，但在两者的综合比较下，增大峰值电流对提高切割速度还是起了主导作用，所以，在追求高效切割时，一般还是采用粗丝并加大峰值电流进行加工。用不同平均电流加工时，电极丝直径与切割速度的关系如图 2-40 和表 2-11 所示。

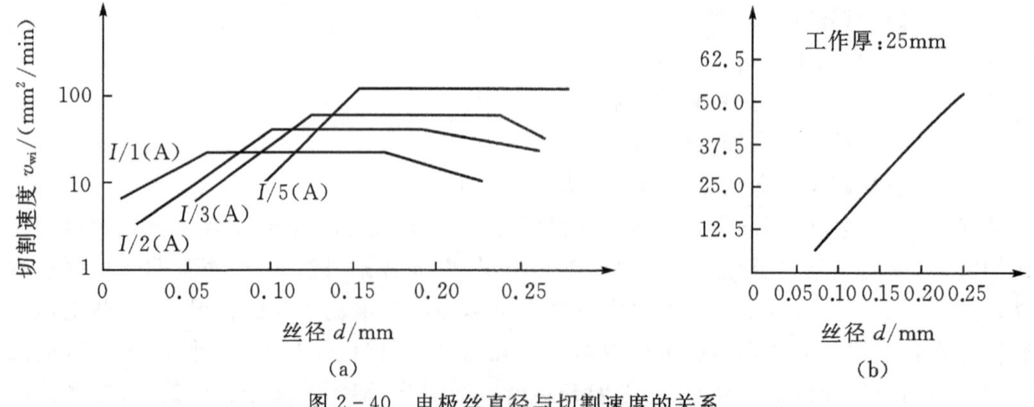

图 2-40　电极丝直径与切割速度的关系

表 2-11　电极丝直径与切割速度的关系

电极丝材料	电极丝 d/mm	加工电流 V_{wi}/(mm^2/min)	切割效率 V_{wip}/(mm^2/min·A)
Mo	0.18	5	15.4
Mo	0.09	4.3	25.4
W20Mo	0.18	5	17.2
W20Mo	0.09	4.3	26.4
W50Mo	0.18	5	17.9
W50Mo	0.09	4.3	27.2

注：加工条件相同：Cr12，55HRC，H=50 mm，T_i=8 μs，T_0=24 μs，U_i=70 V，浓度为 15%的 DX-1，走丝速度=10 m/min

②电极丝材质。从表 2-11 已经看出，不同材质的电极丝在相同的工艺条件下所获得的切割速度是不一样的。高速走丝电火花线切割加工和低速走丝电火花线切割加工均有这样的规律，如图 2-41 所示。在高速走丝电火花线切割时，常用钼丝和钨钼丝作电极丝，钨钼丝不仅抗拉强度高，可以制成 ϕ0.06 mm 以下的钼丝，而且切割速度也会比镅丝切割时高。速走丝时，一般使用黄铜丝或紫铜丝，尽管黄铜丝损耗较大，但它抗拉强度高，加工十分稳定，切割速度比用紫铜作电极丝时要高，所以绝大多数慢速走丝线切割机均采用黄铜丝作电极丝材料。

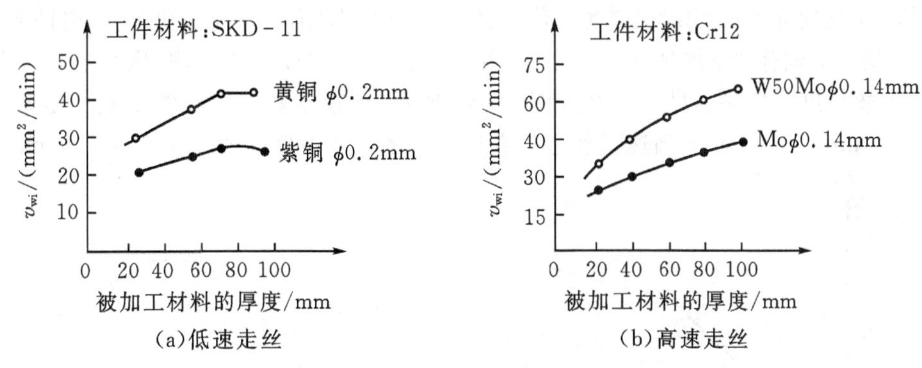

图 2-41　电极丝材质对切割速度的影响

不少学者认为，电极丝材质对切割速度影响不仅仅是因为它的抗拉强度不同而影响了加工的稳定性，而且还会影响加工表面对电蚀产物的吸附作用。试验表明，电极丝表面覆盖某些金属元素，有利于提高切割速度，而某些金属元素则不利于切割速度的提高。如图 2-42 所示。一般认为复合电极丝或镀覆电极丝在加工高温状态下，表面镀覆或所含的低熔点合金会产生气化，吸收了加工区的大量热量，使得放电加工区的间隙状态得到明显的改善，有利于大峰值电流切割，提高切割速度。

③电极丝张力。电极丝的张紧力(张力)越大，在加工时所发生的振动振幅则会变小，因而切缝变窄，且不易发生短路，加工精度高。如图 2-42 所示。但张力过大，容易引起断丝，反而使切割速度下降。目前低速走丝电火花线切割加工所用的常用电极丝，一般抗拉强度都比较高，其极限抗拉强度可达 20 N 以上(约 2 kg)。通常在使用过程中，张力一般都在 10 N 以上，

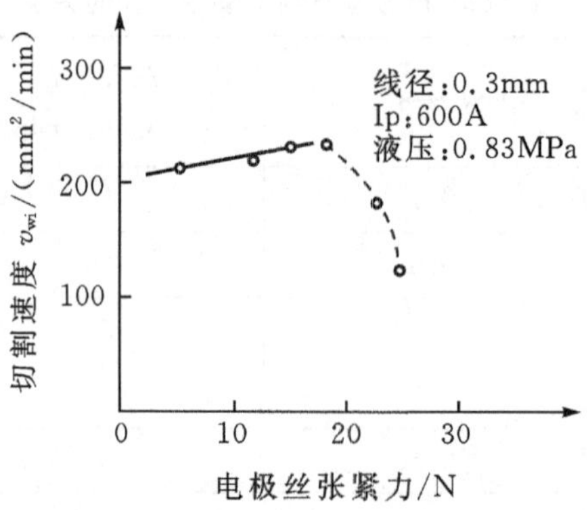

图 2-42 电极丝张力对切割速度的影响

视丝径而定。高速走丝电火花线切割加工时，其张力是随机变化的。因为高速走丝一般都没有恒张力装置，只能在绕丝时控制其预紧力。而切割时的电极丝张力主要来自于电极丝高速移动时的各种阻力。特别是各支撑件的运动摩擦力。虽然钼丝和钨钼丝的抗拉强度很高，绕丝时的预紧力也只有 5～10 N，但电极丝高速移动时各种阻力突变还是会引起断丝所以要求运丝系统在高速运丝时必须保持平稳。

④走丝速度。电极丝的移动速度(即走丝速度)大小，不仅会影响电极丝在切缝加工区逗留时间及其所承受的放电次数。而且还会影响工作液带入切缝加工区的速度及电蚀产物的排出速度。很明显，走丝速度越快，切缝放电区温升就较小，工作液进入加工区速度则越快，电蚀产物的排除速度也越快。这就有助于提高加工稳定性，并减少产生二次放电的概率，因而有助于提高切割速度。走丝速度与切割速度的关系如图 2-43 所示，低速走丝电火花线切割的走丝速度一般为 0.5 m/min～10 m/min 高速走丝电火花线切割的走丝速度一般为 2 m/s～11 m/s。

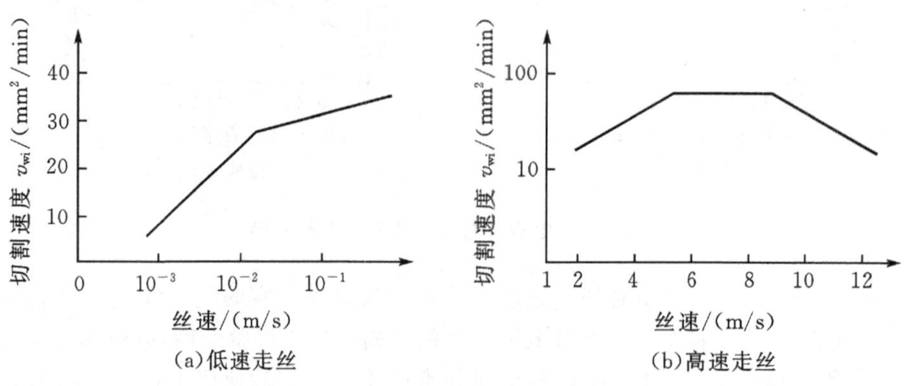

图 2-43 电极丝走丝速度对切割速度的影响

由图 2-43 可以归纳出以下几点：

(a)走丝速度过低时，不仅切割速度很小，而且加工不稳定，容易断丝。

(b)走丝速度偏低时，提高走丝速度能明显提高切割速度。

(c)走丝速度提高到一定程度之后(如低速走丝时达 0.5 m/min，高速走丝时达 5 m/s)，提高走丝速度虽可以进一步提高切割速度，但不是特别明显。

(d)走丝速度过高就会突出它的负面影响。低速走丝时电极丝消耗量明显增多，增加了生产成本；高速走丝时则会因往返走丝时停顿的时间相对增加，反而使平均切割速度下降。再者，丝速提高不可避免地会产生振动，影响加工精度。

(e)工件厚度增加或加工电流增大，都应适当提高走丝速度，以帮助改善排屑条件。例如，用高速走丝电火花线切割机加工 $H=40$ mm 工件时，走丝速度以 5～7 m/s 为宜；当工件厚度提高到 $H=210$ mm 时，走丝速度则为 7～9 m/s；如果工件厚度 $H=610$ mm，则走丝速度应在 9～11 m/s 范围内为好。

⑤电极丝振动。一般来说，电极丝的强烈振动不仅会影响加工精度，而且容易引起与工件之间的短路，使切割速度下降甚至断丝，所以要尽量减少机床和走丝系统的振动。然而，在电火花线切割加工过程中，由于放电而产生的火花具有爆发力，因此电极丝的振动是不可避免的，且电极丝的微小振动还利于排屑，使切割速度得到提高。有人做过这样的实验，在慢速走丝线切割机的电极丝导向装置上加上一个可控制振幅的微弱振动器，迫使电极作一定幅度的振动，实现所谓的"清洁加工"，结果发现切割速度明显提高。此举虽然可以提高切割速度，但由于电极丝在整个切缝中的不同横截面上的振幅不同，各横截面上的放电通道的宽度也不同，易引起几何形状失真，影响加工精度，因此此法一般不予采用。

⑥进电方式。脉冲电源的能量是通过进电导电块传递给电极丝而在加工区放电释放的，其进电方式好坏将直接影响脉冲电流的通过，并影响切割速度。因此，在线切割加工时，均要求电极丝与进电导电块有良好的接触。如果导电不良，其接触电阻就大，通过加工电流时就会有较大的能量损耗，使供应给加工区的能量相应减少而使切割速度下降；严重时还会发生在导电部位产生火花放电，这样实际上导电部位成了加工区，使导电块迅速电蚀而失去导电作用。所以，要尽量减小进电处的接触电阻，保持导电部位的清洁，减小能量损耗，提高切割速度。在高速走丝电火花线切割加工时，进电点应尽量靠近放电加工区，并采用上丝架和下丝架二点进电，以保证进电导电块与钼丝有良好接触，减少钼丝电阻压降影响。

(a)电极丝的高速移动必然会产生振动，如进电导电块与电极丝接触不是很好，则极容易发生火花放电；同时，电极丝的高速移动还会导致进电导电块的磨损，时间长了也会形成不良接触而发生火花放电。

(b)电极丝高速移动中所发生的振动，有时会使电极丝与进电导电块瞬间不接触，而在极间发生开路，严重时正常的进给状态也会瞬间失控，同样也影响传输给放电间隙的能量。为此，不少机床在上、下导向器附近都设有导电块，以此来改善进电条件。

(c)由于钼丝和钨钼丝直径较细小，加上本身的电阻率较大，从进电处至放电点一段电极丝电阻也是不可忽略的，进电处距离放电点过远，将增加线路电阻，也会明显影响输送给放电加工区的能量，导致切割速度下降。为了减少电极丝电阻影响，应该使进电导电块尽量靠近加工区。

(2)工作液对切割速度的影响

①工作液的种类。电火花线切割所用的工作液有煤油、去离子水和皂化油乳化液三大类。用煤油作加工液时，加工表面的质量和加工精度都很好，但在进行粗加工时，由于放电电流较大，放电区域易分解成大量的炭粒，使加工区物理状态恶化，切割速度很低，甚至引起烧丝。加

上煤油极易着火，必须采用浸没式加工，而不允许采用喷油方式。所以，通常很少采用煤油作工作液，国外有些品牌机采用两种工作液系统。粗加工时用水，以提高加工速度和加工稳定性，而在精加工时采用煤油以提高加工精度。去离子水不会着火，而且黏度低，切割快。效率较高，是低速走丝电火花线切割加工常用的工作液。水是弱电解质，加工时又会混有大量的电蚀产物，使介电性能是很低的，不能满足放电加工的需要。用去离子水作工作液，能获得较好的加工效果。去离子水的电阻率与切割速度之间的关系如图 2 - 44 所示。电阻率过低不能进行稳定的切割，提高工作液电阻率有助于提高加工速度；但电阻率的增大，又会使放电间隙减小，增加排屑的困难。若电阻率达到一定程度后(如 40×10^3 Ω·cm)，再增加电阻率，切割速度反而下降。但为了保证加工精度，实际使用的去离子水的电阻率一般控制$(3\sim10)\times10^4$ Ω·cm 范围内。去离子水的最大缺点是会使工件生锈，为了解决工件生锈问题，我国科技工作者在开发高速走丝电火花线切割加工技术时采用了乳化液，俗称皂化油。乳化液作工作液，能获得较好的工艺效果。在相同的工艺条件下，用皂化油乳液进行电火花线切割加工时，虽切割速度会比采用去离子水时低一些，但不仅工件不生锈，而且加工比较稳定，断丝现象明显减少。由于乳化液教度较高，在低速走丝情况下难于进入切缝加工区，给排屑带来困难，切割速度降低甚至无法加工。

②乳化液成分和浓度。近三十年来，国内研制了许多种不同的皂化液，其成分及物理性能不一。各自适用于不同的场合，切割效果也不一样。以 12%浓度全部用自来水配制的 DX1 - 工作液为标准，其切割速度为 100%；则 TM - 1 型工作液为 95%，TM - 2 型为 105%；航天 50Z - I 型为 135%，航天 50Z - Ⅱ 型为 150%；磨床乳化液仅为 75%。表 2 - 12 是乳化剂浓度对切割速度的影响，在切割工件厚度不大的情况下，乳化液浓度越高，其切割速度会下降。但在切割厚度较大的工件时，宜选用浓度较大(教度较大)的工作液，以利于借助电极丝的高速移动带入切缝加工区也利于电蚀产物的排出。

表 2 - 12　乳化剂浓度对切割速度的影响

乳化剂浓度	脉宽/μs	间隔/μs	电压/μs	电液/A	切割速度 (mm^2/min)
10%	40	100	87	1.6—1.7	41
	20	100	85	2.1—2..3	44
18%	40	100	87	1.6—1.7	36
	20	200	85	2.1—2.3	37.5

(3)喷液方式与压力　对切缝加工区喷液，有助于排屑，并增加电极丝的冷却效果。喷液时，应该沿电极丝轴线方向喷射，最好使设置的喷液环绕电极丝喷入切缝加工区。切忌沿电极丝横向喷入，否则会引起电极丝的横向振动。由于低速走丝的排屑条件较差，增大喷液压力有助于提高切割速度，目前高档慢走丝线切割机的工作液喷流压力都达到了 1～2 Mpa (图 2 - 45)而高速走丝时排屑条件较好，喷液压力的变化对其切割速度影响不大，只需保证有足够的喷液流量即可。

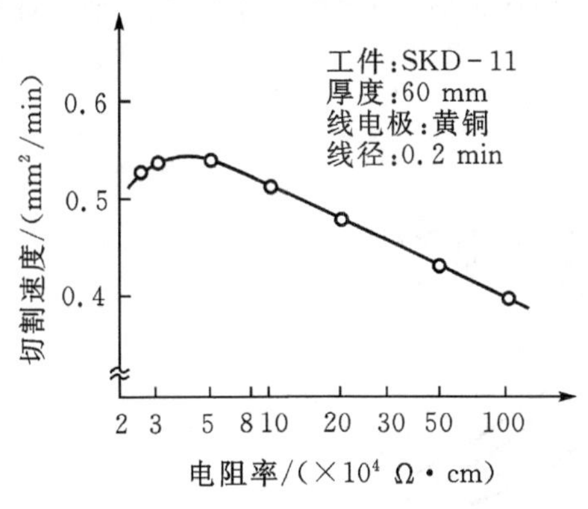

图 2-44　工作液电阻率对切割速度的影响

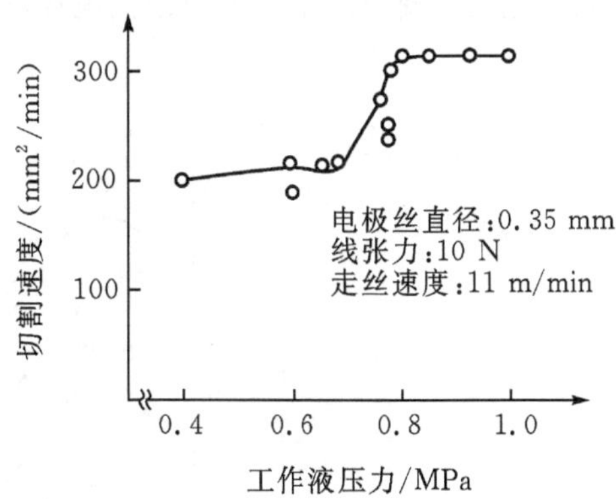

图 2-45　工作液压力与切割速度的关系

3. 工件材料及厚度对切割速度影响

(1)工件材料　工件材料不同,其切割速度也明显不同。一般来说,铝合金的切割速度比较高,但铝材料容易氧化,表面易形成氧化膜,从而影响其导电性能,导致加工异常。而切割硬质合金,石墨以及聚品等材料,其切割速度就比较低。表 2-13 列出了在同样加工条件下,切割不同材料时的切割速度,加工铝的切割速度几乎是加工硬质合金的 10 倍。

表 2-13　不同材料的电火花切割速度

工作材料	铝	模具钢	碳钢	石墨	硬质合金
切割速度/(mm^2/min)	230	57	40	36	22

(2)工件厚度　切割薄工件时,由于脉冲放电的蚀除速度会远远大于跟踪进给速度,极间不可避免地会出现大量空载脉冲而影响切割速度。在这种情况下,切割速度会随工件厚度的增加而增加,但工件厚度的增加又不利于排屑,实际上当工件厚度超过一定数值时,工件厚度的增加反而会导致切割速度下降,甚至无法稳定加工。切割所用的电极丝丝径不同,出现最高切割速度的厚度也不同,如图 2-46 所示。从图中还可以看出,用细小电极丝难于切割大厚度的工件。如果是高速走丝机,其本身的排屑条件较好,随工件厚度增加而导致切割速度下降的现象会晚一点,而且没有图 2-41 所示低速走丝情况那样明显,但它们的影响规律是相同的。除上述工件材质和厚度外,工件材料的构造均匀性、热处理后的内应力以及磨削加工后的剩磁等,也会对切割速度产生一定的影响。

4. 进给控制对切割速度的影响

(1)进给速度　理想的电火花线切割加工应该是进给速度完全跟踪其加工的速度。进给速度过快容易造成频繁的瞬间短路,使切割速度下降;进给速度过低又容易造成频繁的瞬间开路,同样会使切割速度下降,甚至有可能引起断丝。要实现理想的跟踪进给,必须提高进给控制性能。好的控制系统,不仅要求控制系统有合适的灵敏度,而且要及时地准确检测极间物理状态,并根据工艺条件及极间物理状态变化,智能性的进行跟踪控制。目前,我国生产的高速走丝电火花线切割加工机床其控制系统都不太完善,需要操作人员根据自己的经验来调节。实践经验表明,在高速走丝电火花线切割加工时,常采取过跟踪进给(过快的跟踪速度进给),即所谓的半接触加工,这种加工方式从极间放电波形上看允许有一部分短路波形,而抑制其开路波形出现。这样控制肯定会影响切割速度,但瞬间短路会抑制电极丝振动,有利于提高加工稳定性而避免断丝现象产生。低速走丝电火花线切割加工时，则因排屑条件差而不允许瞬间短路。

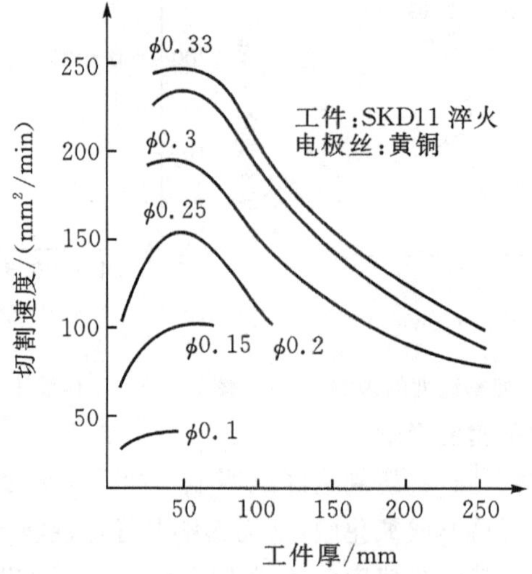

图 2-46　最大切割速度与工件厚度的关系

(2)进给控制方式　电火花线切割加工的进给系统，目前有伺服进给控制、自适应控制和智能控制方式等多种方式。伺服控制器根据加工间隙的状态变化，不断地自动调整其进给度，使加工稳定在设定的目标附近，以获得较高的切割速度。目前高速走丝电火花线切割加工普遍采用这种控制方式，可以满足生产需要。自适应控制进给方式不仅能根据加工间隙状态的变化来控制进给速度，而且还可以根据不同的工艺条件来调整原先设定的控制目标，如工件材料变化，厚度变化或加工要求变化(粗加工还是精加工)等。该系统都能自己适应并作相应的调整。这种控制方式能获得更好的工艺效果，如图 2-47 所示。有的低速走丝电火花线切割机还借助于专家经验对切割过程进行智能控制，如拐角加工、变厚度加工、特殊材料加工等。可以获得最佳的切割速度和最好的工艺效果。

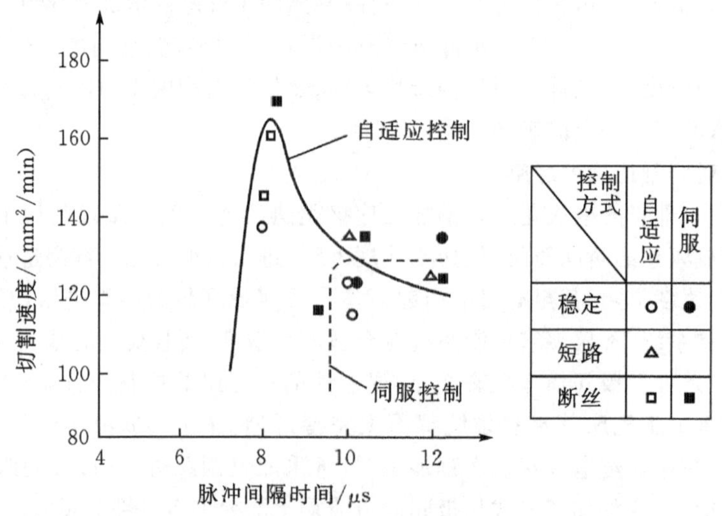

控制方式	自适应	伺服
稳定	○	●
短路	△	
断丝	□	■

图 2-47　自适应控制与切割速度的关系

2.6.6 影响电极丝损耗的主要因素

在电火花线切割加工中，电极丝损耗也是一项重要工艺指标，它直接影响电火花线切割加工的工艺效果。因而，如何减小加工过程中的电极丝损耗，一直是人们关心的问题。低速走丝时电极丝损耗对加工尺寸精度影响不大，但对其加工的平直度影响是不可忽视的；高速走丝时电极丝损耗则对加工精度影响比较明显，因为电极丝在整个加工过程中反复使用，在初始使用阶段丝径较大，切缝较宽，而随着加工时间的延续，电极丝的直径会因损耗而逐渐减小，使切缝变窄，从而影响加工尺寸精度。影响电极丝损耗的因素很多，主要有脉冲参数、脉冲电源波形、电极丝材质、工件材质以及工作液性能等。就加工材质来讲，相同的加工面积，硬质合金材料比其他一般铁基材料对电极丝的损耗要大得多。小脉宽加工也会使电极丝的损耗加大。

1. 脉冲参数

在讨论影响切割速度的主要因素时，我们知道增大单脉冲能量，增大脉冲宽度和峰值电流以及提高电流电压有利于提高切割速度，对于降低电极丝损耗，增大脉冲宽度更为有效。如图 2－48 所示。一般来说，增大脉冲峰值电流会使电极丝损耗增大，但只要适当控制电流的上升速度，其电极丝损耗的增加是有限的。但峰值电流增加有利于提高切割速度，一个熟练的线切割操作者必须根据加工的侧重点，合理调配脉冲组合，以达到最佳状态。

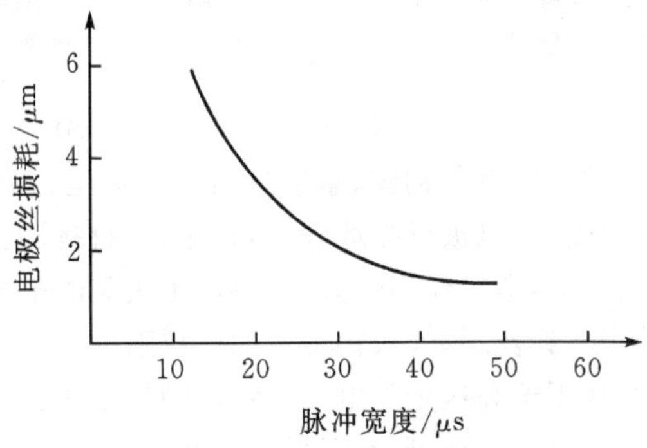

图 2－48　脉冲宽度对电极丝损耗的影响

2. 脉冲波形

(1)脉冲电流上升速度　试验表明，增大脉冲电流的上升速度会增大电极丝损耗，且上升速度越快，电极丝损耗也越大；图 2－49 是低速走丝电火花线切割加工的脉冲峰值电流对电极丝损耗的影响试验曲线。图 2－50 是高速走丝电火花线切割脉冲前沿对电极丝损耗的试验曲线，从中可以看出，脉冲前沿时间并非越长越好，而是有一个最佳值。

(2)脉冲电流波形　上面已经介绍了脉冲电流的上升速度对电极丝损耗有很大的影响，而且不少专家发现，脉冲电流的下降速率也有影响。为了降低电极丝损耗，人们曾开发了除矩形脉冲之外的许多不同波形的电源，包括电流逐渐上升的三角波、电流逐渐下降的倒三角波、梯形波、馒头波、梳性波以及分组脉冲等。有的国外电加工设备生产企业还建立了脉冲波形库，可以根据工艺需要任意组合各种不同的脉冲波形。从以往的试验结果来看，梯形波和馒头波对降低电极损耗虽有一定的效果，但实施比较困难，而倒三角波效果不明显，所以都没有在生产实践中推广使用。近年来随着数字技术的发展，出现了数字分频式脉冲电源，采用数字分频技术优化脉冲组合对于降低电极损耗是有意义的。所谓分组脉冲，是将数个至数十个窄脉冲组合在一起输入放电间隙，进行放电加工，停歇一定时间后又将第二组窄脉冲输入放电间隙。停歇时间的长短视放电加工区极间物理状态恢复时间而异。与电蚀产物及放电加工余热扩散及排出情况有关。这种波形即可获得较高的切割速度和良好的表面粗糙度，又可以降低电极丝损耗。随着加工机理研究的深入，相信一定能够建立起放电波形的控制模型，建立起生产所需的脉冲波形库。

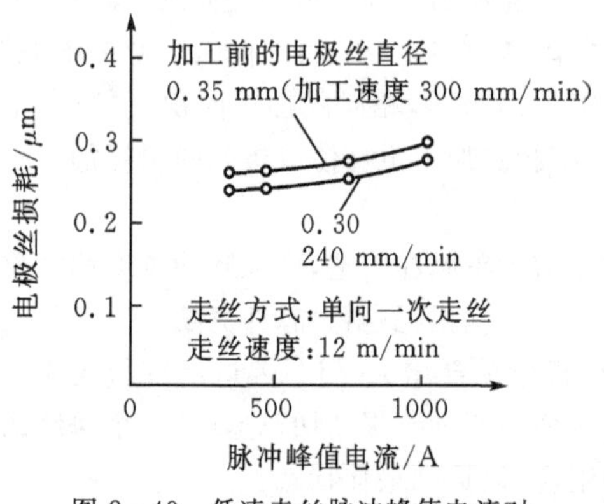

图 2-49　低速走丝脉冲峰值电流对电极丝损耗的影响

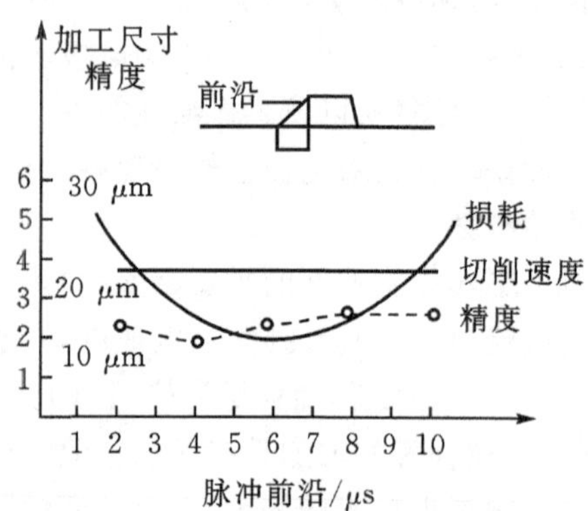

图 2-50　高速走丝脉冲前沿对电极丝损耗的影响

(3)电极丝材料及移动速度　为了获得好的工艺效果，应选用加工稳定性好，抗拉强度高，且耐损耗的材料作电极丝。常用的有黄铜丝、紫铜丝、钨丝、钼丝、钨钼丝等；黄铜丝加工稳定性特别好，也有一定的抗拉强度，但电极丝损耗较大，只适宜用在低速走丝电火花线切割加工；在低速走丝电火花线切割加工中，电极丝损耗大，影响加工表面的平直度，紫铜丝损耗虽较小，但抗拉强度差，一般很少使用。钼丝、钨丝及钨钼丝的抗拉强度比较高，熔点也高，比较耐电腐蚀，可以制作成细丝电极，通常用于高速走丝电火花线切割加工场合或是低速走丝电火花线切割加工用细丝加工场合。如表 2-14 所列，钨丝的伸长率、抗拉强度/(kgf/mm^2)以及熔点都更适合电火花线切割要求，只是材质较脆，故纯钨丝不适合作电极丝。

表 2-14　钨、钼及其合金丝性能对照表

材料	适用温度 T/℃		伸长率 /%	抗拉强度 /(kgf/mm^2)	熔点 T_m /℃	传递能量 /J	电阻率 /($10^{-4}\Omega\cdot cm$)
	长期	短期					
W	2000	2500	0	120～140	3400	2×10^{-2}	0.0612
Mo	2000	2300	30	70	2600	1×10^{-2}	0.0472
MoW50	2000	2400	15	100～110	3000	1.5×10^{-2}	0.0532

钼丝有一定的韧性，虽抗拉强度稍低一点，但仍可满足高速走丝电火花线切割需要，是当前应用最广的电极丝。然而，在超大厚度切割时，普遍认为，用钨钼合金电极丝可以提高切割速度和使用寿命。此外，电极丝的移动速度对损耗也有一定的影响。特别是低速走丝场合，电极丝损耗几乎随电极丝移动速度增加成反比例下降，如图 2-51 所示。

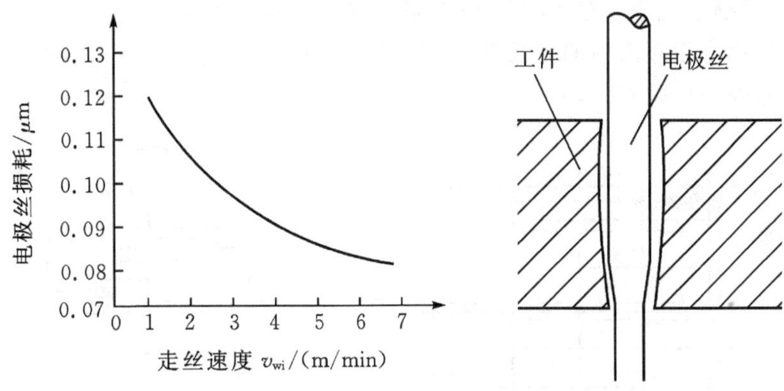

图 2-51　电极丝移动速度对电极丝损耗的影响

(4)工作液　低速走丝电火花线切割加工主要是用去离子水作工作液,极间污染程度不仅会影响工艺效果,也会影响电极相对损耗。有人认为,电火花成型加工在煤油中加工,可以设法形成黑炭保护膜来降低电极损耗;而电火花线切割。加工是在水质工作液加工,难于创造形成黑炭保护膜的条件,因而只能利用水质工作液在加工过程所形成的电化学现象和电喷镀现象来降低电极损耗。实验表明,加工过程中的电化学所发生的阳极溶解有助于提高切割速度和改善加工表面粗糙度。而阴极所发生的阴极电镀现象有助于补偿电极丝的损耗。实验还发现,加工过程所产生的电化学反应不仅会影响加工尺寸精度,而且会影响加工表面质量。

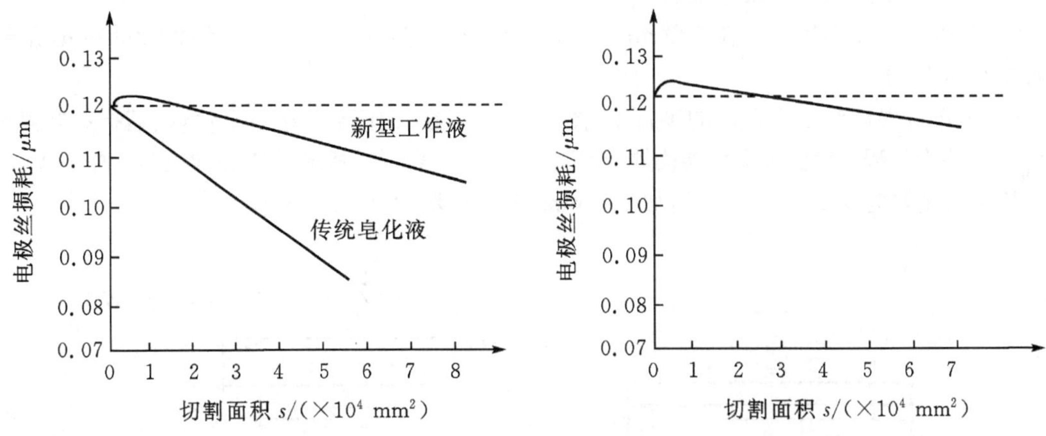

图 2-52　不同工作液的电极丝损耗

图 2-53　电极丝负损耗试验曲线

一般来说,用不含油脂的水作工作液,可提高切割效率,也能做到防锈,但电极损耗都相对较大。目前,有关科技工作者都在研究相关理论和方法,解决水工作液的电极损耗问题,并取得了可喜的进展。

2.6.7　低速走丝线切割机床的精度检验

1. 几何精度检验

(1)工作台台面的平面度(图 2-54)　工作台位于行程的中间位置并锁紧,周标尺、水平仪、平尺与可调量块测定平面度,用最小条件法或三点法处理数据,并求出平面度数据。按工作台台面的长边值确定允差。在 1000 mm 测量长度上允差为 0.04 mm。

(2)工作台移动在垂直面内的直线度(图 2-55)　在工作台上置一平尺,指示器固定在线架上,使其测头触及平尺检验面。

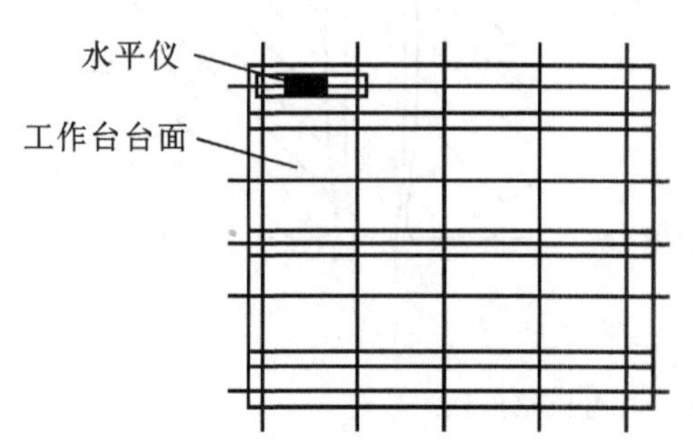

图 2-54　工作台台面平面度检验

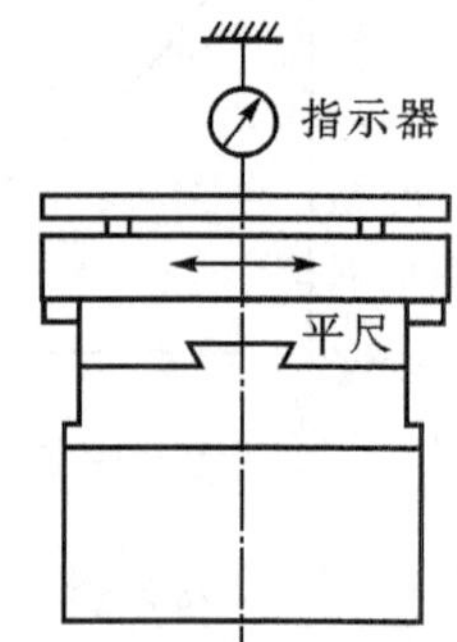

图 2-55　工作台移动在垂直面内的直线度

调整平尺,使指示器在平尺两端读数相等,然后移动工作台,在全行程上检验,指示器读数最大差值为误差值。

纵、横坐标应分别检验。在 100 mm 测量长度上允差 0.005 mm,每增加 200 mm,允差值增加 0.005 mm。

(3)工作台移动在水平面内的直线度(图 2-56)　在工作台上置一平尺,使其指示器测头触及平尺检验面。调整平尺,使指示器在平尺两端读数相等,然后移动工作台,在全行程上检验,指示器读数最大差值为误差值。

纵、横坐标应分别检验。在 100 mm 测量长度上允差为 0.005 mm,每增加 200 mm,允差值增加 0.005 mm。

(4)工作台移动对工作台面的平行度(图 2-57)　在工作台上置一平尺,使其指示器测头触及平尺,在全行程上检验。指示器读数最大差值为误差值。纵、横坐标应分别检验。在 100 mm 测量长度上允差为 0.012 mm,每增加 200 mm,允差值增加 0.006 mm。

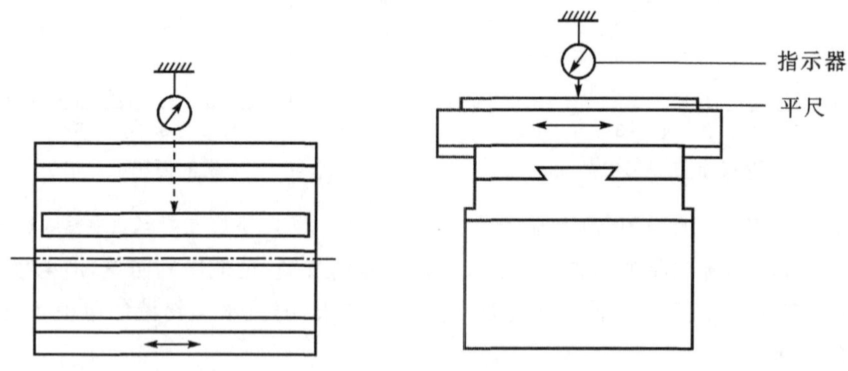

图 2-56　工作台水平面内的直线度　　图 2-57　工作台移动对工作台面的平行度

(5)工作台横向移动对工作台纵向的垂直度(图 2-58)　将角尺置于工作台上,调整角尺,使角尺的一侧面与工作台纵向移动方向平行,然后将工作台移位于纵向行程的中间位置,并锁紧。将指示器测头触及角尺的另一侧面。移动横向工作台在全行程上测量,指示器的最大差值为误差值。在 200 mm 长度上允差为 0.01 mm。

(6)线架垂直移动对工作台面的垂直度(图 2－59)　在工作台正中位置放置一圆柱角尺，将指示器固定在线架上，使其测头触及圆柱角尺。

在全行程上(按 25 mm 等距离)移动线架并锁紧，指示器读数的最大差值为误差值。

将指示器固定位置旋转 90°再重复上述检验，以所得的两个值中的较大值作为误差值。允差为在 100 mm 长度上 0.010 mm。

(7)线架移动对工作台垂直面内的平行度(图 2－60)　在工作台上放置一平尺，指示器固定在线架上，使其测头触及平尺检验面。

移动工作台，调整平尺，使指示器在平尺两端读数相等。然后移动线架，在全行程上检验，指示器读数的最大差值为误差值。

线架纵、横行程应分别检验。允差为 0.012 mm。

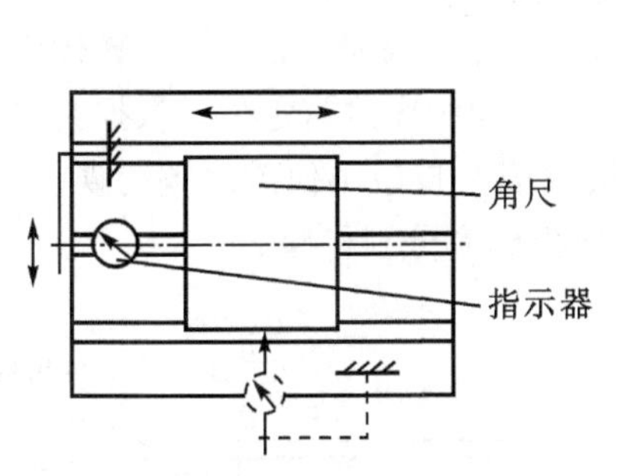

图 2－58　工作台横向移动对工作台纵向的垂直度

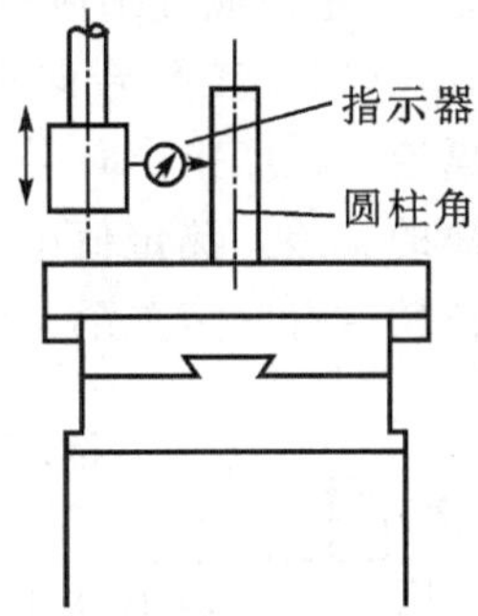

指示器
圆柱角尺

图 2－59　线架垂直移动对工作台面的垂直度

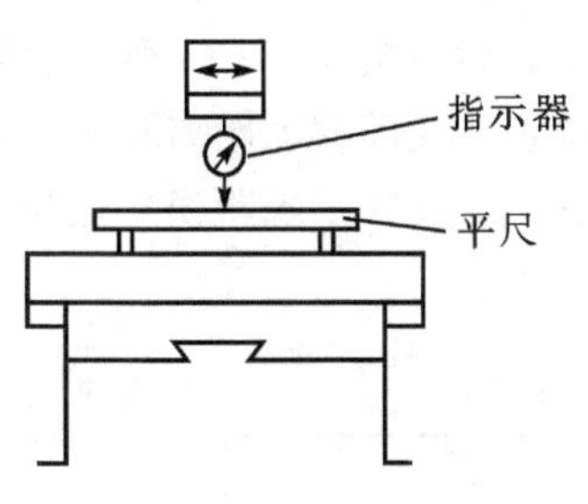

图 2－60　线架移动对工作台垂直面内的平行度

(8)线架移动对工作台水平面内的平行度(图 2－61)　在工作台上放置一平尺，指示器固定在线架上，使其测头触及平尺检验面。移动工作台，调整平尺，使指示器在平尺两端读数相等。然后移动线架，在全行程上检验，指示器读数的最大差值为误差值。

线架纵、横行程应分别检验。允差为 0.010 mm。

(9)线架横向移动对线架纵向的垂直度(图 2－62)　角尺置于工作台上，指示器固定在线架上。调整角尺，使得角尺的一侧面与线架纵向移动方向平行，然后使线架位于纵向行程的中间位置。将指示器测头触及角尺的另一侧面上，线架移动横向，在全行程上检验，指示器读数的最大差值为误差值。允差为 0.010 mm。

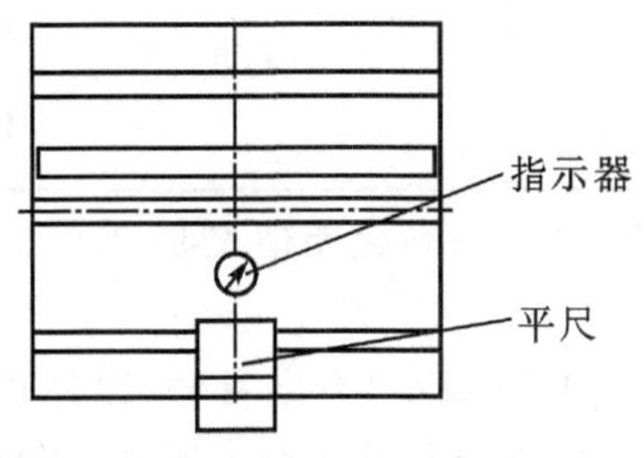

图 2－61　线架移动对工作台水平面内的平行度

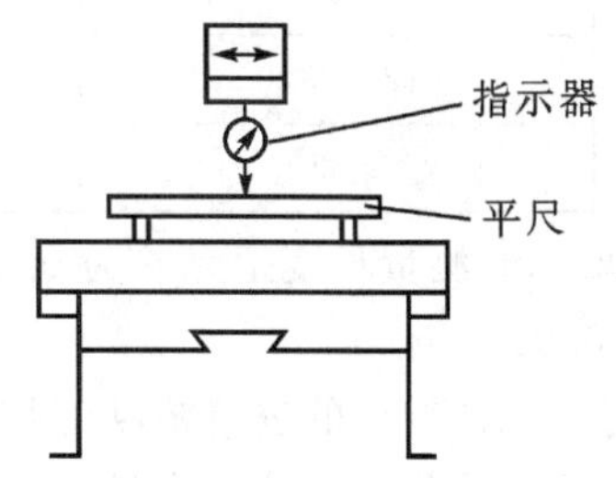

图 2－62　线架横向移动对线架纵向的垂直度

2. 机床数控精度检验

(1)工作台运动的失动量(图 2－63)　在工作台上放一基准块，指示器固定在线架上，使得测头触及基准块测量面上，先向正(或负)方向移动，以停止位置作为基准位置，然后给予不小于 0.1 mm 的程序，继续向同一方向移动，从这个位置开始，再给予相同的程序向负(或正)方向移动，测量此时的停止位置和基准位置之差。在行程的中间和靠近两端的三个位置，分别进行七次本项测量，求各位置的平均值，以所得各平均值中的最大值为误差值。它主要反映了正反向时传动丝杆与螺母之间的间隙带来的误差。纵、横坐标应分别检验，允差值为 0.004 mm。

(2)工作台运动的重复定位精度(图 2-64) 在工作台上选一点，向同一方向上移动不小于 0.lmm 的距离进行七次重复定位，测量停止位置。记录差值的最大值。

在工作台行程的中间和靠近两端三个位置进行检验，以所得的三个差值中的最大值为差值。它主要反映工作台运动时，动、静摩擦力和阻力大小是否一致，装配预紧力是否合适，而与丝杆间隙和螺距误差等关系不大。纵、横坐标应分别检验，允差值为 0.002 mm。

(3)工作台运动的定位精度(图 2-65)。工作台向正(或负)方向移动，以停止位置作为基。然后按表 2-15 所列的测量间隔给出程序指令向同一方向移动顺序进行定位。根据基准位置测实际移动距离和规定移动距离的偏差。测定值中的最大偏差与最小偏差之差为误差。它主要反映了螺距误差也与重复定位精度有一定关系。纵、横坐标应分别检验。

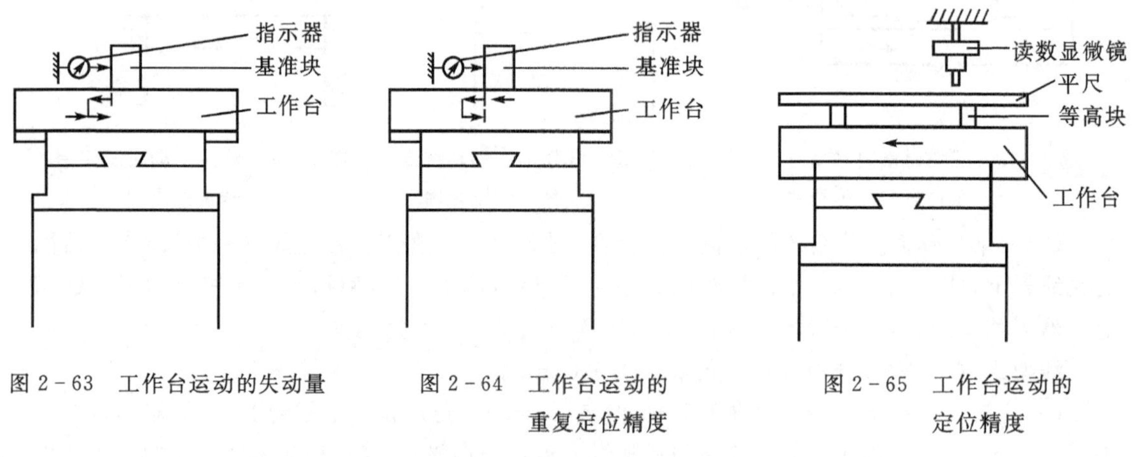

图 2-63 工作台运动的失动量

图 2-64 工作台运动的重复定位精度

图 2-65 工作台运动的定位精度

表 2-15 测量间隔

工作台行程/mm	测量间隔/mm	测量长度
≤125	10	全行程
125—320	20	
>320	50	

在 100 mm 测量长度上允差为 0.012 mm，每增加 200 mm，允差值增加 0.005 mm，最大允许值为 0.03 mm。

(4)每一脉冲指令的进给精度(图 2-66) 工作台向正(或负)方向移动，以停止位置作为基准，每次给一个最小脉冲指令且向同一方向移动，移动 20 个脉冲指令的距离，测量各个指令的停止位置，可以算出：

$$误差 = |l - m|_{max} \quad (2-21)$$

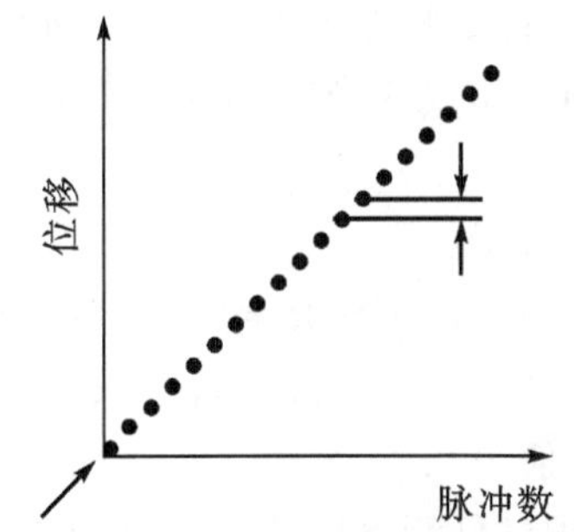

图 2-66　每一脉冲指令的进给量精度

式中：l——相邻停止位置的距离；

m——最小脉冲当量。

求得 20 个相邻停止位置间的距离和最小脉冲当量之差，取最大值。

分别在工作台行程的中间及两端附近处测量，取其中的最大值为误差值。它主要反映数控单步单脉冲进给的灵敏度和一致性。纵、横坐标分别检验。允差值小于一个脉冲当量。

3. 工作精度检验

(1)纵剖面上的尺寸差　切割出的八面柱体试件，测量两个平行加工表面的尺寸，在中间和两端 5 mm 三处进行测量(对切割起点的加工面须避开切割起点，在其左右两侧测量两个值)，求出最大尺寸与最小尺寸之差值。

依次对各平行加工表面进行上述检验，其最大差值为误差值，允差值为 0.012 mm。

(2)横剖面上的尺寸差　取上述试件在同一横剖面上依次测量加工表面的对边尺寸(对切割起点的加工面须避开切割起点，在其左右两侧测量二个值)，取最大差值。在试件的中间及两端 5 mm 处分别进行上述检验，其最大值为误差值。允差值为 0.015 mm。

(3)表面粗糙度(图 2-67)　在加工表面的中间及接近两端 5 mm 处测量，取 Ra 的平均值。取试件的各个加工面分别测量，误差以 Ra 最大平均值计。

在切割试件时，切割速度应大于 25 mm^2/min，切割走向为 45°斜线。本试件可用上面的八棱柱代替。允差值 Ra≤2.5 μm。

(4)锥度大端尺寸差(图 2-68)

①分别测量试件大端的对边尺寸，取对边尺寸的最大差值为误差值。

②试件大端对边尺寸须大于 31 mm。允差值为 0.015 mm。

(5)最佳表面粗糙度(图 2-69)　在加工表面的中间及接近两端 5 mm 处分别测量，取 Ra 的平均值。试件的各个加工面分别测量，误差以 Ra 最大平均值计。允差值 Ra≤1.25 μm。

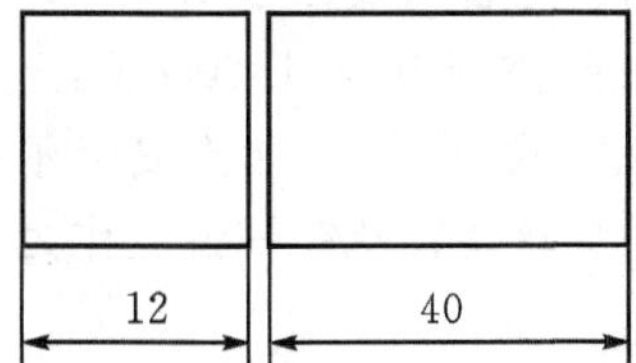

图 2-67　正方柱体表面粗糙度试件

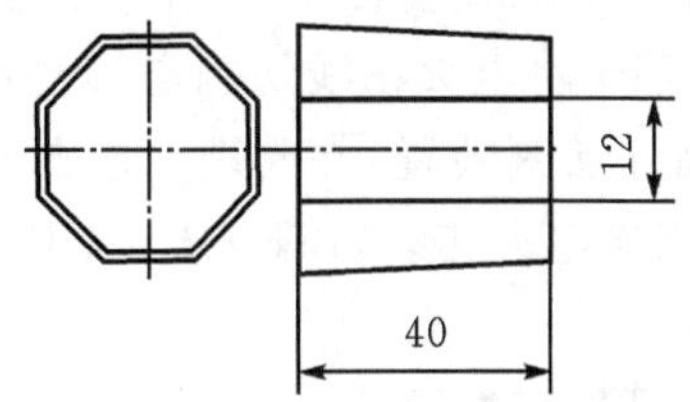

图 2-68　锥度大端尺寸差试件

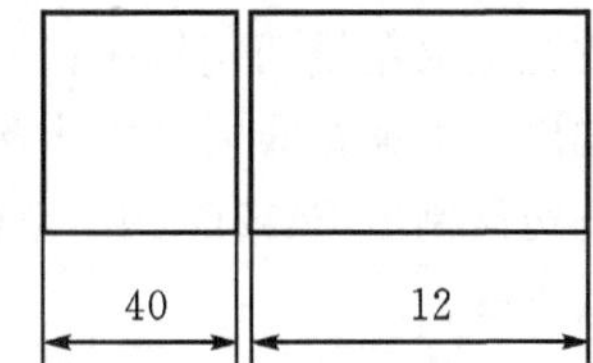

图 2-69　正方柱体最佳(低)表面粗糙度

(6)加工孔的坐标精度　将试件安装在工作台上,并使其基准面与工作台运动方向平行,然后以 A、B、C、D 为中心,切割四个正方形孔。对试件的具体要求如下:

①切割厚度须≥5 mm;

②最小正方形孔边长须≥10 mm;

③每次孔的扩大余量须≥1 mm(允许有 R=3 mm 左右圆角);

测量各孔沿坐标轴方向的中心距 X_1、X_2X_3、X_4、Y_1、Y_2、Y_3和 Y_4,并分别与设定值相比,以差值中的最大值为误差值。允差值为 0.012 mm。

(7)加工孔的一致性　取上项试件测量四孔在 X、Y 方向上的尺寸,即 X_1～X_4和 Y_1～Y_4,其最大尺寸差为误差值(横向数值(X)相减,纵向数值(Y)相减)。允差值为 0.02 mm。

线切割机床精度检验应在正常状态下进行。应事先调好机床水平,做好机床维护清洁工作,环境条件(温度、湿度)、电源电压及频率等均应符合规定。使用的量具及仪器均需在检定有效期内。检验结果应稳定可靠检验者应熟悉量具的使用及标准的含义。

另外,值得注意的是无论高速走丝电火花线切割机,还是低速走丝电火花线切割机,它们的精度标准都在修订中,都将靠向 ISO 标准。读者可参阅 ISO 14137:2000《机床电火花线切割机(Wire EDM)检验条件术语和精度检验》。

本章小结

一、电火花线切割机的发展

电火花成型不仅需要制作复杂的成型电极,而且材料浪费很大,还有电极损耗等诸多问题。为了实现用一根简单的金属丝作工具电极来切割出复杂的零件,苏联学者于 1955 年提出了电火花线切割机床设计方案,并于 1956 年制造出第一台电气靠模仿形电火花线切割机床,1958 年在苏联国内公开展出。

为了改善电火花线切割的加工轨迹控制,捷克机械及自动化研究所于 1958 年研制出光电控制的电火花线切割机床;苏联于 1965 年又研制出数字程序控制电火花线切割机床;我国也在 1964 年开发高速走丝电火花线切割机床的基础上于 1969 年研制成数控高速走丝电火花线切割机床,曾在国际上形成了一个富有中国特色的一类数控电火花线切割产品。

随着数控电火花线切割技术的产生和不断完善,电火花线切割技术的特点及优越性越来越明显,并迅速在各个工业制造部门得到推广应用,逐步成为制造部门一种必不可少的工艺手段。日本、瑞士等工业发达国家则抓住机遇,并借助于电子技术的发展将电火花线切割技术推向一个迅速发展阶段。日本西部电机株式会社 1972 年在国际博览会上首次展出了 EW－20 数控电火花线切割机床;1977 年瑞士将电火花线切割电源全部换成晶体管电源;1980 年瑞士推出了电火花线切割机床附加高速切割装置,并改进了电源及供液方式;1982 年瑞士夏米尔公司研制出 F432DCNC 型精密高速电火花线切割机床,采用了自动穿丝装置及镀锌铜丝作为电极丝。

1.低速走丝电火花切割机的开发和发展

在稳步发展高速走丝机的同时,我国重视低速走丝电火花线切割机的开发和发展

(1)高速走丝机仍然稳步发展　由于高速走丝有利于改善排屑条件,适合于大厚度和大电

流高速切割，加工性能价格比优异，深受广大用户的欢迎，因而在未来较长的一段时间内速走丝电火花线切割机仍是我国电加工行业的主要发展机型。今后的发展重点应该是提高速走丝电火花线切割机的质量和加工稳定性，扬长避短，使其满足那些量大面宽的普通模具及一般精度要求的零件加工需要。根据市场发展的需要，高速走丝电火花线切割机的工艺水平必须相应提高，其最大切割速度应稳定在 150 mm^2/min 以上，而加工尺寸精度控制在 ±(0.005～0.01)mm 范围内，加工表面粗糙度控制在 $Ra1.6\ \mu m$ 以内。这就需要在机床结构加工工艺、高频电源及控制系统等方面加以完善，并积极采用各种先进技术。

(2)重视低速走丝电火花线切割机的开发和发展　低速走丝电火花线切割机由于电极丝移动平稳，易获得较高加工精度和表面粗糙度，适于精密模具和高精度零件加工。我国引进、消化、吸收的基础上，也开发并批量生产了低速走丝电火花线切割机，满足了国内市场部分需要。现在必须加强对低速走丝机的深入研究，开发新的规格品种，扩大低速走丝机生产，为市场提供更多的国产低速走丝电火花线切割机。与此同时，还应该在大量实验研究的基础上，建立完整的工艺数据库，完善其 CAD/CAM 软件，使自主版权的 CAD/CAM 软件商品化。

2. 完善机床设计

为使机床结构更加合理，必须用先进的技术手段对机床总体结构进行分析。这方面的研究将涉及到运用先进的计算机有限元模拟软件对机床的结构进行力学和热稳定性分析。为了更好地参与国际市场竞争，还应该注重造型设计，在保证机床技术性能和清洁加工的前提下，使机床结构合理，操作方便，外形新颖。

机床上的坐标工作台大多采用十字滑板结构，为了提高它的精度，除考虑热变形及先进的导向结构外，还应采用螺距误差补偿和间隙补偿技术，以提高机床的运动精度。对于大型线切割机来说，采用十字滑板工作台结构就不够合理，而南昌江南电子仪器厂开发的 DK77100 型龙门式机床则值得研究。龙门式机床的工作台只作 Y 向运动，X 方向运动在龙门架上完成，上下导轮座挂于横架上，可以分别控制。这不仅增加了丝架的刚性，而且工作台只作 Y 向运动，省去了 X 方向滑板，有助于提高工作台的承重能力，降低整机总重量。

高速走丝电火花线切割机的走丝机构，是影响其加工质量及加工稳定性的关键部件，目前存在的问题较多，必须认真研究，加以改进。目前已开发的恒张力装置及可调速的走丝系统，应在进一步完善的基础上推广应用。

支持新机型的开发研究。目前所开发的自旋式电火花线切割机、高低双速走丝电火花线切割机、走丝速度连续可调的电火花线切割机，在机床结构和走丝方式上都有创新。尽管它们还不够完善，但这类的开发研究工作都有助于促进电火花线切割技术的发展，必须积极支持，并帮助完善。

3. 推广多次切割工艺，提高综合工艺水平

根据放电腐蚀原理及电火花线切割工艺规律知道，切割速度与加工表面质量是一种矛盾，要想在一次切割过程既获得很高的切割速度，又要获得很好的加工质量是困难的。提高电火花线切割的综合工艺水平，采用多次切割是一种有效方法，即用较大的电规准进行第一次切割，以获得较高的切割速度，然后依次减小电规准，进行第二次、第三次切割，逐步修光，以获得满意的加工表面粗糙度和加工精度。

多次切割工艺在低速走丝电火花线切割机上早已推广应用，并获得了较好的工艺效果。当前的任务是通过大量的工艺试验来完善各种机型的各种工艺数据库，并培训广大操作人员合理掌握工艺参数(每次切割的脉冲参数、加工轨迹补偿量、电极丝移动速度等)的优化选取,提高其综合工艺效果。在此基础上,可以开发多次切割的工艺软件,帮助操作人员合理掌握多次切割工艺。

高速走丝电火花线切割机因走丝系统不稳定,不仅容易发生振动,而且电极丝的空间不易准确控制,难于再现重复的加工轨迹,致使多次切割工艺至今无法在生产实践中推广应用。我国科技工作者已进行过大量的实验研究,所得到的研究结论是:高速走丝电火花线切割机采用多次切割工艺不仅是必要的,而且是可行的。为了在高速走丝电火花线切割机上推广应用多次切割工艺,应该努力创造以下条件。

(1)按国家的有关标准确保机床的制造精度和走丝系统的稳定性,有条件的还应采用导向装置及恒张力机构等附加措施完善走丝系统;

(2)开发生产可调速的走丝机构;

(3)深入研究多次切割工艺,提供有关机床的工艺数据表或工艺数据库;

(4)解决多次切割的工艺参数优化选取方法,包括脉冲参数、加工轨迹的补偿以及电极丝移动速度等,并对有关操作人员进行必要的技术培训。

4. 发展 PC 机控制系统,扩充线切割机的控制功能

随着计算机技术的发展,PC 机的性能和稳定性都在不断增强,价格却持续下降,为电火花线切割机开发应用 PC 机数控系统创造了条件。目前国内已有的基于 PC 机电火花线切割机数控系统主要用于加工轨迹的编程和控制,PC 机的资源并没有得到充分开发利用,今后可以在以下几个方面进行深入开发研究。

(1)开发和完善开放式的数控系统。目前高速走丝电火花线切割机所用的数控软件是在 DOS 基础上开发的,有很大的局限性,难于进一步扩充其功能。现在应加速向以 PC 机为基础的开放式、多任务管理与控制系统发展,以便充分开发 PC 机的资源,扩充数控系统功能。

(2)继续完善数控电火花线切割加工的计算机绘图、自动编程、加工轨迹控制及其缩放等功能,扩充自动定位、自动找中心、低速走丝及自动穿丝、高速走丝及自动紧缩等功能,提高电火花线切割加工的自动化程度。

(3)研究放电间隙状态数值检测技术,建立伺服控制模型,开发加工过程伺服进给自适应控制系统。为了提高加工精度,还应对传动系统的丝距误差及传动间隙进行精确检测,并利用 PC 机进行自动补偿。

(4)开发和完善数值脉冲电源,并在工芊试验基础上建立工艺数据库,开发加工参数优化选取系统,以帮助操作者根据不同的加工条件和要求合理选用加工参数,充分发挥机床潜力。

(5)深入研究电火花线切割加工工艺规律,建立加工参数的控制模型,开发加工参数自适应控制系统,提高加工稳定性。

(6)开发有自己版权的电火花线切割 CAD/CAM 和人工智能软件。在上述各模块开发利用的基础上,利用 PC 机及其开放式数控系统所创造的条件,建立电火花线切割 CAD/CAM 集成系统和人工智能系统,并使其商品化,以全面提高我国电火花线切割加工的自动化程度及工艺水平。

5. 积极采用现代技术,促进电火花线切割技术发展

我们已跨入 21 世纪信息时代,制造业正在向信息化、智能化和绿色化方向发展,如果仅用传统技术来开发研究电火花线切割技术,是难于跟上时代发展步伐的,而应该积极采用先进的现代技术和研究手段进行开发和研究，促进数控电火花线切割技术的高速发展。

今后的电火花线切割技术开发研究将会涉及到用激光测量技术来分析研究机床零部件的制造质量；用有限元技术来分析机床结构的力学性能和热稳定性；用陶瓷等新材料来制造机床的关键零部件及其工夹具；用模糊控制技术来开发伺服进给和加工参数控制系统；用人工神经网络技术来研究各种复杂系统的输入量与输出量之间的关系，并建立相关的神经网络模型；用数值模拟（计算机仿真）技术来研究加工过程的各种疑难问题及其规律，并预测其结果；用专家系统或人工智能系统来控制加工过程等。这些现代技术的出现和应用，是科技发展和社会进步的必然结果，我们必须认真学习，积极采用各种先进的现代技术。否则，将会严重影响我国电火花线切割技术的发展，不能满足未来市场的需要。

二、线切割机型号及主要参数

1. 线切割机型号规格

我国电火花线切割机的型号是根据 JB/T 7445.2 — 1998《特种加工机床型号编制方法》的规定进行的，机床型号由汉语拼音字母和阿拉伯数字组成，它表示机床的类别、特性和基本参数。

数控电火花线切割机型号 DK7725 的含义如下：

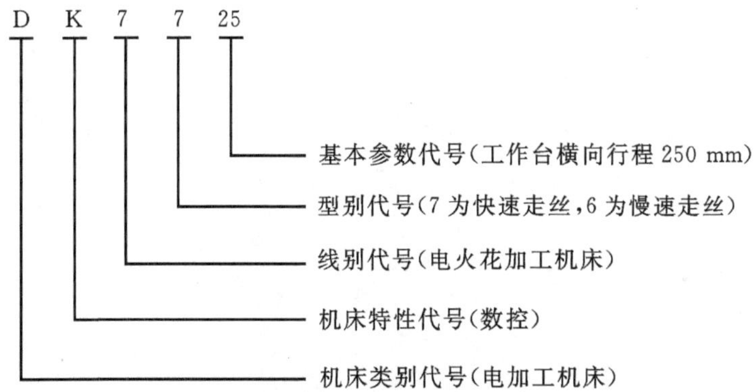

与上述同样规格的数控低速走丝电火花线切割机的型号则为 DK7625。

2. 数控电火花线切割机的主要技术参数

数控电火花线切割机的主要技术参数包括工作台行程（纵向行程×横向行程）、最大切割厚度、加工表面粗糙度、加工精度、切割速度以及数控系统的控制功能等。表 2－16 为 DK77 系列数控电火花线切割机（高速往复走丝）的主要型号及技术参数。

DK76××系列的低速走丝电火花线切割机，除机床参数外，主要技术参数还有表面粗糙度 $Ra \leqslant 0.8\ \mu m$、加工精度 $\leqslant \pm 5\ \mu m$、最大切割速度 $> 200\ mm^2/min$。

表 2－16　DKT7 系列电火花线切割机的主要型号及技术参数

机床型号	DK7716	DK7720	DK7725	DK7732	DK7740	DK7750	DK7763	DK77120
工作台行程/mm	200×160	250×200	320×250	500×320	500×400	800×500	800×630	2000×1200
最大切割厚度/mm	100	200	250（可调）	250（可调）	300（可调）	400（可调）	500（可调）	500（可调）

续表 2-16

机床型号	DK7716	DK7720	DK7725	DK7732	DK7740	DK7750	DK7763	DK77120
加工表面粗糙度 $Ra/\mu m$	2.5	2.5	2.5	2.5	2.5	2.5	2.5	2.5
加工精度/mm	±0.01	±0.01	±0.01	±0.01	±0.01	±0.01	±0.015	±0.02
切割速度 $/mm^2 \cdot min^{-1}$	80	80	100	100	120	120	120	120
加工锥度	3°～60°各厂家的型号不同							
控制方式	各种型号均可用单板机或微机控制							
备注	各厂家生产的机床的技术参数会有所不同							

第3章　组合体零件的编程与加工

3.1　组合体零件的结构与技术分析

3.1.1　多次切割线加工的工艺类型

电火花线切割加工的工艺类型取决于不同的需求，有的着眼于加工速度的高速切割，有的则着眼于加工精度的多次切割，还有兼顾二者的一次切割。在实际应用中，高速走丝线切割机主要用于一次切割或加工精度要求不高的高速切割；低速走丝线切割机则主要用于加工质量要求较高的多次切割。

随着市场需求的多样化以及线切割自身的技术进步，这种界限也在发生改变。高速走丝线切割采用了一些特殊措施后也能进行多次切割；低速走丝线切割不光是多次切割后的精度高、重复性好，而且一次切割的精度指标也已经提高到一个新的高度。总之，这两类机床各自的技术、经济特性都在不同的用户中有着不同的判定标准，自身技术的发展与市场的选择将决定它们未来的走向。

修切在某种意义上来说，已经不是切的概念了，而是一种采用线电极的电火花磨削。它担负着两重任务：①校正主切后留下的轮廓误差；②提升工件的表面质量。修切可以是切一次，也可以是切多次，甚至可以做成某种特定的专家系统，进行电火花研磨。修切所采用的工艺策略和建模所依赖的数据库是最终加工速度和质量构成的核心。

在多次切割方面，低速走丝线切割始终是生产应用的主体。表3-1列出了某种线切割机床典型的四次切割的工艺效果，从中不难看出，线切割加工表面质量是逐次修光的，但其切割速度也随之降低。

采用高速走丝线切割机进行多次切割，目前已从实验室走入市场，使许多没有低速走丝线切割机的用户在提高精加工效率和表面质量方面也有了新的加工手段。表3-2所列是与表3-1可比的一组多次切割工艺效果，使用ϕ0.18 mm钼丝加工50 mm厚的Cr12工件。

表3-1　低速走丝机多次切割工艺效果

切割次数	偏移量f /mm	单次切割速度 $V_{wi}/(mm^2/min)$	表面粗糙度 $Ra/\mu m$
1	0.246	142	2.0
2	0.166	130	1.0
3	0.146	168	0.6
4	0.136	124	0.45

表 3-2 高速走丝机多次切割工艺效果

切割次数	偏移量 f /mm	单次切割速度 V_{wi}/(mm^2/min)	表面粗糙度 $Ra/\mu m$
1	0.16	93.6	3.6
2	0.10	130	1.55
3	0.093	58	1.0

尽管二次切割以后的加工速度比低速走丝的多次切割低很多，但比起采用高速走丝的一次精加工的切割速度几乎提高了一倍，而且精度也高得多，因而受到广大用户的欢迎，并被称之为新一类线切割机中走丝机。

3.1.2 公差与配合技术等级分析

常用的工艺方法是分别对凸模和凹模加工，保证它们的尺寸精度和形位精度，便可控制凸模与凹模的配合精度。但是，凸模棱角小圆半径一般比较小，而凹模棱角的小圆半径则较大，二者配合是一个难题。用电火花线切割加工时，必须根据制品设计需要，确定凹模的内角 ν 半径大小，然后使凸模棱角小圆半径与它匹配。

比较简便的工艺方法是将凸模板与凹模板用导柱导套定位后一起配割。这样，即使是找中心存在一定偏差或是电火花线切割加工过程电极丝垂直度有偏差，也不会影响凸模与凹模的配合精度。

3.2 组合体零件的工艺装备

3.2.1 线切割加工机床的调整

1. 回机械原点

机床上的机械原点是坐标计数和误差补偿的起始点，是每个运动轴的位置基准。它的物理意义是精确、恒定、永远不会清除的坐标零点。低速走丝电火花线切割机床，一般由精密开关的触点或光栅尺、编码器上的固定参考点来实现，其重复精度在一两个微米以下，与机床的等级有关；而高速走丝电火花线切割机床一般都是在加工之前设定。

开机后首先应做回零检查。只有在做过机械坐标回零之后，机床才能够实现准确的误差补偿、消除有可能发生的错误补偿或系统偏差，获得最高的定位精度。

利用机械原点的这种特性，当所有重要的加工启动之前，务必记下起始点的机械坐标值。这样，万一系统发生故障、坐标丢失、或是加工中止时，都可以重新启动机床，依照记录下的机械坐标，准确地回到起始位置，恢复未完成的加工，就不会带来新的附加偏差，可信度很高。所以，操作者养成加工前记录机械坐标的作业习惯，加工中即使出现了意外的情况也能从容应对，挽回有可能出现的加工废品。

一般来说，断电后的机床在重新启动时，首先要回机械零点，然后再作其他的操作。在连续生产中，为了防止机床位置状态和工作状态的改变，通常不希望在空闲的时候，关掉机床上的所有电源，包括控制系统，只需将那些能耗大的外围设备关掉就可以了。因为，热机状态对加工精度及稳定性是最为理想的环境。在湿度大的地方或季节，关机造成的冷热交变，会使电柜中线路板的绝缘性因灰尘变潮而下降。在长时间停机后再开机时，常常会引起新的、不可预测的电路故障和工作液循环回路的机械故障。

另外，在急停按钮按下后、软限位超出或行程开关被撞、伺服错误报警或轴运动错误报警后，都应该进行回机械零点的操作，以便系统正确地读取机床的误差补偿值。

2. 校正电极丝垂直度

为了准确地线切割加工出符合精度要求的工件，加工前必须校正电极丝是否垂直于工件装夹的基准面或工作台定位面。通常，机床运行一定时间之后或更换导轮、或更换导轮轴承、或更换电极丝以及切割锥度工件之后，都必须在加工零件之前进行一次电极丝垂直度的校正。

用于电极丝垂直度校正的装置叫做垂直校正器。生产上使用的垂直校正器有多种结构形式：有使用火花放电校正的，还有利用上下两个接触点来显示的，还有用带圆孔的校正板来正的。

(1)火花放电校正　用火花放电来校正电极丝垂直度的方法比较简单，也很实用。校正器是一个平行度与垂直度都小于 0.005×10^{-2} mm 的精磨方块或校正杯(参见图 3－1)，自行制造虽不是太困难，但生产中采用外购成品。

用校正器校正电极丝垂直度时，先将校正器放置在装夹工件的基准面或工作台定位面，然后将线切割机的脉冲电源输出调到最小(小脉冲能量、缩小输出电流)，这样在电极丝与校器接近时就可以观察到火花现象。调整 U、V 轴，便可使校正器上下火花均匀一致，即表明极丝基本垂直于工作基准面。请注意，校正过程电极丝要移动，但不可施加工作液，否则难校正。

(2)两点接触式找正　找正器由绝缘基座和上下端面上的两组呈正交排列的直线刀口组成，分别构成 X－U，Y－V 两方向上的垂直基准，并成为接触信号的输出端。在制造上，要求下两对刀口直线构成的平面分别与安装基面的垂直度小于 0.002×10^{-2} mm，粗糙度 $Ra0.10$ μm，如图 3－2(a)所示。

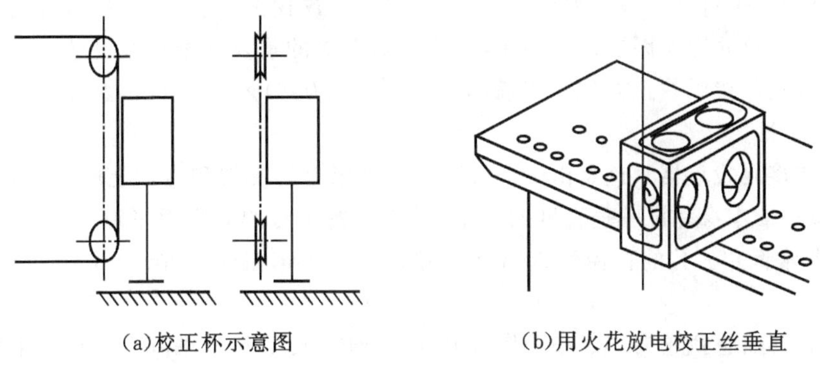

(a)校正杯示意图　　(b)用火花放电校正丝垂直

图 3－1　用火花放电校正电极丝垂直

找正时的动作顺序是：先做一个方向上的检测，比如 X 向。无论是接触显示还是自动检测，总会有一刀口先碰到电极丝；上端碰到了，则 U 轴回退、X 轴继续进给；下端碰到了，x 轴回退、U 进给；最终，上下两端同步逼近刀口，输出等值的接触电阻值或脉冲信号供接触指示灯显示或系统识别。当 X 方向的找正做完了，对于有自动识别功能的机床就会由程序转入另一个轴、以同样的方式进行找正，总共做两次。如果两次找正得到的数值相差较大就说明重复性

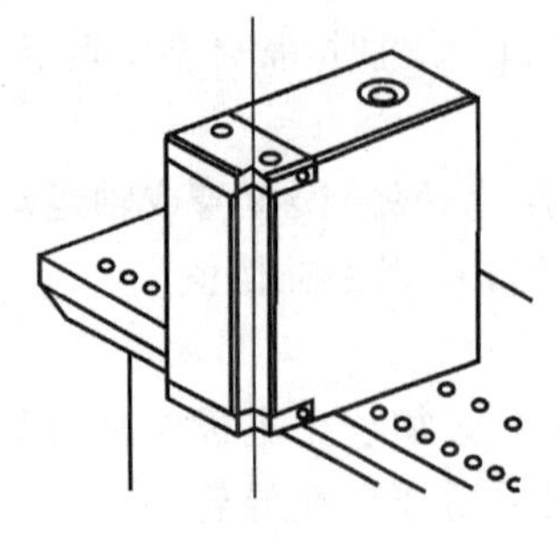
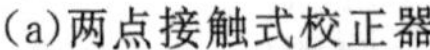

(a)两点接触式校正器

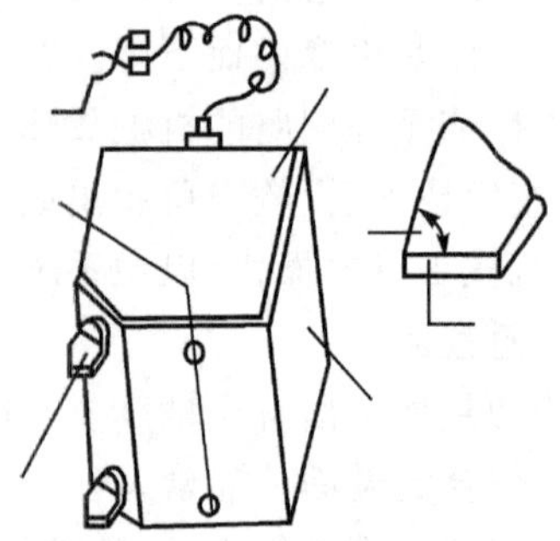

(b)DF55-550A型垂直校正器

图3-2　二点接触式校正器

差,找正不可靠,需要找出原因后重新进行。

找正失败常见的原因除了电气、机械方面的故障外,还有一些非故障因素导致找正不可靠。比如:

①找正器本身的垂直精度未经检定,不能确定是否可以作为基准来使用。

②接触刀口不清洁,存在汗渍、油渍。

③走丝系统中,因送丝、收丝轮或皮带打滑引起的传动不稳定,导致丝抖动。

④电极丝与进电块、导轮、导向器紧密接触的表面摩擦状态改变而引起的张力波动。

⑤电极丝与找正器的接触电阻因其表面残留的水分未擦干净或者因误冲液而出现阻值上的波动。

⑥找正时所用的进给速度太块、出现过冲。

⑦设定的两次找正的允差值太小,系统的重复性达不到。

⑧安装基面的平行度误差较大或安装得不平行,导致找正器自身不垂直。当机床系统处于正常状态,以上这些影响因素都不存在,自动感知多次的重复性都在0.002～0.003 mm范围内,这种两点式的接触找正方法可以获得$(0.004\sim0.008)\times10^{-2}$ mm盖直度,是比较理想和可靠的找正方法。

(3)单孔式接触找正器　这是由一个可安装在机床上的支架和支架上的一片带园孔的找正板组成。找正器本身并没有垂直度的要求,只要求找正板的固定面平行于支架的安装面就行,制造起来非常简单。孔的直径为20 mm,高度为1.5 mm,粗糙度Ra为0.20 μm,如图3-3所示。

其工作原理是:将找正器固定在工作台上,电极丝穿入孔中,z轴降至找正器上表面后,启动找正程序。执行自动找中心,然后Z轴升起一段距离,再次执行自动找中心。系统根据两次找中心得到的坐标差值和Z轴起始坐标与圆孔中心高的坐标比例,计算出$U-V$轴的移动量、加以修正。这样,反复几次使得Z轴的升降对找正后的中心坐标没有影响,即表明电极丝的垂直状态。

还有一种方法,用的也是同样的装置,但找垂直的路径不同。将电极丝穿入孔中,Z轴下降、靠近找正器,先在Y方向上自动找正并取中,再朝$+U$方向感知,取得数值后,回退一个短长;Z轴升起一段距离,重新在Y方向上找正取中,然后,再次朝$+U$方向感知,取得两次感知

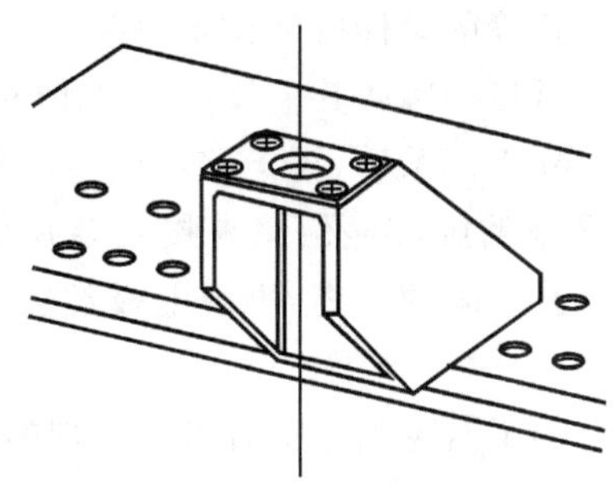

图 3-3　单孔式找正器

的差值。根据 Z 的坐标增量，即可算出 U 方向上的角度偏差并予以校正。用同样的方法，再进行 V 方向上的校正。电极丝的垂直状态经过一轮精化后，再重复一遍前述过程，即可获得较好的垂直精度。

这种找正方法的精度取决于 Z 轴的直线度、与 $X-Y$ 导轨平面的垂直度、找中心的重复精度和走丝系统的稳定性。其找正精度可以达到 0.010×10^{-2} mm 左右。由于现在很多机床的 Z 轴驱动都采用直流或交流伺服电机，升降速度很快，所以这种垂直找正的方法因其简单、可靠、易于操作而得到普遍的应用。

除火花放电找正之外，在其他找正方法中，如果是由机床自动完成，最好能够采用浸液的方式。这样做重复性好，找正速度快，机床更接近于加工时的状态。如果用的是非浸液式机床，就要保证找正时的冲液流量均匀，使检测信号输出平稳。

凡发生下列情况之一者，一般都需要进行电极丝的垂直找正，才能保证加工的垂直度。

①当机床系统重新设定后或 $v-v$ 轴回过机械原点后。

②上下导轮、导向器、进电块、喷水嘴等与电极丝接触的元件进行过拆卸、更换及影响位置的调整。

③出现原因不明的加工误差，工件的垂直度超差或切出的角度不对。

④线架上下丝臂与工件或工作台发生过碰撞。

⑤加工结束时，$U-V$ 轴坐标显示不回零。

⑥重要工件加工之前，对机床状态的确认。

3. 建立坐标系

建立工件坐标系，以便确定各种加工位置，或者对已损坏的部分进行修复。可采用前面介绍的几种确定基准的方法来建立坐标系，并记录下加工起始点的机械坐标备用。

由于要用到接触检测来找出基准，所以要求工件表面必须是实体、致密而且光洁，无油、无锈、无毛刺，基准孔或基准边应垂直于基准平面。

为了提高自动找正的重复精度，接触面不宜过高，以免孔和边的不垂直导致尖点接触，增加找正的不确定性。大厚度工件采用接触找正的方法建立起的基准，准确度不会太高。

如果所加工的型腔相对于工件的位置精度要求很高，就需要增加采用其他方式的测量环节，间接找出的坐标，根据首次的加工结果再次进行修正。

对于那些必须采用 $\phi0.5$ mm 以下的穿丝孔、加工余量少、位置精度要求高的细小工件，往往需要在穿好丝后，使电极丝与穿丝孔之间留有均匀的间隙；启动加工时，既不发生短路，又能完整地加工出型腔，这时能否建立正确的坐标成为首要问题。

通常的做法是：加工前先在工具显微镜或其他仪器下测出穿丝孔与基准之间的距离，再装夹到机床上；用接触找正的方法建立坐标系后，再走移动到穿丝孔位置进行穿丝、加工。如果没有专用的测量设备，可以用一简单的瞄准显微镜直接安装在机床上，利用机床上的坐标显示，在机测量出工件上基准与穿丝孔之间的距离，再用电极丝去找正，获得准确或近似准确的穿丝位置。

工件上的坐标系建立后，有时为了避免加工中有可能出现的意外碰撞，尤其是在无人化的加工模式下，需要设置软限位，以限制机床的进给范围，通常给出对角线上的两个点的坐标来实现。当加工结束、取出工件后，应及时清除掉软限位设置，如不清除会导致后面新的其他加工非正常停止，干扰作业。

4. 空运行

加工之前的空运行，目的是为了校检程序，检查机床、喷水嘴是否会与工件、夹具发生碰撞，避免意外情况的发生。同时，观察加工是否超出机床行程范围，验证上下轮廓的正确性。这种空运行有时需要 X、Y、U、V 四轴按实际加工状态来运行，但更多的时候为了节省时间，只是进行 XY 两轴的快速运行以检查干涉和校检坐标为主。

一般来说，对新的机床、夹具系统、初次操作以及非常重要或复杂的工件一定要进行空运行，以增进对各环节中不确定性因素的了解和认识。对它们熟悉、掌握之后，就没有必要每次都要进行空运行了。

5. 线切割机床工作状态的确认

加工前，对机床所处的工作状态一定要清楚，否则加工中出现了问题将无从分析，机床带病作业会使很多简单问题复杂化。下面的几个主要影响因素弄清楚了，可以避免工作中的盲目性。

1)机床的精度状态

与最终加工精度结果相关的因素很多采用排除法易于发现关键因素。对于新购置的机床无论是全新的还是二手机床，安装好后都要进行一次精度检验，在确认其所有精度值后记录备考，复检的依据是机床生产厂家提供的出厂精度检验单。

一般来说，线切割机床的几何精度不容易发生改变，除非机床在运输过程中遭受过剧烈的颠簸、碰撞，或者因铸件时效做得不好、机床地脚没有调正，造成床身的扭曲、变形。

在几何精度方面应重点关注 X、Y 两轴在水平面内的直线度和相互之间的垂直度，这两项误差会直接影响到加工的位置精度。

机床的位置精度与各轴采用的丝杠、光栅的精度等级以及联机调试时进行的误差补偿水平有直接的关系，并对温度的变化梯度敏感。

对于行程较大的机床，在作大尺寸的工件加工时，应使环境温度尽可能地接近测量时的温度，温度波动应控制在 0.5 ℃/h 以内，昼夜温差≤3 ℃为了在测量和加工中获得正确的补偿，开机后应先回各轴的机械原点或光栅尺上的参考点，使机床回到原始的补偿位置上，将修正值读入系统。机床的位置精度除了温度对它的影响比较大之外，在使用过程中通常不会发生突变。

重复定位精度是衡量线切割机床制造水平的一项关键技术指标，反映了在机床运动系统中所使用的传动件、结构件、光栅、编码器、驱动器等硬件的质量等级，也体现了设计、装配以及控制等软件和工艺环节的综合水平。精加工中,机床的跟踪响应、轮廓上精修余量的均匀性都与该项指标密切相关,它直接影响到工件精加工后的尺寸精度和表面质量,尤其是在对厚工件的多次切割时表现十分明显。

重复定位精度的变化是会随机床使用年限的增加而变大,但往往是渐变。如果发现该项指标突然增大,通常是由于机床受到过意外碰撞或者装配不当,造成传动间隙释放,以及传动副本身的质量问题而引起的非正常失效等原因引起。

由于重复定位精度的数值很小,通常只有几个微米,又是依据在全行程上经过多次往返测量的统计结果得出。所以,一般情况下,该项数值是由生产厂家在机床出厂前用激光干涉仪依照标准检测出来的用户在没有同类检定仪器的情况下,很难复现相同的检测结果。

对重复定位精度有疑问的机床,应该采用高一个精度等级的计量仪器(诸如:激光干涉仪、节距规+测微计)来进行校验,以便对机床真实的精度状态有一个客观的评定。

在不具备上述计量条件的情况下,也可以利用重复精度好一点的杠杆千分表,在轴的不同位置上,测量一下机床微位移时,从正反两个方向上反映出的反向间隙大小,来间接地判断重复定位精度的好坏。

测量中,千分表显示的差值越小越好。最好在同一个测量点上重复测几次,以便消除表系自身的弹性变形,使读数更加准确、可信。在高、低速走丝两类不同的线切割机床上测出的偏差值应分别小于 0.010 mm 和 0.005 mm,如果超出就很难复现机床出厂时的实际加工的工艺指标。

排除了轴运动方面的问题之后,剩下来对精度影响较大的就是走丝系统。在整个走丝系统中,需要加以确认的是这两个重要影响因素:丝在加工区域内的位置精度及其运动平稳性。

与电极丝位置精度有关的是电极丝的支撑元件,如导轮、导向器和进电块等。如果这些元件的状态异常或者支撑它们的零、部件刚性不足都会直接影响到丝的位置精度,尤其是在斜度加工中会表现得更加明显。出现诸如:放电不稳定、频繁断丝、斜度加工时轮廓不封闭、精加工速度不均匀、尺寸超差严重以及表面条纹不规则等现象。所以,加工前要对这些主要元件和零部件的精度以及装配情况进行检查,对有问题的零件要及时地进行更换、调整。

对高速走丝线切割机床而言,除了把主导轮的运动精度、预紧力和安装共面性作为重点加以确认之外,还要尽可能使电极丝在整个路径上受到的正反向阻力矩相等,以保证电极丝换向前、后的张力恒定,空间位置不发生改变。

对低速走丝线切割机床而言,导向器的过度磨损,无法对电极丝进行有效的限位,是造成电极丝位置精度波动的直接原因。调整或更换时,要严格按机床操作说明来做,确保每一步符合要求。

与电极丝运动平稳性有关的是电极丝的传动元件和张力机构,如丝筒、丝卷、过渡导轮、恒张力装置、传动皮带、送丝机构、收丝机构及其控制它们的软、硬件等。常见的问题有:加工不稳定,电极丝在运行中出现自激振荡,加工后的工件表面上存在明显的不规则条纹。可能的原因是:丝筒转动不平衡,轴承失效,排丝运动方向与丝筒的轴线不平行,电极丝在丝筒上叠绕,运丝皮带打滑,运丝轮过度磨损,收、放丝控制电路偏离出厂时的设置状态。

对于高速走丝线切割机床而言,一般采用定性的方法判定电极丝的运动平稳性。比如目测,观察电极丝在空运行时最大抖动情况;耳听,辨别导轮运转时声音是否异常;手感,体会运丝时丝臂的振动大小。采用惯量小。动平衡精度高的丝筒有利于减小换向冲击,降低噪声,改善电极丝的运动平稳性。

对于低速走丝线切割机床而言，可以采用定量的方法来进行检验。比如用张力计测试丝运行时张力的波动，不同的机床对张力的控制精度会有差异。可参考下列数据：

在正常情况下，实测出的张力值与设定值之间的允差应在5%以内，张力的波动范围不应超过当前实测值的±2.5%；对于ϕ0.10 mm以下的细丝，实测允差值可以放宽到±7%，波动允许在0.05 N以内。

当走丝系统的结构刚性不是很好时，加工中改变张力的设定值，也会造成电极丝的位置变化，影响精加工余量的均匀性，出现不该有的尺寸误差。所以，在高精度加工中要求电极丝的张力设定，自始至终采用同一量值，无论是粗切还是精修。

另外，如果张力是由电磁制动器产生，那么张力的设定调节必须沿单方向进行，即电极丝一边运行、一边调整张力，由最小增至最大，直至目标值。若新的设定值大于原有值，在运行过程中直接增加即可；若小于原有值，则需先将设定值降至最小，再升至目标值，以消除磁滞影响，保证设定值的真实性。

2)检查辅助环节

加工中因辅助环节出现问题而导致加工中断或者停机是经常发生的，尽管大多数事件故障可以恢复，不会使工件报废，但这些意外事件对生产周期的影响却不容忽视。如果事先给予一定的关注，完全可以防患于未然。

稳定的供电系统是数控机床正常工作的基本保障，±10%的电网电压波动对线切割机床来说是允许的，但如果超出这一范围就需要增加自动稳压器来维持正常的电压供给。对新增稳压器，也应纳入机床日常的检查、保养范围，因为由此带来的新问题也时有发生。如：由于稳压器故障而引起的电压超调和瞬间跌落；在季节交替时节，空气开关上的接线端子会因温度交变发生松动，影响供电的可靠性。

对低速走丝线切割机床的某些特定环节，应定期地进行巡查、加以确认。

(1)水位情况　机床在水箱和工作液槽上设置了若干个浮子开关，用于监视不同区域的液面高度，为泵的安全运转提供保证、满足正常加工时清洁水的流量、保护精密机构不被水浸泡、发出顺序控制的回馈信号以及液面的报警信号。

需要检查浮子滑动是否顺畅，有没有开关动作，如粘有太多的污垢需要擦净，避免浮子在导杆上滑动时被卡住发挥不了应有的作用，每月应检查一次。

在正常的运行情况下，机床每天会散失和蒸发掉5～10 L水，因而每次加工前都要确认水位高度，不足的话要及时补充，以免加工因此中断。

(2)水质情况　与水质情况密切相关的是过滤纸芯和离子交换树脂的处理能力。加工下来的蚀除物，除了一部分颗粒稍大的沉淀在水箱底部外，大部分会被纸芯过滤掉；而游离在水中的阴阳离子则由离子交换树脂来处理。

常用过滤纸芯的过滤精度为5 μm，过滤能力由过滤器的压力表来显示，或由压力传感器侦测后自动显示。

图3-4说明过滤器中的压力与剩余加工时间的关系。如果所有剩余工时全都用来作粗加工的话，蚀除物多，纸芯的使用寿命就很短；正常的多次切割，蚀除物少，持续的使用时间明显加长。对于不同的机床，只有平时留心积累，都可以做出同样适用的参考图表，因为工作原理都是一样的。

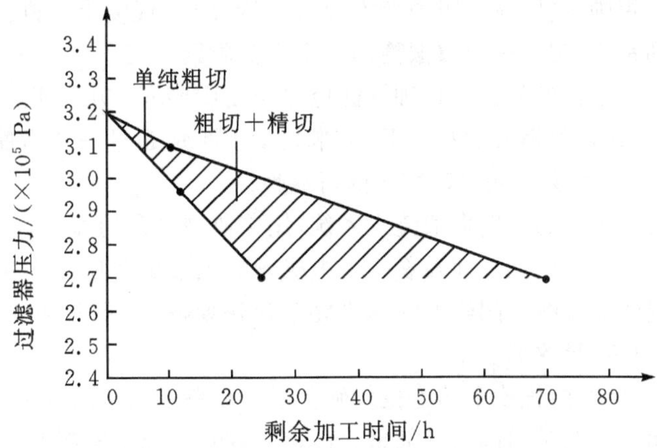

图 3－4　过滤器中压力与剩余加工时间的关系

水的导电率要求小于 10 μs/cm，导电率的单位为西门子/米(s/m)，1 s/m ＝ 10000 μs/cm。

当水路中的传感器侦测出水的实际导电率大于该设定值时，机床自动打开离子交换回路，水流经交换树脂变为导电率很低的高纯水与清洁水箱中的水混合使总的导电率下降，当到达设定值时，交换回路关闭。当树脂逐渐失去交换能力后，便不能使升高的导电率降低，这时就需要更换新的离子交换树脂。

离子交换树脂的使用寿命是有限的，例如 10L 某牌号的树脂可以维持 100h 的放电时间，使导电率稳定在 10μS/cm 以内。要提高树脂寿命，可以从这几个方面入手：

①进入离子交换回路的水必须是经过过滤的清洁水，如果因过滤器破损使大量脏水流经树脂筒，会使树脂表面迅速被污物包裹而失去交换能力。所以，过滤精度对树脂寿命也会有影响。另外，水流在流经树脂筒时，不应存在死区，能让所有的树脂都参与交换。

②保持电导率测头的清洁、使测量回路不受干扰，可以减少离子交换误动作的次数。因为，不必要的离子交换会导致制备多余的高纯水，而高纯水暴露在空气当中，容易让空气中的二氧化碳溶入，使导电率升高，无为地消耗树脂的交换能力。

③机床不工作时应关闭水循环回路，减少水与空气的接触和蒸发量。

④尽量采用蒸馏水或导电率小于 10 μs/cm 纯净水来补充水量的减少，不用机床上的交换装置来处理新增超标水量，以延长树脂寿命。

⑤要禁止盐类物质进入水系统，氯离子对交换树脂的活性来说是致命的。硬水地区绝不可将未经处理的自来水直接加入水箱。否则，为了处理新补充进来的自来水，就会使树脂中毒失效。

⑥封装的树脂被开启之后，最好一次用完。如果用不完也要妥善保管，保持湿润并与空气隔绝。一旦放干，树脂便失去离子交换的活性。

(3)压缩空气情况　有的机床设有很多用于执行顺序动作的气动元件，为保证动作到位，要控制进入系统的压缩空气的工作压力在机床要求的额定范围之内。工作中意外的气压跌落，都会导致停机，所以加工前要确认气源的状态。

(4)密封情况　新一代机床的浸液式工作液槽都有一个与下臂的机械动密封问题，在保证不泄漏或微泄漏的前提下，应尽可能减小动密封结合面上的摩擦阻力，对此进行定期的擦拭与保养是必不可少的。否则,会因摩擦阻力变大导致机床爬行,直接影响机床的重复定位精度。尤其是对于闭环驱动系统,爬行是导致振荡的一个主要原因。

(5)电极丝的情况,电极丝的机械物理性能应符合使用要求。从电极丝的外观上也可以判别其拉制质量:电极丝在自然垂放的状态下,每米长度上不应超过一个弯曲,弦高与弦长的比例为1:10,弯曲的半径太小会影响自动穿丝的可靠性。

有些机床需要将电极丝的长度数值键入系统,用来监视剩余的加工时间;当长度计数为零时,机床自动停止加工。所以,加工前要看一下电极丝的剩余长度是否够本次加工使用。

还要检查一下废丝的容纳空间够不够。当废丝箱快要满时,不断加工下来的废丝会无规律地乱跑,容易引起短路,导致加工中断。

在清理废丝时,一定要防止凌乱的电极丝触及电气设备上的接线端子,易引发人身安全事故。当机床背后空间狭小同时周围设备拥挤、且情况不明时,最好先断电、后清理。

3)环境因素

振动、热辐射、温度陡变都是影响加工的不良环境因素,事先必须予以消除。

另一个对数控系统影响比较大的因素就是机床接地的可靠性,如果不能确认,或者根本就没有独立的地线,机床运行时很可能出现诸如死机、轨迹错误、非法操作等致命错误。所以,当加工中时常出现原因不明的死机现象时应首先检查机床的接地可靠性。

3.2.2 加工参数设置与调整

1.偏移量的确定

由于电极丝的直径和放电间隙的存在,加工时电极丝的运动轨迹都必须偏离工件轮廓一定距离,才能保证加工结果符合设计要求。另外,模具加工需要在不同的模板上根据相同的轮廓加工出不同间隙的型腔,可以按理论轨迹编程、通过直接修改偏移量来满足这一要求。

对于高速走丝线切割加工来说,偏移量(编程时的补偿量)通常为电极丝的半径再加上0.1 mm的放电间隙,习惯上比较固定。放电间隙虽受加工规准、工作液状态以及工件材料等物理因素影响,但在编程时一般都不考虑,常设定为一个固定值。偏移量的更改主要是为了弥补较长时间加工后,正常损耗所导致丝径的减小。

对于低速走丝(含中走丝)线切割加工来说,加工规准、冲液状态、工件材料、多次切割时的预留量,以至放电时的热影响都会对偏移量的设置起作用。标准加工状态下的偏移量,在机床的使用手册中一般都有明确的数值,可以直接查询。表3-3是低速走丝电火花线切割机进行四次切割的偏移量,所用的黄铜丝直径为0.25 mm,工件材料为厚度50 mm的Cr12。

表3-3 是低速走丝电火花线切割机进行四次切割的偏移量

切割次数	偏移量/mm	加工余量+放电间隙/mm	蚀除量/mm	$Ra/\mu m$
1	0.242	0.117	0.342	2.0
2	0.172	0.052	0.065	1.5
3	0.147	0.022	0.030	1.0
4	0.137	0.012	0.010	0.6

需要指出的是,机床操作手册上的设定值只是一种参考值,并不能满足所有的加工需求、替代人们在工艺上的不断探索与创新。因为,有许多变动因素导致了实际加工结果与标准状

态不符：新旧机床在脉冲电源输出回路上不同的传输损耗；不同的工件材料及内应力分布引起的伺服状态改变；工作液电导率与冲液压力偏离校正状态；差异很大的几何形状；不同的电极丝质量、电极丝移动过程因摩擦阻力变化而导致张力的改变；诸如此类。

在多次切割中，最后一次修切决定了零件的表面粗糙度，而第二次切割则基本上决定了零件加工的尺寸大小，次后的修切对尺寸大小也有一些影响，但加工量甚微，这是设定多次切割中各挡加工余量的主要依据，也是平衡速度与质量要求的法码。

随着多次切割次数的增加、放电能量的逐级降低，在工件尺寸接近最终要求的同时，表面粗糙度也会明显地改善许多；如果表面质量变好了，尺寸精度反而变差的话，就要考虑加工余量留得是否合适。尤其是当工件厚度比较大时，精加工余量选择不当、前一次切割加工留下的形状误差偏大或是不均匀、甚至只有几个微米的差异，都会导致最终的尺寸精度恶化。规准越弱对加工余量的大小、分布的均匀程度越敏感。

所以，对重要的高大零件进行加工之前一定要确认各次切割中选用的偏移量是否合适，不单单是遵循使用说明书，一定要有经过验证的数据。否则，在实际的加工中很可能出现意想不到的问题，例如在工件表面上留下无法去除的深沟条纹或者母线的直线度不好，影响到最终的加工质量。

2. 对斜度加工的预先估计

有加工斜度要求的工件，其斜度大体上有两种，轮廓上的斜度和落料斜度。轮廓上的斜度是编程时按设计要求制定的，不论是在哪一次切割中时，其角度值都是一样，要求准确的程度比较高；而落料斜度可以是事先编入程序的，也可以是临时在机设定的，就像偏移量的设定一样，依照直壁轮廓给出一个固定的角度值，在每次的切割时，这一角度可以设置成相同的值，也可以是不同的值。

例如，在冲压模具加工时，使用同一个程序对凹模板上的刃口斜度和落料斜度选取不同的角度来进行加工，即采用双后角的结构形式是一种常用的工艺手法，其优点是既能满足刃口多次重磨的需要，又能保证废料顺序下落，使之不产生翻转、堵塞凹模，还增强了刃口的承载能力，延长模具使用寿命。

与直壁切割相比，斜度加工中对精度的影响因素增多了，如果事先对这些因素有充分的估计和采取相应的措施，对提高斜度加工的精度会很有帮助。

在高速走丝线切割的斜度加工中，电极丝在导轮 V 形槽上的切点是变化着的，如果控制软件没有对这种变化作出相应的补偿或者补偿不当的话，都会影响到最终的斜角精度，而且切割的斜度越大、加工误差也就越大。

配备带着随动连杆机构的线切割机床，在进行斜度加工时，不存在着上述电极丝在导轮上切点改变的问题。因此，更适合于大斜度的加工。但随着连杆机构中设置过多的活动关节和刚度不高的连杆机构会降低电极丝在加工过程中的重复精度。当关节处的运动副预紧不足或者预紧过度时，轮廓接刀处的加工误差会明显增大。

对低速走丝线切割加工来说，还有另外一些影响因素：

(1)冲液压力的大小会直接影响到丝的位置和切割效率。压力大了，有利于排屑、容易保持较高的切割效率。但垂直冲液产生的分力会把丝推向一侧，影响到后面修切时余量的均匀性，甚至有些表面修不出来；压力小了，供液不充分，很容易产生断丝，尤其是当切割斜度较大时。

通常，2°以内的斜度加工可以等同于直壁加工；大于2°时就必须兼顾加工效率与加工精度两方面的要求，在不影响精度和不断丝的前提下来设置压力。对于有随动连杆机构的机床来说，尽管加工中可以实现同轴冲液，但超过2°后水嘴与工件之间的密封状态便不能维持，高压冲液也就失去了意义。

在这方面，浸液式线切割机床要较冲液式机床的冲液状态好得多。表现为在同等压力条件下的粗加工没有水飞溅、不易断丝；精加工时可以使用更小的冲液压力来减少水流的干扰，尤其是对大厚度工件，避免这种干扰就能减少一个重要的不利因素。

对于冲液式机床在作斜度切割之前，如果不是将上下水嘴的流量分别调定好，使工作液均匀地包裹在丝的周围，就有可能在修切过程中让空气混人加工区域，使放电会变得不稳定，并伴有黄色火花和不连续的放电声响，影响工件的表面质量。

(2)上下导向器及其周围元件对斜度加工的影响。目前，多数机床上使用的是拉丝模状的园孔导向器，由宝石或金刚石制成，有两种不同的配合间隙，适用于不同的穿丝机构。

较小的径向间隙(约为0.002～0.005 mm)，称为封闭式导向器，其导向精度高，电极丝的尖端须经过热拉拔处理、缩径后方可通过，常用于高档线切割机产品。

较大的径向间隙(约为0.015～0.020 mm)，尽管都是孔状，却被称为开放式导向器。顾名思义，开发式导向器能让电极丝更顺利地通过，对电极丝的尖端要求也不高。但是，电极丝在穿过这种导向器之后并不是悬浮在孔的中央，而是被进电块或其他辅助导向元件抵向一侧，如V形导向器，有着同样的可靠定位。

进行直壁或2°以内的小角度加工，对导向器上孔的间隙、圆度、过度圆角以及在Z方向上与基准的位置偏差不是很敏感。当加工的斜度变大后，这些因素所产生的影响也就不容忽视。过大的磨损间隙和变差的孔型会直接影响加工后的尺寸精度；圆角上的磨损与导向器在Z方向上的安装误差会影响切割的角精度。

(3)在大斜度切割时，电极丝在导向器端部受到附加的弯曲应力作用，并随着角度的增加而加大，摩擦阻力也随之增加，使得电极丝的张力发生改变。一个明显的结果就是，工件表面上的条纹增多，看上去远不如直壁加工光滑。

为解决变角度加工中电极丝的张力总在变化、影响表面质量这一问题，一般要求当加工斜度大于2°时，粗切和精切必须采用相同的张力值。如果为了追求粗切时的大效率而采用减小张力的办法，在精切时再将张力值恢复到标准值，就有可能出现有些表面修不到的情况。所以，现在的许多新型线切割机床针对大斜度加工采用了变张力控制，张力调节可以随着切割角度的增大自动减小，从而使放电区域内的这段电极丝的张力始终保持恒定。

通常，机床的生产厂家不标明其产品在大斜度加工时的精度指标，部分原因也是出于多种因素的影响，在用户验收时，完全复现有一定困难，它存在着一定的离散性。

有数据表明，如果进行小于2°的斜度加工时，其角度偏差为±0.02°；加工30°以内的斜度时偏差将达到±0.08°以上。同时，表面粗糙度Ra值也会由0.4μm升至1.0μm，尺寸精度由±0.004变为±0.020。所以，作为使用者应该掌握自身机床在大斜度加工时的误差分布状态、敏感因素和补偿方法，才能加工出满意的零件。

3. 参数设定与调整

按机床说明书来设定、或由系统自动地生成加工参数是最为常见的加工前的参数输入方式。不仅如此，如果使用者能对一些重要参数的作用以及对其调节所能产生的影响有更多的认识，那么，工作的主动性就会得到进一步的发挥。

(1)电参数　单纯拿线切割机床和磨床来作个对比的话，显然对电参数的选择就如同磨削加工中的对砂轮材质、粒度和磨削用量的选择一样。由粗到精的整个放电加工过程，实质上就是对放电火花在时间和能量上进行配置，使之在工件的指定空间上产生所希望的有效去除，排除术语上的差异，体会其物理过程，将有助于加深对这一整套参数的认识。

在名目繁多的电参数中，有相当一部分电参数的作用是相似的，有的是为了增加某种特性而专门设置的特殊参数，这些参数也不一定在所有的机床上出现。电参数主要有如下几种。

①加工模式。由于在实际的粗、精加工中所用到的放电能量差异较大，电极丝上所加载的平均电流大到几十安培、小到几十毫安；所用的电极丝的直径，最细的为 $\phi0.03$ mm(截面 0.0007 mm^2)，最粗的电极丝有 $\phi0.33$ mm(截面积 0.085 mm^2)，截面积相差近 120 倍。为了使高频电源能满足这样大的输出跨度，有些机床采用加工模式作为一种特定的参数选择方式来规定加工类型，以满足粗、精甚至微细加工时功率输出的需要。

②放电电流。需根据工艺要求、工件材料、切割高度以及电极丝的类型、直径来决定该参数。该参数表征的是高频电源所能提供的最大电流，而不是实际要加工的电流。实际加工的放电电流在正常加工过程中是不允许改变的，改变放电电流会直接影响到工件的表面粗糙度和放电间隙的大小；放电电流值设定得越大，粗糙度和放电间隙也越大。频繁断丝时，降低放电电流能直接地起作用，但必须考虑会影响放电间隙大小以及降低切割速度，一般都是放在功率参数设定后来进行调整的。

③平均放电功率。由于放电蚀除量是 N 个有效的脉冲能量叠加的结果，平均放电功率主要由脉冲频率来决定，表示的是间隙上加载的能量的大小，对切割速度有直接的影响；平均功率越大，实际放电电流也越大，切割速度越快。大功率切割会产生较大的轮廓误差和较厚的热影响层，并增加了断丝的风险，尤其是当冲液条件不好的时候，或者是在进行斜度较大的切割时。粗加工中出现断丝，应先把功率值降低一两点，看看是否见效，这是最常用的对策，因为对平均功率参数的调节只是在加工速度与断丝两者之间作出平衡的选择，不会影响到最终的加工结果。

④空载百分率。在一个放电检测的周期内空载所占的百分比。改变其大小，会影响加工的稳定性和母线的直线度。

通常，粗加工时高速走丝机虽不允许有空载波形出现，但低速走丝线切割机的空载百分率可设定在 25%～30%；若过份减小，加工速度可能略有提升，但稳定性会降低，断丝的风险也会相应加大，同时轮廓精度会变差，对后续的多次切割不利。

精加工时，高速走丝机虽允许有一定的空载波形出现，但百分率很少；低速走丝线切割加工的空载百分率则较高，一般可设定在 40%～45%，以兼顾切割精度与效率。虽然，此时脉冲能量较粗加工时小很多，减小空载的比率也不会造成断丝，但会导致对粗加工后轮廓的修整不充分，使“误差复映”得不到很好地纠正，母线变凸。相反，如果一味地增加空载百分率，会更多地损失切割效率，母线反而变凹，同样影响精度，高速走丝线切割加工还易断丝。

在加工中，该项参数允许根据当前的放电状态和已知的加工结果在小范围内进行调整。尤其是在粗加工中，当放电不稳定时，适当增大空载百分率能明显地使加工变得稳定，切割速度反而会有所回升，同时降低了断丝发生的概率。

⑤恒定速度。设定加工时的进给速度为某一恒定值。类似于电火花磨削所中采用的固定

进给速度。不管有没有放电，进给都不受伺服检测的控制，始终以选定的速度前进，以适应弱规准下的修切需要，特别是对于那些大厚度工件，用弱规准加工时由于电极丝上分布的能量密度太小，会使伺服调节非常困难，导致进给速度极不均匀，甚至停在某一点上不走、持续放电，使工件报废。该参数对加工速度和母线形状都有影响。与空载百分率类似，进给速度过慢会损失效率，母线会变凹；反之，过快，会导致母线变凸。

⑥短路电流限制。粗加工时，瞬间的过大短路电流是造成断丝的主要原因。用大电流加工时，对有可能产生短路电流的参数需按预先设定值进行削减，防止断丝的发生。参数的取值越大对短路电流削减的幅度就越大，以确保加工过程不易断丝，此时切割速度也会降低很多。

为防止断丝，还有一种参数是用于对短路进行斩波处理，即：加工中出现了N个短路脉冲后自行削去后面的若干个，满足变截面加工时，对电流突变的适应。

⑦附加正极性电压。在间隙上叠加一个正极性的低压直流电源，获得类似于电解的某种效应，以提高细电极丝、小电流加工时的切割效率，降低硬质合金修切后的表面粗糙度值。

⑧脉冲宽度。决定单个脉冲能量，直接影响加工速度和表面粗糙度。在其他参数不变的情况下，脉宽越大，放电能量也越大，加工速度会有所加快，但断丝的可能性也会加大，粗糙度变差。在实际应用中，先是根据工件最终的要求来选择该项参数，加工过程中一般不作调整；减小每挡加工所对应的脉宽，对降低该挡的最终粗糙度影响不大，反而会影响加工效率。

⑨空载电压。根据不同的工件材料以及电极丝的类型来选择，对熔点高的难加工材料和使用带涂层的电极丝宜选择较高的空载电压。提升空载电压能使被加工材料和电极丝表面材料放电时的气化过程加剧、气化压力增高、放电间隙加大、促进排屑、提高加工速度，同时粗糙度会变大。降低空载电压尽管对减小粗糙度有利，但对加工稳定性不利，尤其是在弱规准的精修过程中，会导致加工短路、停顿，空走、不发生放电，使表面质量和尺寸精度恶化。所以，该项参数一般不作为加工时的可调节参量。

⑩伺服调节。根据间隙电压的检测值与设定的基准相对比，给出加工时的进给速度上限，用来决定放电跟踪的紧密程度。伺服调节的敏感程度会影响到切割速度、加工稳定性和母线的凸凹，过于敏感会导致加工表面条纹增多。由于该参数与其它参数在加工策略方面关联密切，在给用户的加工条件中的数值已经是经过大量测试、优化过的，一般无需加以改变。

加工时，由于放电力的作用，会使电极丝产生挠曲、滞后于前进方向。在进行直线和大曲率半径切割时，这种滞后现象带来的不利影响并不明显。当加工到有小圆弧的拐角处，这种滞后就会带来较大的拐角误差。凸出的尖角因丝的滞后被抹去，凹进去的内角得不到充分的放电而被让过，最终拐角处加工出的实际圆弧半径会比要求的大很多，而且不圆。粗加工中的切割速度越快，拐角误差就越大，误差复映也会影响到后面多次切割的精度和加工速度。

因此，随着高速切割指标的不断提升，当加工轮廓上存在着大量小圆角时（R＜3），拐角策略的作用就变得比较明显。其作用的实质就是减缓电极丝在拐角处的行进速度，把电极丝在放电力作用下产生的挠曲降低到最小程度，减小滞后量。

粗加工时，系统根据拐角处圆弧半径的大小，自动进行判别，减弱放电能量和冲液压力，以此降低电极丝在拐角处的行进速度和作用在电极丝上的放电力，使电极丝尽可能直地通过拐角，加工出接近理想的轮廓形状，并使精加工的余量均匀。

在修切加工中，同样是以降低拐角处的加工速度为主要策略，并辅之以反方向上的轮廓修切，抵消滞后的作用方向。还可以对拐角反复修磨直至放电空载率达到一定比例后，再进入下一程序段进行加工，这取决于所依赖的工艺模型和机床的重复定位精度。

拐角策略是从大量试验数据中得出的一种经验方法，并被固化在控制软件中，所以可以直接调用。加工中如果试图调整拐角策略参数，也仅仅是为了修正状态的偏移。

在含有大量小圆弧轮廓的加工中，适当的加工速度是保证拐角精度的首要措施，即便在所使用的机床上没有拐角策略，或者感觉其效果并不理想，也可以通过改变编程方法、调整其他参数来达到同样的目的，尽管没有直接调用拐角策略来得方便、快捷。

通常，加工中选取的拐角策略越强，圆角精度越高，加工速度降低得就越多，这取决于使用者所强调的方面。在关注拐角精度的同时，不要忽略对加工出的母线直线度结果的核对。

(2)电极丝的参数　电极丝的基本参数有电极丝的类型、直径和长度，设定参数包括电极丝的张力和丝速。基本参数由加工要求决定，设定参数由选择的加工条件决定。

①电极丝的张力。电极丝的张力设定范围为 1～30 N，取决于电极丝的材质和直径以及对拐角精度的要求。在同样的放电条件下，增加张力值对提高加工精度有利，尤其是对于切割厚度较大的工件，较大的张力值是获得较好母线直线度和拐角精度的基本条件。

加大张力的负面影响是容易引起断丝。高速切割后的电极丝，在其表面上可以明显地看到布满的坑穴，直径方向上的损耗高达 1/4，抗拉强度被大幅削弱。因此，在一些精度要求不高的加工场合，如果追求更高的加工速度又不至于引起频繁的断丝，可以适当地降低丝的张力。

在粗、精加工过程中，要交替地使用不同的张力值，应注意由此带来的电极丝的空间位置的改变，为保证后面多次切割余量的均匀，最好增加一次不改变偏移量的粗修切，并采用较大的空载百分率，以减小误差复映对后面精加工的影响。斜度切割时，应始终采用同一张力值，避免因张力的改变造成角度的变化，使有些面修切不到。

②电极丝移动速度。高速走丝线切割加工时，电极丝移动对于工作液进人间隙、促进排屑、带走热量、消除电离以及减少断丝起着至关重要的作用。由于电极丝是往复使用的，移动速度的高低都不会引起电极丝消耗增大的问题。

在低速走丝线切割加工时，操作者为了减少电极丝的消耗，常常要根据所使用的电极丝直径和工件的加工高度，在保证母线精度和不断丝的情况下，调整适当的电极丝移动速度，而不是完全依照参数表来设定。这种调整必须是经过加工验证过的，否则会因走丝速度低、损耗过大而导致产生加工斜度或者频繁断丝。

③电极丝材质与丝径。因镀锌层电极丝表面材料的气化作用有利于排屑，所以在较低的电极丝移动速度下运行，也不易断丝，并能获得较高的表面质量。在实际生产中，要比较电极丝的价格和单位时间内电极丝的消耗量，并与电源的适配程度以及要求获得的精度联系起来，把握好性价比，合理地选型。

直径为 0.05 mm 及以下的电极丝，通常是钨丝和钼丝，以保证运行时必要的抗拉强度，用于有特殊小圆角要求的轮廓的加工，例如：$R0.02$ mm～$R0.05$ mm。除使用极其微弱的放电规准外，张力和速度必须追求十分稳定。

在高速走丝线切割机床上使用这样的微细电极丝，必须保证每个导轮运转时的正反向阻力矩相等、且比较小。细丝的路径越短越好；上丝时预紧的张力应十分均匀；换向延时适当加长以减少换向冲击；丝速可降到使用粗丝时的 1/2，甚至更低。因为，用这种细丝加工的工件，厚度都不会太大；如果切割厚度超过 10mm，结果也不会太好。

在低速走丝线切割机上选用微细电极丝时，所有与电极丝接触的环节都必须确认是适宜的。否则，设定好的丝速和张力一定会与实际值之间存在不小的差异，尤其是在不经常使用细电极丝的情况下，变换使用细电极丝，易引起加工断丝，最好用张力计事先校核后再加工。为使用细电极丝，所有传送导向零件都需要更换和保养，这会增加成本，事先要有所考虑。

(3)冲液参数　高速走丝线切割机床所用的线切割工作液，基本上靠配比调定，使用中无须加压，完全可以由电极丝带入间隙，最多分别对上下喷水嘴的流量作一点非量化的调整，操作很简单。

大多数低速走丝线切割机床使用纯净的水作为介质。上下冲液的压力和流量，浸液或非浸液式加工方式的选择以及水的电导率参数的设定，对加工速度、避免断丝和最后的加工精度有着至关重要的影响。

对于不断创纪录的高速切割来说，冲液压力的大小与稳定性几乎起着决定性的作用。大电流加工时，切缝中的电极丝几乎是处在断丝的临界状态，电极丝上受到的热轰击与包围它的冷却介质一旦有瞬间的失衡，必然会导致断丝。一些新推出的机床已将最大的冲液压力提高到 2.2 MPa 以上，其目的就是为了克服介质的延程压力损失、加大通过间隙的有效流量、使更大的放电能量能够加载到电极丝上。对于大厚度切割，更要强调上下喷嘴的指向性，使之有更好的液流导向。

另外，精加工时，尽可能减小冲液及其对电极丝产生的扰动，在冲液压力仅为 0.025 MPa 时，也能保持液流的稳定和对电极丝的包裹。

通常，为适应各种加工需要，有以下几种不同的冲液方式：

①两喷水嘴按同一设定的压力值来进行冲液，常用于上下表面平行的工件的切割。

②分别设定上下喷水嘴不同的冲液压力，以适应无法满足冲液密封条件下的工件切割。

③上冲液、下抽液，以此来减小冲液及其对电极的扰动，有利于放电蚀除物迅速排除出加工区域，保持液槽内介质尤其是下喷水嘴处电导率的稳定，常用于一次切割成型、工件下表面凹进或为斜面，具有兼顾加工速度和精度质量的特点，前提是须在浸液式加工条件下进行。

④根据切割断面的变化以及拐角策略的安排，配合高频电源和伺服进给，进行冲液压力的自适应调节。

⑤在较低的冲液压力下，分别调定上下喷水嘴的流量，使水柱平稳地包裹着丝，满足修切、尤其是在非浸液条件下进行大厚度修切时对水流稳定性的要求。

⑥由于过滤器堵塞，清洁水供应不足，系统自动减小冲液压力和放电能量，降低加工所需的流量，使切割不会因总的水量不够而中断，特别是在无人加工条件下。

(4)浸液与非浸液式加工　浸液式加工具有放电稳定、不易断丝、切割效率高、精度一致性好以及无溅射等优点，是非常适宜低速走丝线切割机床的一种加工方式。当机床具有了这种功能，就应该充分加以利用。除非在一些特殊的情况下，需关掉此项功能，改为非浸液式加工。比如：

①加工非常细小的多孔型腔时，单个型腔的加工时间非常短暂，自动穿丝无法准确地实施，经常需要人来干预；工件非常重要、任何一个操作都不能有失误、需要实时地观察。总之，在门总是需要敞开着的场合下，不能使用浸液式加工。

②利用工装进行批量零件的单工序加工，由于放电时间短暂，为缩短辅助时间和工件装卸方便。

③利用特殊附件进行加工，附件不能被水浸泡。

④工件超长，工作液槽门无法关闭。

⑤工作液箱的水位过低，不能维持浸液式加工所需要的最小水量，又来不及补充，只好作非浸液式的加工。

(5)电导率设定　低速走丝线切割加工所用去离子水的电导率高低，直接影响到放电间隙和表面粗糙度的大小，通常设定在 1 μs/cm～15 μs/cm 范围内；电极丝越细，选择使用的电导率越低；电导率越低，放电对工件的电解腐蚀作用就越小。使用 ϕ0.03 mm 的电极丝需将电导率设定在 1 μs/cm，而使用 ϕ0.25 mm 的电极丝时，设定在 10 μs/cm 即可。电导率设定的数值越低，离子交换树脂的寿命就越短，维持成本就越高。

通常，将电导率检测点设置在冲液回路上，以便能够准确地反映出介质的当前测量值。除此之外，浸液式机床液槽中水的电导率也受到监控，对于一些机床来说，当检测到的电导率大于 25 μs/cm，并工作超过 30 min 后，系统报警，自动中止加工，以保证尺寸的一致。

4. 用试切方法验证所设置的参数

当所有的参数设定好后，便可以加工了。对于没有把握的参数设置或重要的工件，可事先切割一个小的试件来确认机床的工作状态和设定的参数，是常用的验证方法。

试件的材料最好与工件相同，甚至可以直接在工件将要被切掉的部分上进行试切。

试件的形状取决于测量手段和加工中重点关注的方面。例如，加工模板上的型腔，先在板上找一个定位销孔来试切，用内径千分尺进行在机测量；参数经核实或修改后，就可以将所有型腔加工完成。

又如，凸模加工之前，先切一个四方形，考察一下偏移量、母线直线度、圆角误差、表面质量以及必要的修切次数。尽可能不要用圆柱形作为切割试件。因为材料的变形、非最佳设定状态、断口预留弧长以及直径大小等选择都会使测量结果的离散程度加大，不利于找出正确的补偿值。由于圆加工不是电火花线切割的特长，最容易暴露出系统的缺陷，是一种较为苛刻检查图形，如果要用的话，最好是选择圆孔而不是圆柱来加工；用圆度仪而不是用两点式的测量工具千分尺或工具显微镜来对圆度进行评价，其目的是为了避免非机床因素最终对判别数据的影响。

试件的尺寸与工件的厚度有关。尺寸过小，会带来其他的误差，影响判别；尺寸过大，又会导致试件加工时间过长，耽误时间。对于 30 mm 厚的工件来用 5 mm×5 mm 的方形试件，这样的长径比就比较合适。对从未加工过的特殊工件，需要针对特点来选择试件的大小和工艺，为了避免变形，不一定要割下来，能够切出所要验证的形状并且容易测量即可。

试件的加工记录要注意保留和总结，有了一定的积累后，便可以归纳出一些经验数据，在实际工作中直接应用，减少大量的重复性劳动和人员变更所带来的知识中断，实现稳定生产。

3.2.3　大厚工件稳定切割注意事项

由前分析可知，当工件厚度大于 200 mm 时，由压差流动产生的流量微乎其微，此时切缝中的工作液主要是由剪切流动产生的，随着工件厚度增加，切缝的侧向泄漏量逐步增大，而蚀除的金属量却有所增加，因此工作液中电蚀产物的浓度相应上升。当工作液中电蚀产物的浓度大于某一值时，加工将无法继续进行下去。为了使加工能稳定进行下去，即必须增大剪切流动的流量。增加剪切流动的流量的途径有两个：①增大电极丝的运动速度；②改变切缝的几何尺寸。

1. 高速走丝工艺适于大厚度切割

高速走丝线切割机的电极丝移动速度快，有助手把工作液带入加工区，也可以将工作液连同电蚀产物一起带出加工区，因此适用于大厚度切割。目前已有切割 1000 mm 超大厚度工件的专用线切割机挤入市场，并在实践中发挥作用。

在高速走丝情况下，适度增加工作液的浓度和黏度，有助于强化工作液剪切流动的作用，以提高切割加工的稳定性。

2. 适当提高电极丝的移动速度

剪切流动的流量正比于电极丝的移动速度，因而适当提高电极丝的移动速度(走丝速度)对于增大工作液的流量，改善排屑条件是十分有利的。

高速走丝的电极丝移动速度一般为 2～7 m/s，如适当提高到 10～11 m/s，则有利于排屑及提高加工的稳定性。但过高的走丝速度不仅会使电极丝振动增大，影响加工精度，而且还会因频繁往返运动使换向断电时间相对加工时间的比值增大，影响切割效率。

低速走丝线切割机在切割大厚度工件时，走丝速度也需增大，通常要增大到 8～10 m/min，过高的走丝速度会增大电极丝的消耗，增加生产成本。

3. 扩大放电间隙与切缝

放电间隙与切缝大小与剪切流量密切有关，而且几乎与它们的尺寸大小平方值呈正比。因而在切割大厚度工件时，必须设法将放电间隙及切缝扩大。常用的方法主要有以下几种。

(1)选用较杞的电极丝　高速走丝选用 ϕ0.18～ϕ0.22 mm 的电极丝，低速走丝选用中 ϕ0.30～ϕ0.35 mm 的电极丝。

(2)增大脉冲放电的能量。增大脉冲电流幅值和脉冲放电持续时间(脉宽)都可以增大脉冲放电的能量。较大脉冲能量放电不仅爆炸力大，迫使电极丝振动而扩大放电间隙；而且较大的脉冲放电能量会使蚀除微粒增大，从而也会扩大放电间隙。试验证明，在大厚度工件切割时如采用 $t_{on}=80\ \mu s$ 和 $I_m=60$ A 的脉冲，单边放电间隙可扩大到 0.04 mm，此刻，切割 1000 mm 厚的工件仍比较稳定。

(3)选用适于大厚度切割的工作液　普通工作液仅适于一般厚度工件切割，而不太适于大厚度工件切割。适于大厚度切割的工作液不仅洗涤性能好，而且放电间隙也大。如航天 502 皂化液就比较适合于大厚度工件切割。而且大厚度工件切割时的工作液浓度和教度一般都比较高。

3.3 组合体零件加工工艺设计

3.3.1 电极丝的空间形位变化

1. 形位变化理论计算

电火花线切割加工是用一根细长的柔性金属丝做工具电极。在高速走丝电火花线切割加工时，由于储丝筒及导轮的径向跳动和轴向窜动，必然会引起电极丝的振动，而且加工时的放电力还会将电极丝推离放电区，使电极丝向后(沿进给的反方向)弯曲并产生一定的挠度。在极限的挠度条件下，可以把这一动态过程看成是静态的变化，其弯曲部分近似为一段弧线，即放电点实际上已偏离理论切割轨迹线一个 Δy 距离，加上这个挠度变化还会改变导轮实际支点变化（电极丝弧线与导轮的切点并不在导轮中心线水平面上），这就需要研究其放电点究竟偏离轨迹线多少，如何稳定电极丝的形位变化，使先后二次加工的加工轨迹线能基本重合。

（1）电极丝形位变化方程　在电火花线切割加工之前的静止状态，电极丝是以上、下两个导轮外沿支点（切点）相连的一条直线。但在加工时，由于放电力的作用和外界的各种干扰，电极丝的空间位置必然会发生变化：一方面在放电力的作用下被推离放电区而弯曲；另一方面还会发生波动（振动所引起），并满足下述振动方程：

$$\rho\frac{\partial^2 y}{\partial t^2}-F\frac{\partial^2 y}{\partial x^2}+f(x,t)=0 \tag{3-1}$$

式中：ρ ——电极丝的密度；

F——电极丝的张力；

f ——电极丝的横向力。

在未切入工件之前，这种振动是可观的，其振幅有时要超过 1 mm。当电极丝切入工件之后，用闪光测频仪对切缝里的电极丝振动进行测试，发现放电干扰经过一次振动后振幅就大幅度衰减。因为加工时切缝中的工作液对振动有很强的阻尼作用，加上高速走丝往往采用过跟踪控制，允许它在加工过程出现一定的短路脉冲来抑制电极丝振动。故可以认为，在稳定切割的情况下，电极丝的振幅很小，对加工精度不会发生很大影响。这样，电极丝在放电力的作用下所发生的形位变化主要是弯曲。假设放电力 f 集中在放电区的中央，且无其他阻尼作用，则电极丝向外弯曲情况如图 3－5 所示。在极限挠度条件下，可以把该动态过程看成是静态的，弯曲部分近似为一段弧线，并可按式（3－2）来描述其挠度 y，即

$$y_1=\frac{f(L-H)}{2F}$$

$$y_1=\frac{fH}{4F}$$

$$y=y_1+y_2=\frac{2fL-fH}{4F} \tag{3-2}$$

式中：y ——挠度（cm）；

L ——电极丝的跨度（cm）；

H——工件厚度（cm）；

f ——放电力（N）；

F ——电极丝张力（N）。

（2）电极丝挠度大小　假设电极丝的张力为 3.43 N，放电力为 0.0019 N，工件厚度为 60 mm，电极丝上下支点间的跨距为 90 mm，根据式 3－2 可求得其挠度为 0.017 mm。在高速走丝情况下，电极丝的张力不是稳定不变的，而是与绕丝松紧程度及运丝过程阻力有关。按图 3－5所示方向切割时候，不仅电极丝跨距会增大，而且不利于电极丝收紧；如果按图 3－5 所示的相反方向切割，则不仅跨距会减小，而且有利于紧丝，结果必然会使挠度减小。这就是大家常说的 L_1 方向切割比 L_3 方向切割较稳定的原因所在。

2. 电极丝偏移量实验测定

在实际加工时，放电力并非集中在工件中间的某一点，而是均匀分布在整个厚度方向上，还应考虑到工作液的阻尼作用等。

(1)试验设备和条件：TP－25 高速走丝电火花线切割机，铝丝直径为 0.18 mm，工作液为 10％的皂化油乳液，工件材料为淬火的 Cr12。

(2)试验步骤

①先从 L_2 方向切割，以获得一个平行电极丝的基准面，如图 3－6 所示。

②在＋y＝2 mm 处，沿 L_3 方向切割 3 mm，突然切断电源后退出。

③在基准面的反面，＋y＝2.09 mm 处沿 L_1 方向将试样割下。

④所的的试样上，有一条反映挠度的痕迹，用 KEYENCE 高精度数字显微镜(型号：VH－8000)可进行观察和测量。

测量试样时，严格按图 3－6 设定的坐标系记录，两组试验的测试结果见表 3－4，试验时所用的实际参数见表 3－5。

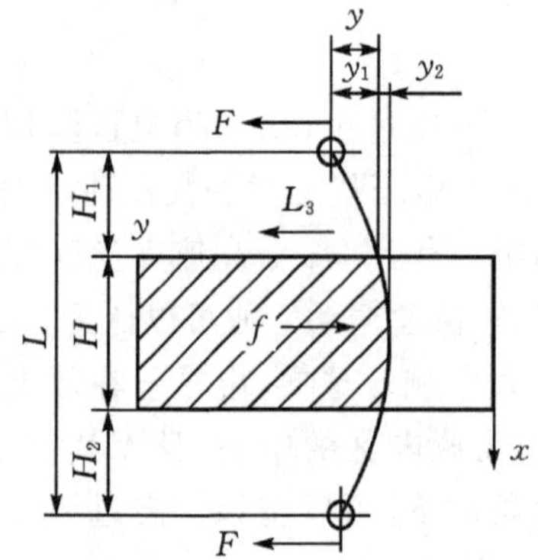

图 3－5　电极丝形位变化

Z
y
基准面
O
x

图 3－6　试验时的工件

表 3－4　挠度测量结果

测量点	切割长度 y/μm		测量点	切割长度 y/μm	
	试样 1	试样 2		试样 1	试样 2
X＝0 mm	2918.90	2920.81	X＝25 mm		2924.96
X＝2 mm	2919.31	2919.32	X＝30 mm	2915.11	2925.47
X＝4 mm	2919.26	2918.85	X＝35 mm	2915.11	2927.03
X＝6 mm	2918.63	2921.31	X＝40 mm	2914.95	2927.68
X＝8 mm	2918.75	2922.86	X ＝45 mm		2929.05
X＝10 mm	2916.95	2923.67	X＝48 mm		2930.59
X＝15 mm	2915.32	2924.20	X＝50 mm	2914.92	2931.25
X＝20 mm		2925.27	X＝55 mm	2914.80	
X＝60 mm	2914.85		X＝25 mm	2918.17	
X＝70 mm	2915.31		X＝30 mm	2919.11	
X＝80 mm	2915.62		X＝35 mm	43	49
X＝90 mm	2917.01		X＝40 mm	4.5	2.0

表 3-5　试验参数

参数	试样 1	试样 2
工件厚度 mm/H	100	50
电参数代码	1.1.1P	4.3.3P
上下导轮跨距 mm/	240	230
H_1/mm	70	120
H_2mm/	40	60

(3)试验结果及分析

①放电力所产生的电极丝挠度由 y_1 和 y_2 两部分组成，而 y_1 远远大于 y_2。挠度 y_1 大小基本满足式(3-2)。试验还表明，导轮支点离工件表面越大越远，挠度 y_1 越大。

②工件内部的挠度 y_2 一般只有 2～5 μm，而且主要集中在工件上下端面附近，工件内部变化甚微，接近于平直，在切割 400 mm 厚工件时，更能验证这个规则。

③放电力所产生的电极丝挠度，在切割直线时对加工精度并不影响，但在切割拐角处时就会产生"塌角"想象，影响加工精度。如图 3-7 所示，沿 L_3 方向切割到拐点后转入 L_4 方向切割，但在转变加工方向时，实际切割点并没有到达拐点，随着 L_4 方向的执行，便会在拐点附近形成“塌角”。

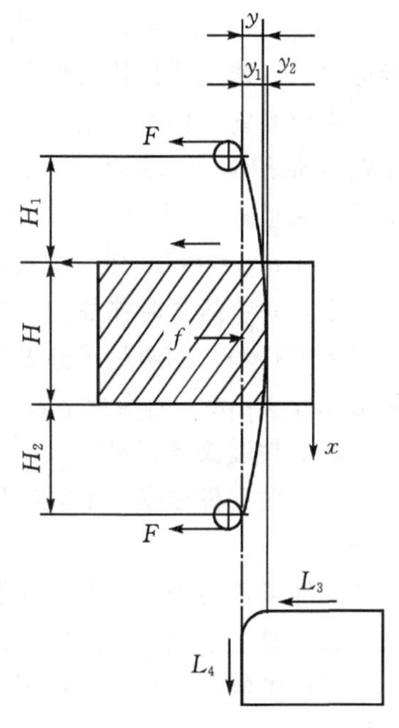

图 3-7　“塌角”形成

④工件上下端面离导轮支点(轴心线)距离不等时，工件上下端的偏移是不一样的。距离愈远，偏移量愈大，使电极丝在工件内部形成一定斜度，这样在拐角加工时，工件上下端会产生不同的误差。如果是切割圆柱体，也会导致两端尺寸不一。其离支点远的一端，所加工出的零件圆径会大于距离较近的一端。如 $H_1>H_2$，则工件上端尺寸大于下端尺寸。

3. 稳定电极丝形位的措施

为了提高线切割加工的稳定性和尺寸精度应根据电极丝形位变化规律，来稳定电极丝的空间位置，减少其形位变化，主要措施有：

①增大电极丝的张紧力，并使支点尽量靠近工件上下表面。在高速走丝电火花线切割加工时，由于没有张力控制装置，增加电极丝的张力通常是适当增加绕丝时的预紧力，并在切割过程中经常收紧电极丝，有人采用恒张力机构，均能获得一定的效果。实际上，尽力缩短导轮支点与工件表面之间的距离较为方便，并有明显的效果。

②采用红宝石挡丝装置，此方法可以限制电极丝向偏离导轮轴心方向抖动，还可以缩短支点与工件表面之间的实际距离，对稳定电极丝的空间位置有明显的作用。但由于红宝石在加工过程中磨损严重，使用寿命不长，所以难于推广。

③采用高耐磨性导向装置。作者为了稳定电极的形位，曾组织技术力量开发了高耐磨性导向装置，并获得专利保护(专利号:01253353.X)。该导向装置不仅用了金刚石取代上述的红宝石，延长了使用寿命，而且在结构上有自己的创新，有助于穿丝和工作液的喷入。导向器

的孔径与电极丝直径仅相差 0.01～0.02 mm，而且在装配调整时规定，当导向器中心与电极丝中心重合之后再往靠近导轮轴心移 0.02 mm，使电极丝处于导轮 V 形槽与导向器三点定位状态，实际效果甚好。

3.3.2 大厚工件线切割加工工艺

1. 加工前对机床精度进行检验和调整

加工超厚工件前，对于高速走丝电火花线切割机床工作台的位移精度和走丝系统的动态精度必须进行检验和调整。

工作台的位移精度是指工作台的灵敏度和位移的重复度。X、Y 坐标丝杠前、中、后、正向、反向用手转动时应轻松自如，不能有轻、有重、有松、有紧。两坐标全行程用 1 级直角尺、千分表来检测，都符合出厂指标。

用千分表检验工作台纵、横坐标空程，即一个坐标正向进给 50 个脉冲，千分表应指示 50μm。然后再反向进给 50 个脉冲，千分表指示应回到起始点。这里正反向位移空程应控制在 1～2 μm 之内，空程越小，位移精度就越高。决定这个指标的关键部分是丝杠副的间隙和步进电机变速过桥齿轮的啃合程度。

走丝系统。储丝筒正反向的径向跳动量不大于 0.01 mm。轴向窜动量不大于 0.03 mm。导轮 V 形槽面径向跳动量不大于 4～5μm。走丝机构传动的平稳性(在加工区上导轮，下导轮用千分表检查)不大于 4 μm。上述检查合格后绕上电极丝，调整电极丝垂直度，开机运转，丝速 8～11 m/ s，以 10 倍显微镜观察应看不出电极丝抖动或位移。

走丝系统运行时往往会带来机械振动，并会通过丝架的上下臂放大，使加工区的电极丝产生很大的抖动。用两只千分表分别顶在上丝架导轮处纵槽两面上，然后开机使电极丝运转，两表指示在 1 μm 之内为合格。

2. 工件装夹与调整

大厚度工件虽厚度很大，但尺寸一般都不太大，装夹时一定要注意稳定可靠，并保证满足下列要求：

①厚工件与坐标工作台的坐标的一致性。即工件上下面切割的进给速度应一致。

②调整上下线架的跨度。使上丝架靠近工件的上表面(相距 5～10mm)。

③调整电极丝与工作台面的垂直度。通常用适合于所需加工工件厚度的大型角尺或垂直度检验块来校正。

3. 参数选择

(1)电极丝选择

①材质。最好选用 W20Mo 铝合金电极丝，比纯铝丝使用效果好。

②丝径。0.16～0.22 mm。不宜太细，也不宜太粗。

③张力。8～10N，比普通厚度切割时高出 10%～20%，以减小放电时的电极丝空间形位变化。张力太大，不仅易断丝，还会降低导轮及轴承的使用寿命。

(2)乳化液工作液

①型号。选用适合于大厚工件切割的工作液。如航天 502－1 型、JR－4 乳化液。

②浓度。用水稀释成 15%左右的浓度，高速走丝电火花线切割时宜采用浓度大一点的工作液。

③喷液方式。采用共轴式螺旋喷嘴。使工作液喷成圆柱状包住电极丝，上下都设一个喷嘴。

(3)电参数

①脉冲电源开路电压应在 80～120 V 之间。电压太低，切割速度太慢；太高则令固乳化液介电强度低，造成击穿，电极丝易被烧断。此外，电压太低，放电间隙小，工作液进入切割区有困难，电压升高到 140 V 以上，放电间隙几乎不再增加，工作液进入切缝加工区和排屑作用并不能继续得到改善，因而有害无益。

②脉宽应在 45～80 μs 之间。脉冲能量太小，无法加工；太大，加工精度下降，粗糙度增大。脉宽间隔比可视加工电流大小而定。脉宽间隔比太大，切割速度下降；太小，容易引起微短路。

③脉冲峰值电流宜在 30～60 A 之间，加工电流 2～4 A，这时加工精度和粗糙度较为理想。

④进给速度用示波器观察，短路波形应大大多于空载波形，即加工波形最浓，短路波形次之，空载波形少见。在进行超大厚度工件切割时，因上下丝架跨距较大，极间短路时的铝丝压降往往会接近于放电时的极间压降，这给进给控制带来一定困难，需在加工时特别重视。

4. 工艺措施

①采用上下线架两点进电，并使进电点尽量靠近线切割加工区。以此来减小铝丝电阻及其在铝丝上的压降。

②选用较粗的电极丝，一方面可增大切缝宽度，另一方面还可以减小钼丝电阻及其短路时在铝丝上产生的压降。

③在伺服进给控制中，限制其短路回退，使其始终稳定在放电与短路状态，这样可以使高速走丝线切割机避免和减少大厚度切割时的断丝现象。

④在切割引入程序时(切入阶段)，应适当减小脉冲规准，加工电流及走丝速度。待切入工件内 2～5 mm 之后，再逐步增大脉冲能量和加工电流，同时提高走丝速度。

3.4　组合体零件加工编程方法

3.4.1　CAXA-XP 线切割自动编程方法

根据零件几何形状的复杂程度、程序的长短以及编程精度要求的不同，可采用不同的编程方法，主要有手工编程和计算机零件编程。

手工编织程序就是在图 3－7 所示的编程全过程中，全部或主要由人工进行。对于几何形状不太复杂的简单零件，所需的加工程序不多，坐标计算也较简单，出错的概率小，这时用手工编程就显得经济而且方便。因此，手工编程至今仍广泛地应用于简单的点位加工及直线与圆弧组成的轮廓加工中。但对于一些复杂零件，特别是具有非圆曲线、曲面的表面(如叶片、复杂模具)，或者零件的几何元素并不复杂，但程序量很大的零件(如复杂的箱体或一个零件上有千百个矩阵钻孔)，或者是需要进行复杂的工步与工艺处理的零件(如数控车削和加工中心机床的多工序集中加工)，由于这些零件的编程计算相当繁琐，程序量大，手工编程就很难胜任，即使能够编出，往往耗用时间长、效率低，而且出错概率高。因此，必须解决程序编程的自动化问题，即利用计算机进行辅助编程。

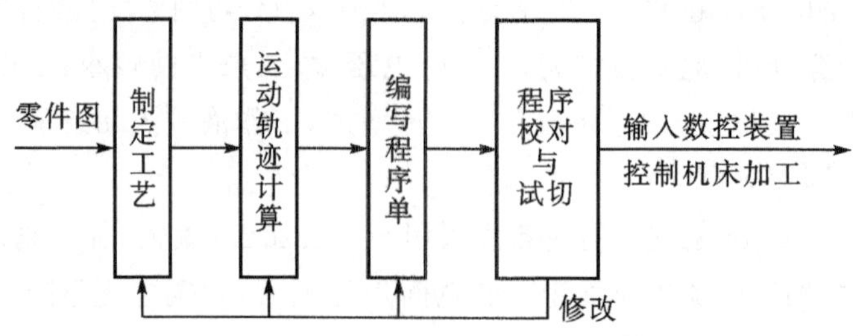

图 3-8　程序编制的一般过程

计算机零件编程常称自动编程。自动编程是借助于计算机及其编程软件的帮助来完成图 3-8 中的几乎全部编程内容。自动编程的方法很多，在生产实践中应用的不下百种，主要有 APT 语言编程、图形编程及语音编程等。高速走丝电火花线切割机所提供的自动编程方法一般为图形编程，我们应用了作图编程系统之后都会感到，计算机辅助编程可显著减轻劳动强度和缩短编程时间，使用也十分方便，而且零件越复杂、工艺过程越是多样繁琐，其技术经济效果也就越好。所以，目前自动编程技术已得到广泛应用。

3.4.2　组合体零件编制加工程序的注意事项

线切割加工的凸模与凹模，通常用线切割方法分别加工，但在组装时常常发生凸模与凹模配合十分困难，即使是凸模与凹模的配合间隙较大，凸模与凹模内之间的配合间隙也很难做到周围间隙均匀一致。出现这种现象并非是加工尺寸误差太大，而是忽略了必要的工艺措施解决如下问题：

①电火花线切割加工时，凸角的圆弧半径往往比凹角的半径小，因为凹模的清角最小 R 受到电极丝半径和单边放电间隙的约束，而凸模的清角小 R 可以做得很小。

②柔性电极丝受放电力的作用，实际位置一般都会迟后伺服进给位置，因而加工到拐角时会形成明显的塌角现象，如不采取相应的拐角加工技术，很难保证凸模和凹模的清角形状尺寸一致。

③如何保证凸模和凹模的位置一致，装配后能保证上模沿导柱上下平稳移动。

3.5　组合体零件编程与加工案例分析

在实际生产中经常碰到需要线切割多次切割的情况，如连续加工若干个孔类零件及类似冲压里面的冲孔落料零件。同一零件需要用线切割加工两次及以上，最好用跳步加工。跳步加工就是将多个切割加工编程一个程序，省去每次加工电极丝定位的过程，提高加工效率。

1. 实例描述

图 3-9 所示为一个同心圆零件，用线切割加工需要首先切割直径 15 mm 的孔，再在毛坯

上切割直径 30 mm 的圆盘。

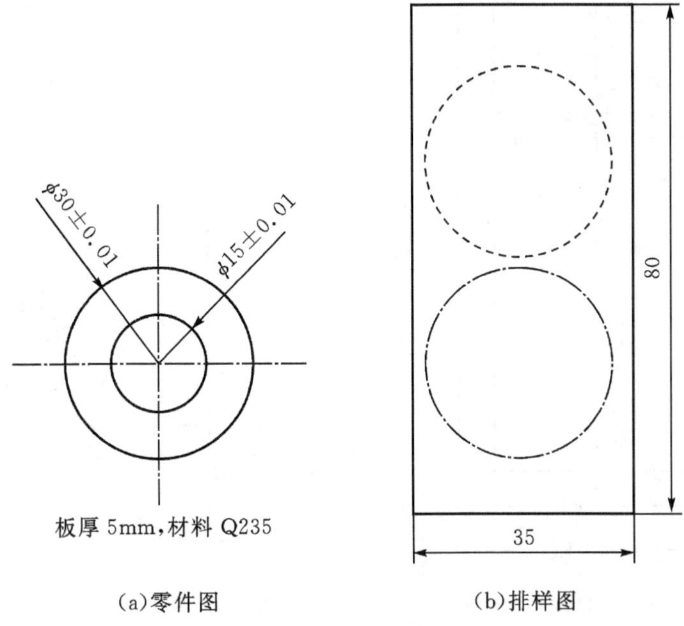

(a)零件图　　(b)排样图

图 3－9　同心圆零件

2. 加工分析

(1)加工轮廓位置确定　为了提高零件精度，在工件上钻穿丝孔。分析确定线切割加工轮廓同心圆在毛坯上的位置，如图 3－10 所示。穿丝孔分别为 A、D，起割点分别为 B、C。为了减少空切割行程，穿丝孔中心到起割点的距离为 4 mm。按照图 3－10 穿丝孔的位置设计图在坯料上画线，确定穿丝孔的 A、D 位置，然后用钻床或电火花打孔机打孔。打孔后应认真清理干净孔内的毛刺，避免加工时电极丝与毛刺接触短路，从而造成加工困难。

(2)绘制零件图　根据上面设计的加工轮廓在工件上的位置及穿丝孔的位置，画图并选定穿丝孔、起割点。圆心坐标(0,0)，直径分别为 15 mm，30 mm。编程时首先切割直径为 15 mm 的孔，输入穿丝孔 A 的坐标(0,3.5)，起割点坐标 B(0,7.5)，切割方向可以任意选，如果顺时针加工，则为右补。采用半径为 0.09 mm 的电极丝，通常单边放电间隙为 0.01 mm，因此补偿量为 0.1 mm。再选择加工直径为 30 mm 的圆盘，输入穿丝孔 D 的坐标(0,19)，输入起割点 C 的坐标(0,15)。在编程时，同一程序只能有一种刀补(G41、G42 只能一个)，由于前面直径 15 mm 的圆孔(凹形)选择右刀补，因此加工直径 30 mm 圆盘(凸形)时应该选择逆时针加工方向(右刀补)。

(3)装夹方法确定　此零件加工采用高速走丝机床在毛坯上切割同心圆，装夹时采用悬臂支撑装夹的方式来装夹。可用角尺放在工作台横梁边较简单校正工件即可，也可以用电极丝沿着工件边沿工件边缘移动，观察电极丝与工件的缝隙大小的变化来校正。装夹时应根据设计图 3－10 来进行装夹，不要将毛坯长为 35 mm 的边与机床 Y 轴平行(如果 35mm 的边与机床 Y 轴平行，编程时穿丝空及起割点的坐标 X、Y 应该互换)。

(4)生成加工轨迹，如图 3－11 所示。

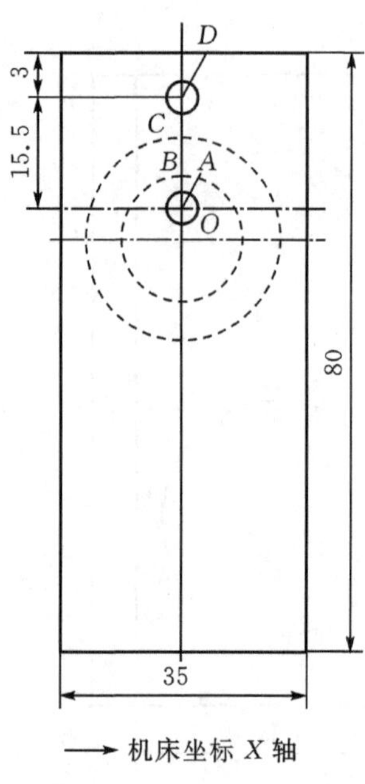

D
3
15.5
C
B
A
O
80
35
机床坐标 X 轴

图 3-10 轨迹位置设计图

y
O(0,0)
A(0,3.5)
B(0,7.5)
C(0,15)
D(0,19)
C
B
A
O
x

图 3-11 轨迹编程坐标

3. 主要知识点如下

完成此加工任务的过程为：工艺分析、工件穿丝孔、工件装夹校正、零件图形绘制（或读入）、生成加工路径、设置加工参数、生成加工程序、加工等。重点需要掌握的知识点有：

(1)电极丝的定位　编程时穿丝孔的位置与毛坯上打穿丝孔的位置需要匹配。

(2)跳步加工　生成路径、加工程序及加工时需特别注意。

4. 参考程序

```
N05  B0  B3900  B3900  GY  L2
N10  B0  B7400  B7400  GY  SR1
N15  B7400  B0  B22200  GX  SR4
N20  B0  B3900  B3900  GY  L4
N25  D
N30  B0  B15500  B15500  GY  L2
N35  D
N40  B0  B3900  B3900  GY  L4
N45  B0  B15100  B15100  GY  SR1
N50  B15100  B0  B45300  GX  SR4
N55  B0  B3900  B3900  GY  L2
N60  DD
```

3.6 知识拓展

3.6.1 影响表面精度的主要因素

电火花线切割加工的表面质量主要包括加工表面粗糙度、切割条纹及表面组织层变化层

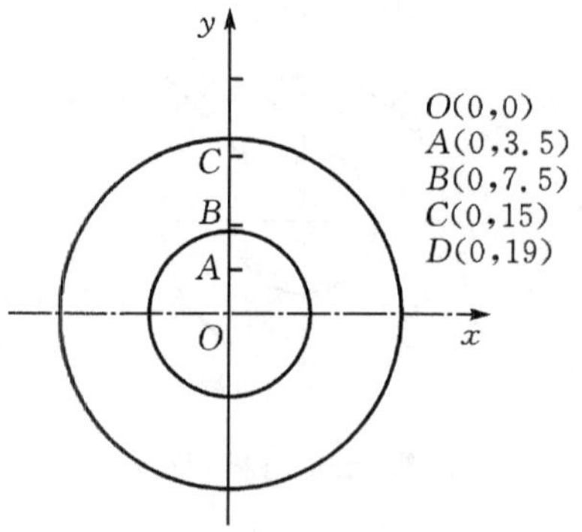

三部分。

1. 影响加工表面粗糙度的主要因素

电火花线切割加工表面是由无数的放电小凹坑组成的，因而无光泽，但润滑性和耐磨性一般都比机械加工同等级粗糙度的表面要好。影响加工表面粗糙度的因素固然很多，但主要是脉冲参数影响。此外，工件材料、工作液种类以及电极丝张紧力与移动速度等有一定影响。

(1)脉冲参数　脉冲参数对加工表面粗糙度 Ra 的影响如图 3-12～3-16 所示。由图可以看出，无论是增大脉冲峰值电流还是增加脉宽，都会因它增大了脉冲能量而使加工表面粗糙度 Ra 值增大。空载电压升高，由于电源内阻不变，脉冲峰值电流会随之增大，因而加工表面粗糙度 Ra 值也明显增大。电火花成型加工，一般都认为脉冲间隔的变化对加工表面粗糙度没有什么影响，但在电火花线切割加工时，脉冲间隔的影响则是不可忽略的。特别是在高速走丝或切割薄工件的情况下，这种变化还比较明显。

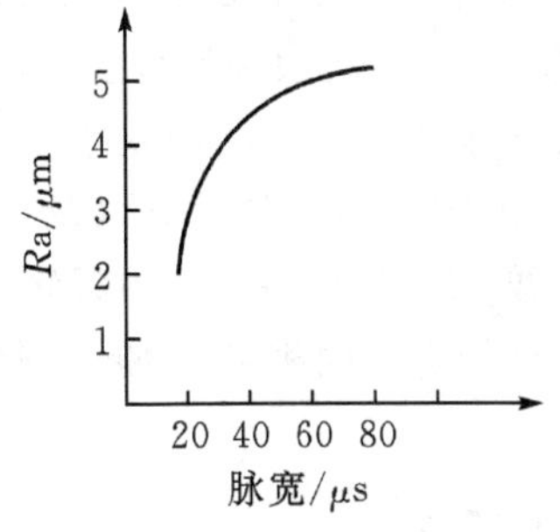

图 3-12　脉宽与表面粗糙度的关系

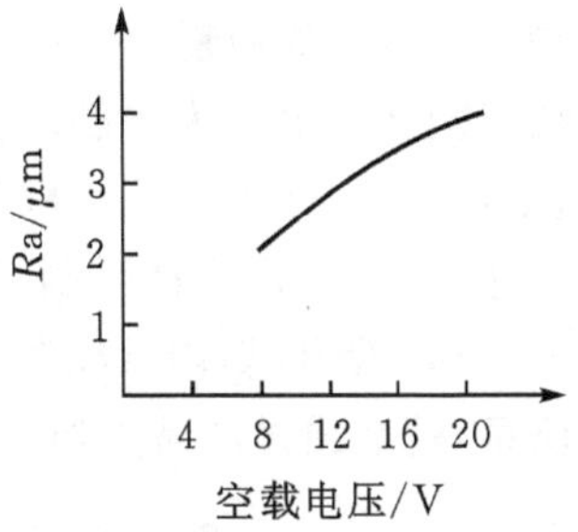

图 3-13　峰值电流与表面粗糙度的关系

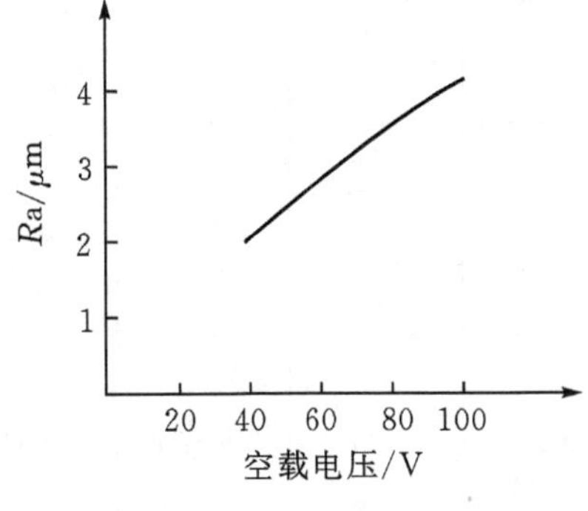

图 3-14　空载电压与表面粗糙度的关系

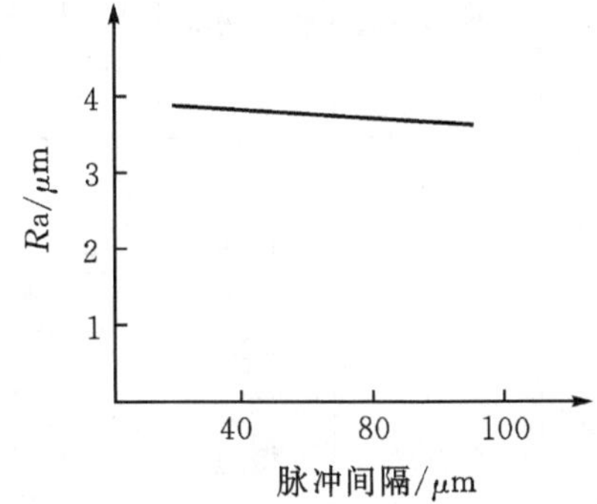

图 3-15　脉冲间隔与表面粗糙度的关系

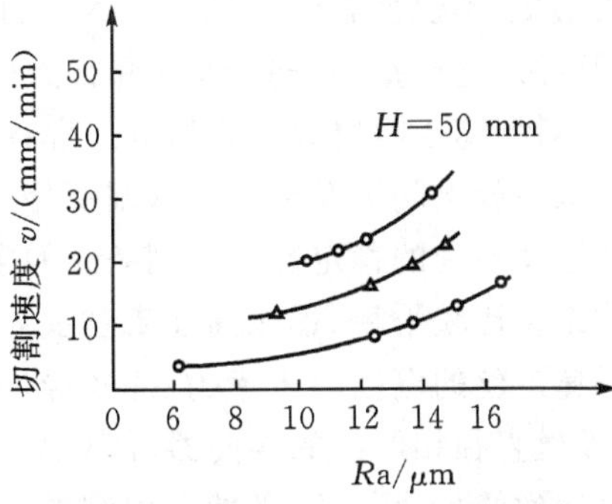

图 3-16　切割速度与表面粗糙关系

从图 2－34、图 2－35、图 3－12、图 3－13 还可以看出，增大峰值电流、脉宽等脉冲参数有利于切割速度的提高，也会使加工表面粗糙度 Ra 值增大，只是影响的程度不一样而已。图 3－13 是脉冲间隔与表面粗糙度的关系曲线，是用 ϕ0.20 mm 黄铜丝在低速走丝机上加工 SKD－11 钢所得到的试验曲线。

(2)工件材料　由于工件材料的热学性质不同，在相同的脉冲能量下加工的表面粗糙度是不一样的。加工高熔点材料(如硬质合金)，其加工表面粗糙度值就要比加工熔点低的材料(如铜、铝)要小。当然，切割速度也会下降，符合图 3－13 所示的关系。

(3)工作液　采用煤油作工作液时，切割速度低，但表面粗糙度较好；而用去离子水作工作液时，切割速度较高，而加工表面粗糙度 Ra 值也会相应增大。高速走丝电火花线切割加工常用皂化油乳化液作工作液，但种类型号不同，也会影响切割速度和表面粗糙度。

2. 影响切割条纹的主要因素

电火花线切割加工的表面，从微观来看是由无数个放电小凹坑叠加而成的表面，其放电凹坑的深度直接影响加工表面的粗糙度。电火花线切割加工表面还会呈现许多切割条纹。这在高速走丝电火花线切割加工中尤为明显。影响切割条纹深度与宽度的因素很多，包括脉冲参数、走丝方式及其稳定性、工件厚度及其材质的均匀性、工作液种类与成分以及进给控制方式等。表 3－6 是不同加工条件下的切割条纹最大深度，试验材料为 Cr12MoV，淬火硬度 60HRC。从表 3－6 可以看出，切割条纹深度要远远大于加工表面粗糙度 Ra，欲想提高电火花线切割加工表面质量，就必须设法减少切割条纹影响。

表 3－6　电火花线切割加工条纹

<table>
<tr><th rowspan="2">试件序号</th><th rowspan="2">设备型号</th><th rowspan="2">电极丝材料</th><th rowspan="2">走丝方式</th><th rowspan="2">走丝速度/(m/min)</th><th rowspan="2">加工电压/V</th><th rowspan="2">加工电流/A</th><th colspan="2">工作液</th><th rowspan="2">条纹最大深度/μm</th></tr>
<tr><th>种类</th><th>电阻率/(Ω·cm)</th></tr>
<tr><td>1</td><td rowspan="3">CKX－2(高速走丝)</td><td rowspan="3">钼丝</td><td rowspan="3">快速</td><td rowspan="3">500</td><td rowspan="3">75</td><td>1.7</td><td rowspan="3">DX－1</td><td rowspan="3">250</td><td>26.5</td></tr>
<tr><td>2</td><td>1.2</td><td>17.5</td></tr>
<tr><td>3</td><td>0.5</td><td>15.5</td></tr>
<tr><td>4</td><td rowspan="3">HC－6(低速走丝)</td><td rowspan="3">黄铜丝</td><td rowspan="3">慢速</td><td>4</td><td rowspan="3">60</td><td>5.5</td><td rowspan="3">去离子水</td><td rowspan="3">4×10^4</td><td>22.5</td></tr>
<tr><td>5</td><td>3</td><td>4.5</td><td>16.5</td></tr>
<tr><td>6</td><td>0.8</td><td>0.3</td><td>15.0</td></tr>
</table>

(1)脉冲参数　脉冲参数的改变，不仅会影响放电间隙大小，而且对电极丝振动也会有影响。降低脉冲电压或者减小单脉冲放电能量，有利于减小单面放电间隙及电极丝的振动振幅，也有利于减小切割条纹的深度。对低速走丝电火花线切割来说，由于运丝系统工作比较平稳，重要任务是设法稳定脉冲参数，减少放电间隙及电极丝振幅变化，以减小切割条纹深度。

(2)走丝方式　走丝方式及运丝系统的稳定性对切割条纹的影响十分显著。一般来说，低速走丝电火花线切割加工，运丝系统比较平稳，远比高速走丝要好，所产生的切割条纹也不明显，很难用肉眼观察到。提高低速走丝的电极丝张紧力、缩短导向器与工件之间的距离、降低电极丝移动速度以及选用与电极丝直径相匹配的导向器，都有助于电极丝运行稳定，减小条纹深度。高速走丝则不同，由于电极丝的高速移动，必然会引起的强烈振动，加上导向导轮不可避免地会产生径向跳动和轴向窜动。这些都会导致有规则的切割条纹的产生。实际上，电极丝在高速往返运动中，由于上下导向导轮的运动摩擦阻力不一，在切割加工时不仅会改变电极丝的张力，而且还会影响电极丝支点位置变化，使往返切割条纹十分明显。有人曾发现，用短钼丝加工可以改善表面切割条纹，其原理是每次电极丝换向移动时间间隔内实际切割长度控制在电极丝的半径范围之内。根据这一原理，采用短程往返走丝数字程序控制方法，效果十分明显。如果采用高耐磨性导向器，并使导向器尽量靠近工件，也能改善加工表面切割条纹，提高加工表面质量。

(3)工件厚度与材质　根据上面所述的切割条纹产生原因及改善办法不难理解：切割的工件厚度越小，或是导向器离工件越远，其切割条纹就越明显。此外，如果工件材料中含有不导电的杂质，也会迫使电极丝“绕道”而行，产生明显的条纹，严重时还会影响加工精度。

(4)工作液　工作液作为脉冲放电的介质，直接参与了放电加工的全过程，因此，对加工的工艺指标也是一个不可忽略的重要因素，能够应用于电火花线切割加工的工作液种类很多，不过目前用得最多的工作液是去离子水(通常用于慢速走丝线切割机)和乳化液(用于高速走丝线切割机)。特别是应用于高速走丝线切割机上的工作液，还找到数种添加成分，研制成各种型号的乳化剂，用于改善其加工性能，不同的工作液有不同的介电强度，而且黏度和洗涤性也不一样，其中乳化液还有一定的电化学作用。但不管使用何种工作液，在放电加工中，其作用是共同的，归纳起来大致有以下几种：

①在加工区起冷却作用，即对电极丝和工件进行冷却。

②压缩放电通道，以集中放电能量。

③在放电区即要有具有快速的击穿效果又必须具备消电离作用，快速恢复极间的绝缘状态。

④对放电产物的清除作用。

近年来，有几家企业开发生产了水溶性工作液，基本上不含油脂，加工速度快，加工表面洁白而没有黑白条纹，是一种环保型工作液，受到广大用户的关注和欢迎。

在同一加工条件下，使用不同的工作液不仅切割速度不同，而且加工表面切割条纹也相差较大。所以在实际应用中，需根据所加工的材料及厚度，合理选择合适的工作液以满足您的加工要求。

3. 影响加工表面组织变化层的主要因素

(1)加工表面层的组织变化　在电火花线切割加工过程中，由于脉冲放电时所产生的瞬时高温和工作液冷却作用，工件表面会发生组织变化，并可粗略地分为熔融凝固层(包括新粘附的松散层和急冷凝固层)、淬火层和热影响层三部分，如图 3 - 17 所示。用扫描镜的电子探针附件测试 Cr12 试样的电火花线切割熔化层可以观察到下部是试样材料的基体，上半部是熔融凝固层，有人也称白层。金相分析认为该层残留了大量的奥氏体。在用钼丝和乳化液时，光谱分析和电子探针分析结果都说明熔融凝固层内含有钼和碳的成分；如果使用铜丝和去离水，则发现熔融凝固层内铜成分增加，但无渗碳现象。熔融凝固层硬度较大，耐磨性好，但它与基体的结合力有所降低，这对于承受冲击力的冲裁模是不利的，好在电火花线切割精加工时，整个熔融凝固层很薄，对冲裁模的实际使用并无多大影响。

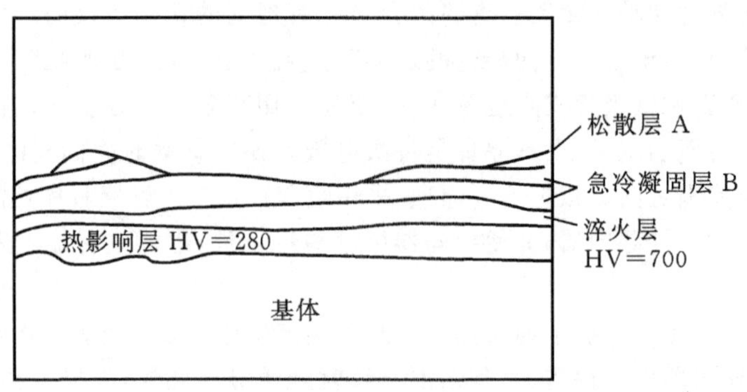

图 3-17 加工表面层变化断面图解

(2)变化层厚度 变化层厚度是指熔融凝固层的厚度。因放电的随机性较大，在同样的加工条件下，不同点的熔融凝固层的厚度明显不均匀。变化层的厚度主要与脉冲放电能量有关，大约为 Ra 的 10～15 倍。不同脉冲参数对熔化层厚度的影响见表 3-7。

表 3-7 不同脉冲参数对熔化层厚度的影响

试样	脉宽 $T_i/\mu s$	间隔 $T_0/\mu s$	工作液 L/A	切割速度 V_{wi} /($mm^2 m$)	熔化层			
					第一象限		第二象限	
					厚度/μm	Ra/μm	厚度/μm	Ra/μm
Cr12MoV	0.5	2	1.3	12	11.03	0.58	12.04	0.62
	2	8	2	23	13.12	1.08	14.05	1.12
	8	32	3.9	53	16.82	1.9	17.82	2.05
	16	64	6.1	143	28.01	3.8	29.12	4.05
CrWMn	0.5	2	1.3	11.5	12.14	0.57	13.12	0.621
	2	8	2	22	15.13	1.04	16.01	1.1
	8	32	3.9	51	17.81	1.85	18.05	2.01
	16	64	6.1	140	30.19	3.7	31.01	4.0
Cr12	0.5	2	1.3	13	10.05	0.59	12.04	0.627
	2	8	2	24	12.15	1.10	15.05	1.2
	8	32	3.9	55	20.1	1.95	18.3	2.2
	16	64	6.1	146	32.15	3.6	35.13	4.3

(3)显微硬度 电火花线切割加工的表面，由于急热急冷影响，有一定的淬火作用，应该是硬的，特别是熔融凝固层，都有比较高的硬度。但电火花线切割加工的工件，如冲裁模的凸模和凹模，都是在淬火之后进行加工，放电时的急热急冷很难达到淬火时所需的温度和保温时间，所以电火花线切割加工的表面硬度会有所下降，出现软化层，特别是用水质工作液进行电火花线切割加工时，这种现象更为明显。图 3-18 是电火花线切割加工表面显微硬度变化曲线，从中还可以看出，用煤油作工作液时，加工表面显微硬度还会有所增加。加工表面软化层深度一般只有十几微米，且与加工时的脉冲能量有关。如果是用较大的脉冲能量在水中进行

电火花线切割加工，它所产生的软化层影响是不可忽视的。有人曾分别用煤油和去离子水作工作液进行实验，发现用油加工的冲模的使用寿命比用水加工的冲模要高一倍。如果用精微规准进行加工，则不仅可以获得表面粗糙度值极小（$Ra \leqslant 0.1\ \mu m$）的镜面，而且软化层极薄，对模具使用寿命几乎无什么影响。电火花线切割加工获得的表面总体上是硬脆的，适于用超声波抛光等方法去除加工表面软化层，提高模具使用寿命。

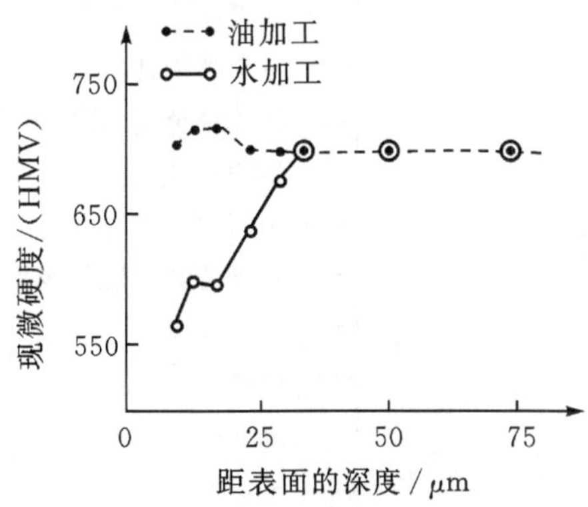

图 3－18　加工表面显微硬度变化

（4）显微裂纹与应力　电火花线切割加工表面由于受高温作用并在工作液中迅速冷却，一般都会产生拉应力，甚至出现显微裂纹。实验表明，一般显微裂纹仅在熔融凝固层出现，且脉冲能量越大或是工件材料越硬脆，越容易产生显微裂纹并出现某些空穴。

实验还表明，如果用脉冲能量很小的窄脉冲进行加工（加工表面粗糙度小于 $Ra1.25\ \mu m$）时，即使是加工含钴量少的硬质合金，也不会产生显微裂纹。为避免加工表面显微裂纹的产生，在切割硬脆材料时，应尽量选用窄脉冲精规准加工。

3.6.2　影响表面质量的主要因素

数控电火花线切割加工的加工精度包括加工尺寸精度、间距尺寸精度、定位精度和角部形状精度。影响电火花线切割加工精度的因素很多，它主要有脉冲参数、电极丝、工作液、工件、进给方式、机床精度及加工环境等，如图 3－19 所示。

1. 加工尺寸精度

影响电火花线切割加工尺寸误差的因素很多，主要有机床本身的制造精度、加工过程的放电间隙变化以及电极丝损耗等。下面我们将有重点地进行深入讨论。

（1）机床种类　目前，电火花线切割机床主要有高速走丝电火花线切割机床和低速走丝电火花线切割机床两大类。由于高速走丝电火花线切割机床在设计制造过程中，机床结构比较简单，而且高速走丝系统也容易产生振动和磨损，所以高速走丝电火花线切割的精度一般都比低速走丝电火花线切割机低。实际上，低速走丝电火花线切割机的结构和制造精度也各有不同，所能达到的加工尺寸精度差异较大。根据电火花线切割机床所能达到的加工尺寸精度不同，我们把全球的各种电火花线切割机床分为普通型、标准型、精密型和超精密型。

（2）放电间隙变化　在电火花线切割加工时，电极丝与工件之间存在一定的放电间隙，如果这个放电间隙是不变的，则可以在加工轨迹编程时进行补偿，以获得我们所需要的加工尺

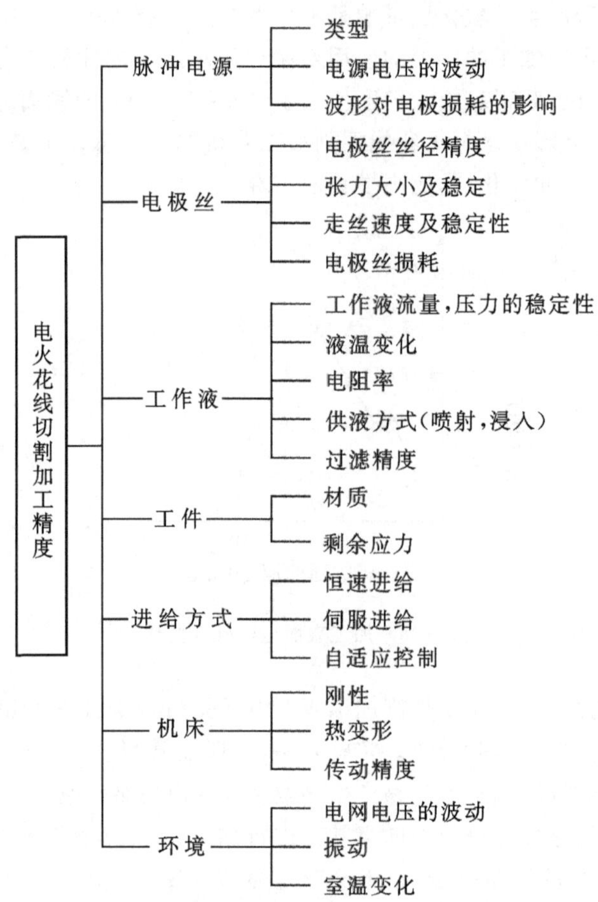

图 3-19　影响线切割精度的主要因素

寸。然而,放电间隙大小实际是变化的,并受极间脉冲电压、单个脉冲放电能量(脉宽与脉冲峰值电流)以及电极丝振动等机械因素影响,其关系式为:

$$\delta=\kappa_{n}\hat{u}_{i}-\kappa_{t}t^{-n}+\kappa_{R}W^{0.4}+A_{m} \tag{3-3}$$

在生产实践中,直接检测单向放电间隙 δ 变化比较困难,而是检测电火花线切割加工时的切缝宽度 b。

$$b=\phi d+2\delta \tag{3-4}$$

式中:b——切缝宽度(mm);

d——电极丝直径(mm);

δ——单向阀放电间隙(mm)。

式(3-4)中,电极丝直径 d 的丝径精度及损耗对切缝宽度和加工精度有直接影响。我们将在后面详细讨论。在这里,主要研究放电间隙变化对加工精度的影响。

①脉冲电源电压 U。由式(3-3)可知,脉冲电源电压愈高,极间空载电压也高,切缝就宽;空载电压降低,切缝宽度也随之降低,如图 3-20 所示。由此可知,电压的变化会影响切缝宽度变化,也影响加工尺寸精度。

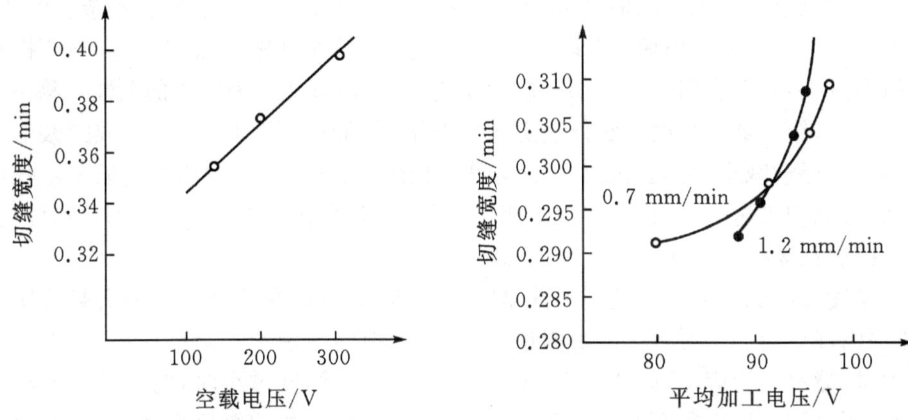

图 3-20　切缝宽度与空载电压的关系　　图 3-21　切缝宽度与加工电压的关系

②平均加工电压。极间平均电压升高也会导致切缝宽度的增加，如图 3-21 所示。图 3-21关系曲线的试验条件为：在低速走丝电火花线切割机上用 ϕ0.2 mm 的黄铜丝加工厚度为 10 mm 的 SKD-11 钢板，工作液为去离子水，电阻率为 $4\times10^4\ \Omega\cdot$cm，分别以 0.7 mm/min 和 1.2 mm/min 的进给速度恒速进给，脉冲的其他参数可调。从图 3-21 可以看出，极间平均电压对切缝宽度的影响是较大的。其变化量已接近 0.02 mm。

③单脉冲能量。随着单脉冲能量增加，放电间隙也会随之增大，切缝增宽。实验表明，增大脉宽或峰值电流都会增加脉冲能量，使切缝增大，但增加脉冲电流的影响要比增加脉宽更为明显。在高速走丝情况下，常用的脉冲峰值电流一般都小于 20 A，所以在编制程序时，常给予 0.01 mm 的放电间隙补偿；如果脉冲峰值电流增加到 50 A 以上，则实际放电间隙就不是 0.01 mm，而达到 0.02 mm 以上，甚至更大一点。低速走丝电火花线切割加工，所用的脉冲峰值电流较高，其放电间隙也比较大，一般也在 0.03 mm 以上。

④加工进给速度。图 3-22 是切缝宽度与加工进给速度的关系曲线。由图可知，进给速度快，切缝就窄；在伺服进给情况下，即使是进给速度发生较大的变化，其切缝宽度变化也只有 0.008 mm 左右。与恒速进给方式相比，伺服进给方式的切缝宽度变化比较小。所以，在电火花线切割加工时都采用伺服进给而不采用恒速进给，并在加工过程中尽量提高加工进给速度，以便在提高切割速度的同时能获得较好的加工精度。

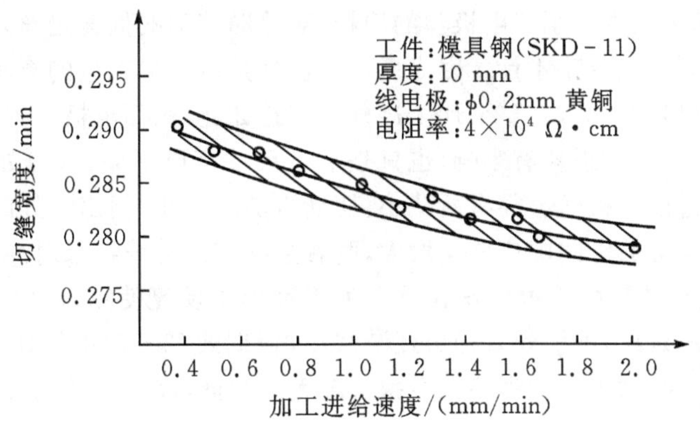

图 3-22　切缝宽度与加工进给速度的关系

⑤工作液的电阻率。工作液的电阻率大小反映工作液中含有带电粒子及杂质的浓度，直接影响工作液的介电强度。因而，工作液的电阻率越高，其切缝宽度就越窄，有利于提高加工精度。电阻率过大，不仅会因切缝太小而影响切割速度，而且还会因窄缝的电蚀产物不易排出而产生二次放电，影响加工精度。在低速走丝情况下，切缝中部明显扩大，形成腰鼓形。随着工作液电阻率的逐渐减小，切缝宽度将随之增大，如图 3－23 所示。过低的电阻率不仅使极间漏电流增加，影响切割速度，而且会使加工变得不稳定，无法满足加工精度和切割速度要求、电阻率一般都控制在 $3\times10^4\ \Omega\cdot cm\sim8\times10^4\ \Omega\cdot cm$。

⑥工件厚度与电极丝振动。随着工件厚度的增加，电极丝在放电过程中引起的振动将被抑制，切缝中电蚀产物的排屑将越来越困难，导致切逢中的电蚀产物浓度增加，二次放电的机率随之增大，切缝也会相应变宽，如图 3－24 所示。但工件厚度过小时，电极丝的振动得不到抑制，切缝反而会随工件变薄而变宽。在高速走丝时，薄工件的切缝反而宽，而厚度增加对排屑的影响也不像低速走丝时那样明显。即随着工件厚度增加，切缝宽度增加的情况不是特别明显，只是在工件厚度大幅度增加时，才能明显看出这种规律。

(3)影响加工尺寸精度的其他因素　除机床种类和放电间隙变化外，影响加工尺寸精度的主要因素还有电极丝的直径精度及损耗、工件材质及加工方法、环境温度及振动等。

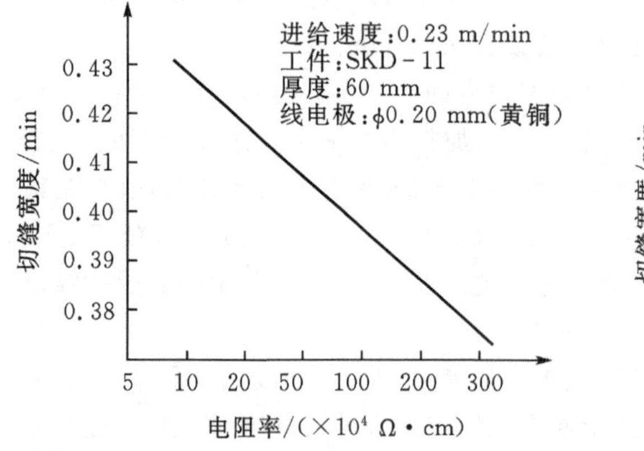

图 3－23　切缝宽度与工作液电阻率的关系

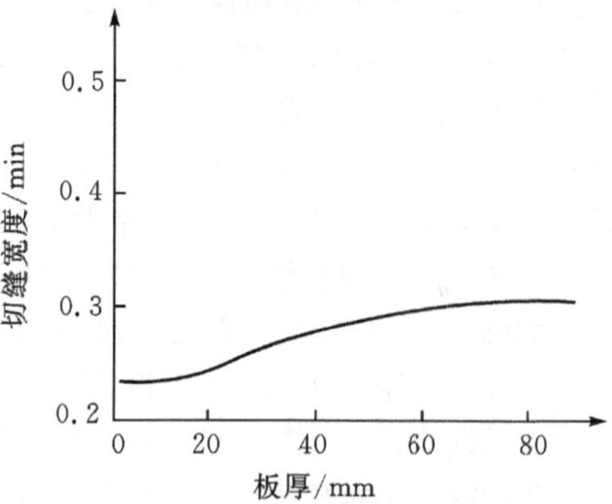

图 3－24　工件厚度与切缝的关系

①电极丝直径精度及损耗。据前面所述已明确指出：电极丝直径大小及其精度与切缝宽度直接有关。电极丝直径的变化必然会产生加工尺寸误差，电极丝直径增大，切缝变宽，工件的加工尺寸误差也随之增大。至于电极丝的埙耗，对单向移动的低速走丝来说，对加工尺寸精度影响并不明显，甚至可以忽略不计。因为低速走丝都是以未加工过的新丝进入加工区，而加工损耗后的电极丝移出加工区，在整个加工过程中都是如此，因而电极丝损耗不会明显影响加工尺寸误差。如果说电极丝损耗有影响，也只是上下尺寸有所不同，进口处新丝直径大，切缝也大；而出口处损耗过的电极丝直径有所减小，切缝也随之减小，但出口处的电蚀产物浓度大，二次放电概率增大，实际放电间隙应该会增大，两者之间相互补偿结果对加工尺寸误差就会不太明显。但高速走丝不同，由于电极丝在整个加工过程中反复使用，新电极丝刚使用时直径大，而随着加工时间的延续：电极丝直径会逐渐减小，根据式(3－4)可知切缝宽度是随加工时间的延长而逐渐减小的，加工尺寸误差也会越来越大。为此，高速走丝电火花线切割要特别注意电极损耗问题。

②工件材质及加工方法。在相同的加工条件下，同一种材料的切缝宽度应该是一样的，但

材质不均，特别是淬火后的工件材料，都会存在一定的内应力，加工时内应力释放会严重影响加工尺寸误差。电火花线切割加工时，除注意工件材料淬火均匀外，还要注意加工方法。如尽量采用穿丝孔起步，让工件四周材料相互连接制约；或是正确设定切割方向和路线，让需加工的零件固定连接在装夹座上，防止应力释放时引起加工零件的空间位置变化。

③环境条件。影响加工精度的环境条件主要是室温和振动。有的专家曾进行深人研究，发现室温变化 1 ℃，中型机床在全行程范围内可产生 0.001 mm 的偏差；而环境存在振动源，也会使电极丝(工具)与工件的相对位置变化。因此，在精密加工时，应设法使环境温度恒定，并与周围的振源隔离。

2. 加工形位精度

电火花线切割加工的形位精度包括平直度、棱角圆弧半径、间距精度和定位精度等。

(1)平直度　所谓平直度是指沿工件高度方向的上、中、下各处的尺寸误差。主要与走丝方式、电极丝张力、支点位置及工件厚度等因素有关。

①走丝方式。电火花线切割加工的走丝方式不同，其切缝的剖面形状也会有所不同，如图 3-25 所示。低速走丝时腰鼓形的切缝，一方面是由于放电力作用下产生振动，另一方面是切缝放电区电蚀产物存在引起二次放电。提高走丝速度和增加电极丝的张力，有助于电蚀产物的排出和减小电极丝的振幅，都能减小平直度误差。高速走丝排屑条件好，而工作液的黏度又比较高。可以抑制电极丝的振动，所以中间一段不会出现“腰鼓形”。但高速走丝的电极丝振幅主要来自导丝系统，工件上下两端振幅较大，所以切缝剖面呈现“枕形”。提高电极丝的张紧力可以减小平直度误差，但在高速走丝情况下提高走丝速度仅在超薄工件切割时才有明显效果。

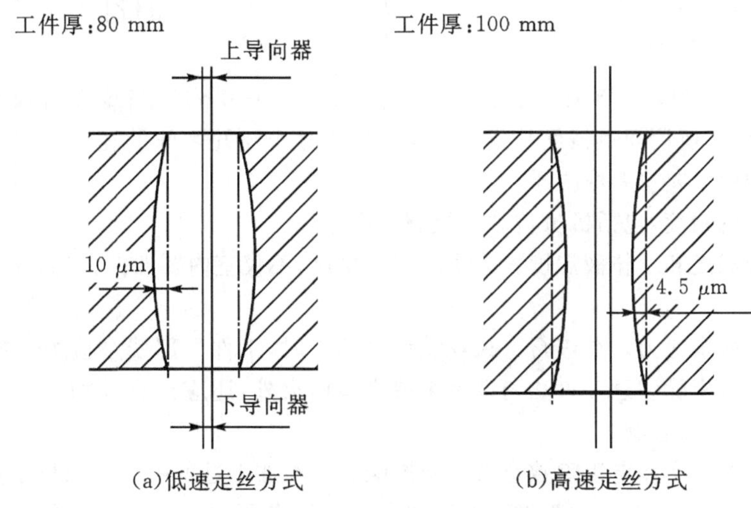

(a)低速走丝方式　　(b)高速走丝方式

图 3-25　不同走丝方式下的切缝剖面形状

②导向支点位置。导向支点越靠近工件上下端面，越有助于减小平直度误差。如果上下支点跨距较大，而工件仅仅靠近下支点，则会使上端的切缝宽度大于下端；如果是靠近上支点，则切缝下端的缝宽又会比上端大，同样会出现较大的平直度误差。

③工件厚度。随着工件厚度的增加，电火花线切割加工时的进给速度相应降低，这样，放

电区内产生二次放电的机会将随之增多，从而增加平直度误差。如图 3-26 所示。但在切割薄工件时，这种随工件厚度而变化的关系就不太明显。由于高速走丝时排屑条件较好，工件厚度对平直度影响不如低速走丝时那样明显。

(2)棱角形状精度　由于电极丝半径和放电间隙的存在，要在凹模上加工出一个清角是不可能的，不考虑其他因素影响情况下，也会形成一个小圆角，小圆角半径 r：

$$r=\frac{d}{2}+\delta \tag{3-5}$$

实际上，电火花线切割加工时由于放电力的作用而产生的电极丝(放电点)滞后现象对小圆角影响远远要超过电极丝半径和放电间隙的影响。如图 3-27 所示，当加工过程沿 L_2 方向进给到拐角处时，电极丝放电点实际上并没有到达拐角点，而是滞后了 L。当加工继续沿 $L1$ 方向加工时，电极丝放电点只好从滞后 L 处就开始逐渐拐弯，直到加工一定距离后才到达所要加工的直线上，这样就在拐角处形成一个“塌角”。为了减小棱角加工形状误差，就应该设法减小电极丝的滞后现象，如到达拐角处时降低进给速度、减小脉冲放电能量，甚至进行轨迹补偿等。

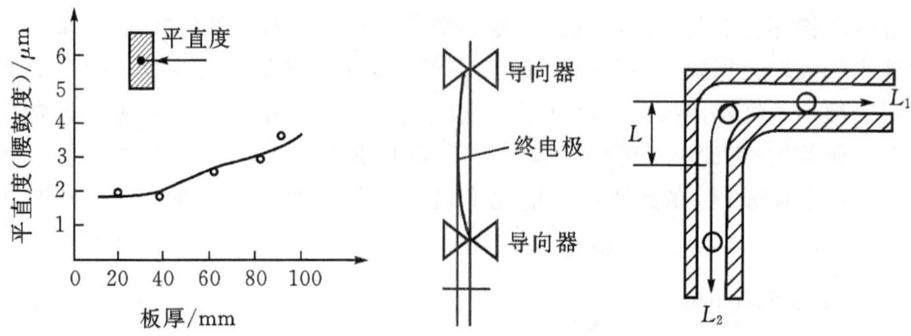

图 3-26　工件厚度与平直度的关系　　图 3-27　电极丝滞后导致的工件塌角

(3)间距精度　所谓间距精度是指同一块模板上各个型孔之间的相对位置误差。电火花线切割加工的间距误差主要取决于：

①机床本身的精度，包括机械传动和控制精度等。

②工作环境温度和工作液温度。为了获得高精度，不仅室内要保持恒温，而且工作液也应有恒温装置。

③工件内部残余应力。在进行电火花线切割加工时，工件内部残余应力释放将引起切割变形。在生产实践中除注意淬火均匀以及采取高温回火外，还应注意预加工和采取多次切割工艺，以减小残余应力影响。

④工作液的电阻率和电源参数也有一定影响。应在加工过程中尽量保持不变。

(4)定位精度　电火花线切割加工的定位方式主要有两种。一种是以孔为基准。通过电极丝与工件的接触(或产生火花)自动找正孔的中心。另一种是以端面为基准，找正加工的相对位置。影响定位精度的因素主要有工件基准面的状态、电极丝张力及振动情况以及工作台的运动惯性等。

①工件基准面状态。作为基准面，必须清洁且无毛刺，并用磨床磨好，保证垂直度和平行度。装夹在工作台上后，其基准面必须与坐标轴方向平行，与工作台面保证垂直度。

②电极丝的张紧力及振动情况。电极丝必须有足够的张紧力，不允许有弯曲现象，且保证

与工作台垂直。具体方法是将校正电极丝的标准块放在工件表面(或放在工件支撑架上),沿坐标工作台的$+X$、$-X$、$+Y$和$-Y$四个方向先后靠近工件,调节电极丝垂直度,使测量面的上下火花均匀。在高速走丝情况下,由于电极丝振动较大,不易获得很高的定位精度。通常是可以用降低走丝速度(无调速功能的机床只好用人工方法拨动储丝筒)方法,在调整到上下火花均匀时即可。注意,周期调整电极丝垂直度和自动定位时,极间火花应该调到最弱挡,或是设置定位调整的测量火花。如果此刻选用较强的火花,不仅会发生断丝现象,而且严重影响定位精度。

③工作台的运动惯性。在自动定位时,如果工作台的运动惯性大会产生超调现象而影响定位精度。在实际操作时,经常是限制机床的移动速度,避免超调现象发生,以提高定位精度。总之,在找正定位时,定位精度与操作者的经验、操作水平关系较大,在自动找正定位的情况下,与机床的检测系统,控制水平关系就显得尤其重要。

本章小结

一、电火花线切割加工质量问题

人们所关心的电火花线切割加工质量,包括加工精度(尺寸精度和形位精度)与加工表面质量(表面粗糙度、切割条纹和表面组织变化层)两部分。尽管已经在前面详细讨论过影响电火花线切割加工精度和表面质量的众多因素,但在生产实践中如何综合处理还是有困难的,往往会因某些工艺问题处理不当而出现各种各样的加工质量问题。

1. 几个常见的加工质量问题

(1)工件变形,尺寸超差　按理说,在线切割机床的几何精度和控制精度都能得到保证的情况下,只要操作者合理安排工序,并进行必要的丝径补偿和间隙补偿,应该可以切割出人们所需的精密零件。出现工件严重变形及尺寸超差问题时,操作者应认真检查一下,在加工过程中是否正确考虑和处理了如下问题:

①工件材料热处理形成的内应力及其对线切割加工精度影响。

②工件装夹方法、切割方向及路径等怎样才有助于避开材料内应力影响。

③设置补偿量时,是否注意电极丝损耗影响。即编程中计算补偿量时,其丝径大小是否是加工时的实测值。

④所补偿的放电间隙大小是否与实际一致,因为放电间隙大小与选用的加工参数有关,(3-6):

$$\delta=\kappa_n\hat{u}_i-\kappa_t t^{-n}+\kappa_R W^{0.4}+A_m$$

④编程时是否考虑了公差带对加工尺寸影响。

(2)凸模与凹模配合困难　线切割加工的凸模与凹模,通常用线切割方法分别加工,但在组装时常常发生凸模与凹模配合十分困难,即使是凸模与凹模的配合间隙较大,凸模与凹模内之间的配合间隙也很难做到周围间隙均匀一致。出现这种现象并非是加工尺寸误差太大,而是忽略了必要的工艺,需措施解决如下问题:

①电火花线切割加工时,凸角的圆弧半径往往比凹角的半径小,因为凹模的清角最小R受到电极丝半径和单边放电间隙的约束,而凸模的清角小R可以做得很小。

②柔性电极丝受放电力的作用,实际位置一般都会迟后伺服进给位置,因而加工到拐角时会形成明显的塌角现象,如不采取相应的拐角加工技术,很难保证凸模和凹模的清角形状尺寸一致。

③如何保证凸模和凹模的位置一致,装配后能保证上模沿导柱上下平稳移动。

(3)加工表面粗糙度不够好,且不均匀

随着模具技术的发展,模具工作面的加工质量要求越来越高,普遍希望线切割加工的精度从原来的±(0.01～0.005)mm 提高到±(0.005～0.002) mm,表面粗糙度从 Ra(0.5～2) μm 提高到 Ra(0.1～0.5) μm。电火花线切割加工的表面粗糙度受到切割速度的约束,一次切割的表面质量难于满足模具制造的需要。特别是高速走丝线切割机不仅表面粗糙度值大,而且黑白条纹普遍明显,是模具制造业迫切要求解决的问题。为了获得较好的加工表面质量,操作者应认真考虑:

①采用一次切割时,不宜为了追求切割速度而采用太大的脉冲规准(大脉宽、高峰值电流)进行加工。而应根据加工表面粗糙度要求不同,合理选用较小的脉冲规准(窄脉宽、小峰直电流)进行加工,并确保伺服进给的平稳性。

②采用多次切割工艺,即第一次切割不考虑表面质量而保证切割速度,第二、第三次切,逐步修光。注意,不是所有高速走丝电火花线切割机都可以有效地进行多次切割,获得较好的加工表面质量。

③采取有效措施,改善高速走丝线切割加工所出现的表面条纹。

(4)线切割加工的模具使用寿命不稳定　有时发现,电火花线切割加工的模具精度及试模时的冲件都能达到设计要求,但使用一个星期后,冲件的质量就开始下降,经检查模具精度也有些超差。出现这种现象,一般都是发生在线切割加工表面粗糙度值较大的场合。因为电火花线切割加工后的模具表面有一层熔融凝固层,这层熔融凝固层虽硬度很高,耐磨性也好,但与基体结合力较低,并且不耐冲击。即在冲压过程中容易脱落;从而改变模具配合间隙和表面硬度,影响使用寿命。

对模具的进度影响是不可忽视的。解决方法有:

①线切割加工时多留一点抛光余量,用其他方法除去熔融凝固层。

②采用多次切割技术,切割成型之后再修光 1～2 次,使电火花线切割加工表面粗糙度达 Ra1.25 μm 以下。

③对于一些大间隙配合的模具,采用高速走丝电火花线切割加工时,尽量用较精小的电规准,使加工质量控制在加工精度±0.01 mm,表面粗糙度 $Ra \leqslant 2.5$μm 之内。

在读取实体信息之前及其过程中,需要考虑线切割加工中的一些工艺要求。

①放电间隙与加工钼丝半径在 AutoCAD 制图时应考虑,或利用 OFF SET 等距线命令。

②读取实体信息后按线切割加工路径进行排序。

③加工起始点用 AutoCAD 中的实体点来确定,生成一个按线切割顺序的中间文件。文件的格式是首先给出加工起始点坐标,中间段是实体信息,文件以 END 结尾。把从 AutoCAD 数据库中提取的实体信息经过高级语言处理,生成数控线切割机床数控系统需要的加工程序指令如 3B、4B、ISO 程序,实现线切割加工的计算机辅助设计与计算机辅助制造。

目前高速走丝线切割加工主要存在着以下几个问题:

①缺乏工艺参数数据库及其处理和优化方法,工艺参数不能自动选取,对操作人员的要求较高,自动化程度较低。

②加工稳定性有待于进一步提高，仍然无法很好地解决加工中的断丝问题，制约高速走丝线切割加工技术进一步发展的重要因素。

③需要大力提高高速走丝线切割机床的性能，亟待解决的问题还有高速走丝系统的稳定性、高效率脉冲电源、性能优良的工作液以及提高机床伺服性能与加工精度等，这些问题对线切割加工机床的整体性能的提高起着非常重要的作用。

上述这些问题也是影响了高速走丝线切割加工 CAD/CAM 系统的开发和推广应用，甚至阻碍了线切割加工本身的发展，这也正是高速走丝线切割 CAD/CAM 关键技术。

二、电火花线切割加工故障与处理

1. 故障诊断原则

(1)先外部后内部　电火花线切割加工技术发展到今天，已十分成熟，其机床结构及电气控制箱的控制线路一般都不会出现问题而导致电火花线切割加工故障。因而在诊断过程中，首先要从外部入手、检查操作过程、工艺条件及各运动损耗件状态，而不要随意拆卸机床部件及电控箱电路板，更改机床结构及控制系统内部设置。否则，问题会越来越复杂。

(2)先机械后电气　电火花线切割机的运动磨损件易出现故障，而且看得见摸得着，容易检查；而电气故障不仅发生较少，而且看不见摸不着，难于检查。所以在故障诊断时，应先从机械部分入手，仔细观察检查，特别是那些运动件和磨损件的工作是否正常，有无明显磨损、松动或开裂现象。检查时发现问题，要认真排除。机械故障检查排除后，如故障仍未完全排除，再检查电气方面的故障。

(3)先分析后实施　发生电火花线切割加工故障后，应首先根据产品说明书及原理图，认真分析发生故障的原因，并根据整个系统各模块之间关系，确定检查方案，然后再实施，逐个排除。千万不可凭自己的猜想不加分析地盲目维修。

(4)先简单后复杂　有些故障的产生是由多种因素造成的。在认真分析之后，应遵循先简单后复杂的原则，先解决和排除那些容易实施的项目，然后再逐步深人检查排除一些难度较大的项目。实际上，遇到复杂的问题，我们也应该将其分解，或者说“化整为零”，然后再先易后难地逐个解决。

2. 电火花线切割加工故障排除方法

(1)例行检查法　例行检查法是指维修人员对设备启动前所进行的例行检查。具体包括以下几个方面：

①电源。查看电火花线切割机的进线电源，其电压波动是否在±10%范围内、高次谐波是否严重、功率因素的大小、是否需要安装稳压电源等。

②线切割加工工作液。线切割加工工作液的作用是冷却、洗涤、排屑等，因此线切割加工工作液是否合格，将直接关系到加工工件质量的好坏。检查线切割加工液是否太黑，是否有异味。如果是，那么其综合性能就会变差，容易导致断丝。

③电极丝。电极丝的质量、安装、保存等因素，会直接关系到加工后工件质量好坏。检查电极丝是否选择得当：加工厚工件或大电流加工时都应选用粗一点的电极丝，这样有利于排屑，也可提高其切割速度。检查电极丝安装的松紧程度：太松时，电极丝抖动厉害，容易断丝；太紧了，张力增大，也容易断丝。检查电极丝安装的位置是否偏离中心位置，是否不在同一平面内。检查电极丝的保存是否规范，如储存时有受潮、氧化、暴晒等情况，那么电极丝也会因此

变脆而易断。

④控制柜。因静电等原因，控制柜内很容易灰尘累累。这些灰尘在受潮时，会腐蚀电路板，造成短路或断路情况，进而损坏电子元件等，甚至整个电路板报废，因此维修前一定要检查。

例如：一台线切割机隔一段时间就要发生一次无规律断丝。有时能运行一天不断丝，有时一天断几次丝。检查发现线切割加工液发黑，但并无异味。仔细观察发现，线切割加工液中杂质太多，造成绝缘程度不好，最终导致无规律断丝，更换新加工液后故障排除。

(2)易损件检查法　易损件检查是指设备启动后，维修人员针对出现的故障进行检查的部位。设备长期运行后，出现的故障大部分都是由于易损件的损坏而造成的。易损件主要有导轮、挡丝装置、断丝保护挡丝块、进电块、缓冲垫、行程开关。下面简单介绍维修人员如何进行易损件的检查。

①导轮。导轮的主要作用是减少摩擦力和将钼丝定位。如出现导轮位置不对、导轮不转、导轮表面有凹槽等问题，就会引发多种疑难故障。导轮位置不对，不可能加工出合格工件；导轮不转，表面磨损加剧，导轮表面很快就会被钼丝割成凹槽。若凹槽较浅，钼丝有较大的抖动时会使钼丝局部过分靠近工件，从而使放电电流过大或因拉弧而烧断钼丝，同时切割面表面质量变差；若凹槽较深，高速运动的钼丝在轻微的抖动下，就会被凹槽两壁夹断。因此，维修人员一定要仔细检查导轮与钼丝接触的表面。

②挡丝装置。挡丝装置的主要作用是将钼丝定位。检查时一定要注意挡丝装置中的排丝柱是否贴近钼丝，排丝柱是否已被割成凹槽。另外，还要仔细观察储丝筒上有无叠丝现象。

③断丝保护挡丝块。断丝保护挡丝块的主要作用是断丝保护，防止因断丝后电极丝被搅乱。检查时，测量断丝保护开关是否为常闭状态。如不是，应调整断丝保护挡丝块位置，使断丝保护开关处于常闭状态。

④进电块。进电块的主要作用就是导电。而进电块极易损坏，如被割成深凹槽、表面被氧化等，这都会导致进电块与钼丝接触不良。当接触不良时，可能会导致高频脉冲电流减小，甚至没有高频脉冲电流输出。

⑤缓冲垫。缓冲垫在换向时起缓冲作用。检查时要倾听走丝机构发出的声音，尤其是换向时的声音。如声音异常，伴随振动很大，一般来说，就是缓冲垫已损坏。

⑥行程开关。行程开关的主要作用是换向或断高频。丝筒电机不能换向或换向不能断高频，是因为行程开关在频繁的挤压后，很容易损坏或接触不良。当行程开关出现故障后，接触器不能断电，从而引起丝筒电机不能换向。有的线切割机上将行程开关另一对触电作为断高频的控制信号。当行程开关接触不良或损坏时，就会出现换向不能断高频现象。

例如：一台线切割机换向时不能关断高频。检查发现断丝保护挡丝块已被割成深凹槽，由于该断丝保护控制电路没有控制总电源的功能，只控制断高频电路。所以当挡丝块被割成深凹槽后，微动开关因铁块的下垂由常闭状态变成常开状态，从而不能关高频电路。更换该挡丝块，故障即可消除。

(3)原理分析法　原理分析法是指在详细了解故障的情况下，根据电火花线切割机的产品说明书及其工作原理，分析故障产生的原因，并尽可能找出解决问题的方案。这类方法多种多样，最常用的有以下几种：

①化整为零。把原理图中按功能不同，划分为主电路、控制电路。主电路主要包括运丝电

动机、水泵电机电路。控制电路主要包括工控主板、运动控制卡、接口卡、X、Y 驱动板、UV 驱动板、高频电源等。当出现故障时,根据故障现象分析,确定该故障属于哪一部分,这样逐渐缩小故障范围,能较快地排除故障。

②反向分析。当基本上确定某一小范围出现故障时,可采用反向分析法。即假定某处电路不通或某处电路短路时,会出现何种情况,从理论上模拟故障发生时应表现的状态,从而判断故障的原因。

③电路仿真。当电子电路发生较大故障时,通常的做法是利用示波器检查重要环节的输出信号,如电压和波形,从而判断出该元件是否已损坏。但往往通过简单的测量后,无法判断该输出信号是否正确,那么利用电子电路仿真软件是最好的选择。通过电路仿真,可帮助我们更快地确定电子电路元件是否已损坏。

④备件替换。由于种种原因,维修人员往往很难得到一份完整的电气控制原理图。当出现较大的故障时,只能分析故障产生的大致原因,维修人员可利用备用的印刷电路板、易损电子元件等进行更换,使设备尽快地投入运转。

例如:一台电火花线切割机突然增加频率,高频电流显示没有变化,但线切割加工的速度很慢。根据化整为零可得知,是调整电路出了问题。打开控制柜检查发现,频率电路输入信号的接点已虚接,无论调整到什么位置,输出电压始终为零。重新焊实后,故障消除。

三、电火花线切割加工的异常现象及处理方法

1. 切割轨迹异常及排除方法

切割轨迹偏离加工图样,一般都发生在加工程序编制出错或数字化程序控制产生偏差时。在排除机床控制和编程的错误之外仍发生切割轨迹异常可从以下两方面来讨论。

(1)加工封闭图形时,电极丝未回原点　从工件上看,图形大体是正确的,但电极丝未回到原点(终点),而从工作台手轮刻度上看,已回原点(终点)。这种情况多数是工件变形造成的。还有机床工作台中的传动系统误差,也会造成这种故障。可用千分表检查工作台传动精度。若精度合乎要求,应考虑是工件变形所致,也有可能使主导轮偏差(例如轴向窜动等)使电极丝不到位所致。

另一个原因是电极丝损耗太大,当切割大周长的工件时,会因丝径变细而使其看起来没回终点,致使工件精度欠佳。

若是上述原因的话,就得分别对待、分别处理。例如调整机床精度、消除工件残余应力、检查调整导轮、考虑用低损耗电源加工等。

还有一个不可忽视的原因,就是步进电动机失步。在切割薄板工件时,由于进给速度比较高,或者是封闭图形中有一部分处于空载加工状态运行,进给速度变快,都可能引起步进电动机失步,致使加工回不到原点。在这种情况下,应及时调节进给速度,或在变频取样回路中加稳压二极管之类的限幅(频)元件。另外,工作台在局部行程中移动阻力太大时,也会引起丢步。

(2)切割轨迹混乱　本来应加工圆弧,而变为直线切割;或加工直线变为加工圆弧。其原因主要是:

①有一轴步进电动机不走或摇摆(例如步进电动机缺相),另一轴正常,这会使圆弧变为直线加工。应检查排除缺相或传动系统打滑等故障。

②数控系统修改象限等错误，是圆弧变为直线插补，应检查系统故障。

2. 加工后工件精度严重超差的排除方法

未发现异常现象，加工后机床坐标也回到原点（终点），但工件精度严重超差，往往是由以下几种原因造成的：

①工件变形，应考虑消除残余应力、改变装夹方式、切割路线及用其他辅助方法弥补。

②运动部件干涉，如工作台被防护部件（如罩壳等）强力摩擦，甚至顶住，造成超差，应仔细检查各部分运动是否干涉。

③丝杠螺母及传动齿轮配合精度、间隙超差，应打表检查工作台移动精度。

④X、Y 轴工作台滑板垂直度超差，应检查 X、Y 轴垂直度。

⑤电极丝导向轮（或导向器）导向精度超差，应检查导向轮（主导轮）或导向器的工作状态及精度。

⑥加工中各种参数变化太大，应考虑采用供电电源稳压等措施。

3. 高速走丝线切割加工中的“花丝”现象

高速走丝电火花线切割加工所用的钼丝或钨钼丝，在未使用之前（即新钼丝）外表面一般都呈现黑色。加工铁基合金时，一般在加工二三十分钟后电极表面都会呈银灰色，而且比较均匀。但有时也会出现异常情况，加工时电极上会出现许多相互间隔的黑点（或黑斑），每个黑斑大小不一，通常有几毫米至十几毫米长，排列有一定规律，绕在丝筒上会呈现花斑、故操作者都称为“花丝”。

“花丝”现象产生的主要原因是在放电加工过程中，有的脉冲放电结束之后不能及时消电离而形成局部的连续异常放电，使局部区域过热而使乳化液中的油脂发生热分解，并分解出大量的游离碳。这些游离碳附着在电极丝上又在异常放电作用下在电极表面形成碳化物。“花丝”现象与电火花成型加工中的“拉弧烧伤”有些类同，放电加工区一旦产生“拉弧烧伤”现象，便在工件与工具表面同时出现烧伤痕迹，并形成黑色碳化物。如果不及时清除，就无法继续加工。线切割加工出现“花丝”现象之后，很容易引起断丝，欲想清除花斑，也不太容易，需要我们根治产生“花丝”现象的原因。

生产实践经验表明，“花丝”的产生与下面几个因素有关：

①脉冲输出中含有一定的直流分量，或是脉冲后沿过长不利于脉冲放电后的消电离。如果脉冲功放管中有一个被击穿，使输出脉冲电流中含有一个直流分量，那就很容易产生异常放电。

②工作液浓度低、洗涤性差，并严重污染。这不仅降低工作液的介电性能，而且容易在窄缝加工区内产生异常放电。

③如果工件很厚，含有大量难排除成分（如碳粒等），也容易产生异常放电而导致“花丝”现象的发生。特别是工件中含有氧化黑皮、锻轧夹层或原材料未经锻造、调质就淬火，都容易产生“花丝”现象。

生产经验表明，在线切割加工中如果已经产生“花丝”，则原工件、电极丝或工作液三者中只要保留其一，再次出现“花丝”的可能性仍然很大。如无有效办法解决“花丝”问题，就只能在确保脉冲电源无直流输出的前提下，彻底更换电极丝和工作液，擦干净机床，将原工件进行去氧化膜、去污处理，并避开已切割过的切缝；用大脉宽、小电流、高电压开始加工，待加工稳定之后再逐渐增大加工电流。

4. 有规律的切割凹纹

在高速走丝线切割加工过程中，除了介绍“黑白切割条纹”外，有时还会见到另一种有规律的凹纹（图 3－28）。这种凹纹很有规律，它们的间距相同，凹纹深度不大，大约有几丝，用肉眼可见。仔细分析研究后还可以发现，两条凹纹的距离就是高速走丝机一次丝筒换向期间所切割的长度。

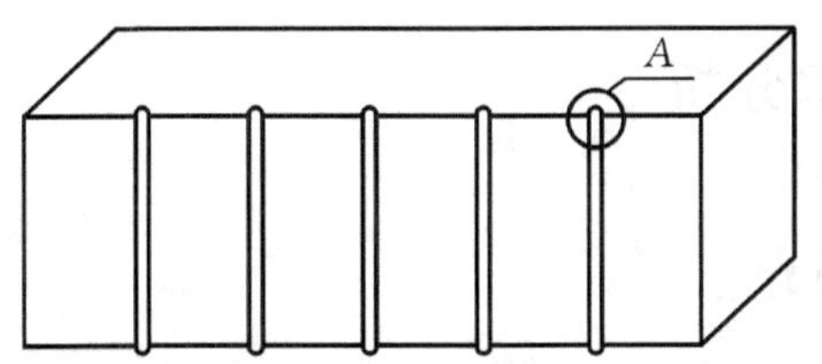

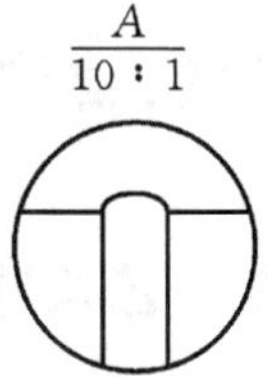

图 3－28　有规律的切割凹纹

见到这种异常现象，人们很容易想到，机床的走丝系统存在精度问题，或是在丝筒换向时因电极丝松动而产生凹纹。然而，无论人们怎么去努力，凹纹仍然存在。

实际上，丝筒往复转动换向时，需切断高频脉冲电源。由于丝筒的转动惯性存在，切断高频电源时间与电极丝的换向移动时间也会有先后。这样，丝筒中间部分电极丝是完全加工的，而临近二端则是逐步减少。由于电极丝的丝径损耗存在，则中间部分的电极丝加工时间多，丝径损耗也大；而越是靠近端面，加工机会越少，丝径损耗也小，电极丝则相对粗一点。或者说，换向的一段时间内继续放电加工的是临近二端损耗较小的粗钼丝，因而放电加工后就会在工件上生产一个凹纹。

消除这种凹纹方法很方便：在电极丝直径损耗大的情况下，只要在凹纹刚要出现时将换向限位开关往中间移动几毫米，就可以消除这种有规律的凹纹。如果线切割加工过程中电极丝损耗小，这样凹纹也不会太明显。

第4章 异形类零件的编程与加工

4.1 异形零件的结构与技术分析

4.1.1 冲裁工艺及冲裁模简介

冲裁工艺是利用压力使板材材料在规定的区域受到剪切作用而与母体产生分离的一种加工方式。由于这种规定的区域可由设计者任意设计并制造出来，因此利用冲裁加工可直接生产出所需形状和大小的零件。事实上，这种规定区域是通过模具的形式得以实施的，故此类模具也称之为冲裁模具。

利用冲裁工艺实现板材成型的种类很多，比如落料、冲孔、切断、切边、切口等，其中应用得最多的是落料和冲孔。从母体板料上冲裁下所需形状的零件(或毛坯)称为落料；在零件(或毛坯)上冲出所需形状的孔(冲去部分为废料)称为冲孔。当然，也可设计成复合模具，让落料和冲孔在同一过程同一时间一起完成，也可经过若干个冲裁过程最终完成产品设计形状组合的模具称为级进模。落料与冲孔的变形性质完全相同，但在进行模具设计时，模具尺寸的确定方法则不同，因此，在模具的尺寸设计方面是有区别的，这种区别表现在冲材间隙及工艺上可以分为两个工序加以区分：冲制外形的工序为落料；冲制内孔的工序为冲孔，如图 4-1 所示。

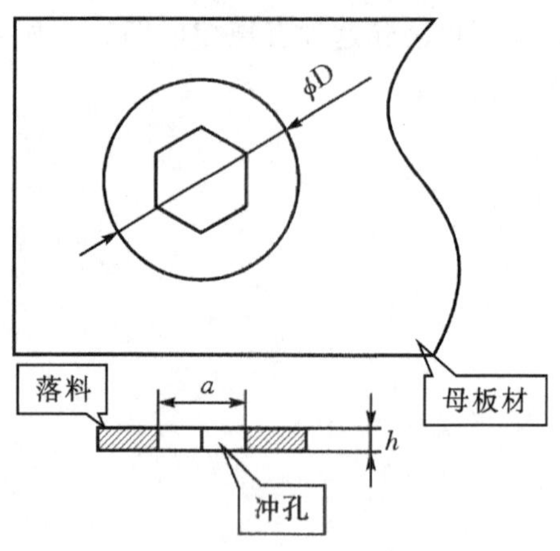

图 4-1 冲裁工艺

1. 冲裁变形过程

冲裁变形过程如图 4-2 所示，大致可分为三个阶段。

(1)弹性变形阶段 如图 4-2(a)所示，当凸模下压接触板料时，材料将产生短暂的、轻微的弹性变形。此时如果提升凸模，变形将完全消失。

(2)塑性变形阶段 如图 4-2(b)所示，凸模继续下压，板料变形区的应力将继续增大。

当应力状态满足屈服极限时，材料便进入塑性变形阶段。这一阶段突出的特点是材料只发生塑性流动，而不产生任何裂纹，凸模继续切入板料，同时将板料的下部挤入凹模孔内。

(3)断裂分离阶段　图 4－2(c)表示了断裂分离的过程，当凸模切入板料达到一定深度时，在凹模侧壁靠近刃口处的材料首先出现裂纹。这表明塑性剪切变形的终止和断裂分离过程的开始。被冲入大孔的一块料在落料时为工件，中间六角部分为冲孔，冲裁下来的料为废料。整个冲裁件如图 4－2(d)所示。

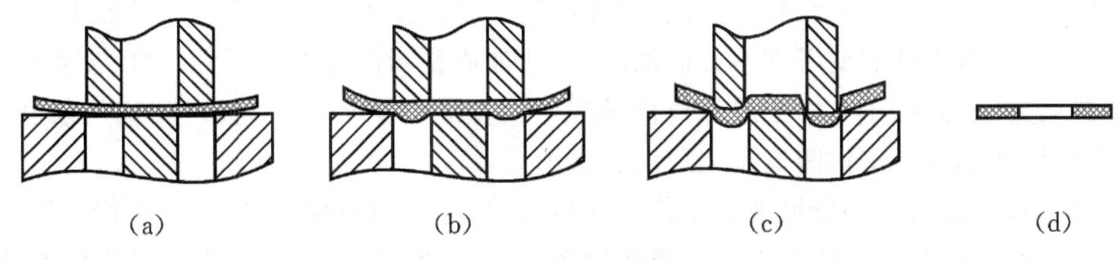

图 4－2　冲裁变形过程

2. 冲裁件质量要求

冲裁件质量主要包括断面质量、尺寸精度和形状误差。断面状况尽可能垂直、断裂带少、粗糙度一致、毛刺小。尺寸精度应该保证在图样规定的公差范围之内。零件外形应该满足图样要求；表面尽可能平直。

(1)尺寸精度　冲裁模的制造精度对冲裁件尺寸精度的影响最直接，冲裁模的制造精度愈高，冲裁件的精度愈高。由于在冲裁过程中材料产生一定的弹性变形，冲裁结束后发生“回弹”现象，使落料件尺寸与凹模尺寸不符，冲孔的尺寸与凸模尺寸不符，从而影响其精度。对于比较软的材料，弹性变形量较小，冲裁后的回弹值也较小，因而零件精度较高。硬的材料，情况正好相反。

材料相对厚度 t/D(t 为板厚，D 为冲裁件直径)越大，弹性变形量越小，因而冲裁零件尺寸精度就高。

冲裁间隙对冲裁件的精度影响很大。落料时，如间隙过大，材料除受剪切外还产生拉伸弹性变形，冲裁后由于“回弹”将使冲裁件尺寸有所减小，减小的程度也随着间隙的增大而增加。如间隙过小，材料除受剪切外还产生压缩弹性变形，冲裁后由于“回弹”而使冲裁件尺寸有所增大，增大的程度随着间隙的减小而增加。冲孔时，情况与落料时正好相反，即间隙过大，使冲孔尺寸增大，间隙过小，使冲孔尺寸减小。

一般来说，冲裁件尺寸越小，形状越简单其精度越高。

(2)断面质量　对于断面质量起决定作用的是冲裁间隙。如间隙选用合理，冲裁时上、下刃口处所产生的裂纹就能重合。所得工件断面虽不很光滑，且带有一定锥度，但可以满足要求。

当间隙值过小或过大时，就会使上、下裂纹不能重合。间隙过小时，凸模刃口附近的裂纹比合理间隙时向外错开一段距离。上、下两裂纹中间的一部分材料，随着冲裁的进行，将被第二次剪切，在断面上形成第二光亮带。间隙过大时，凸模刃口附近的裂纹较合理间隙时向里错开一段距离，材料受很大拉伸，使断面光亮带减小，毛刺，圆角和锥度都会增大。

(3)毛刺　凸模或凹模磨钝后，其刃口处形成圆角。在冲裁时，冲裁件的边缘就会出现毛刺。在冲裁工作中，产生很大的毛刺是不允许的，应查明原因加以解决。如有不可避免的微小的毛刺出现,应在冲裁后设法消除。一般生产中允许的毛刺高度,可查相关资料。

3. 凸模与凹模配合间隙

冲裁模具的凸模与凹模,由于其功能特点的原因,一般都设计成贯穿形状以便落料。因此其制作方法一般都采用电火花线切割加工来完成。线切割加工的优点是切割精度高,可以满足任意精度的设计要求,包括形状精度、凸模与凹模配合精度、孔距精度、粗糙度等。电火花线切割的更大特点在于加工时和被加工件的材料硬度无关。这样,材料就可预先进行热处理和外形尺寸的加工,避免了后续热处理可能造成的变形等因素而影响凸模与凹模加工精度。

冲裁模的综合设计需要考虑多方面的因素,比如原材料的厚度和尺寸、冲压设备闭合高度及压力、排料方法等,由于本书主要探讨模具的电火花线切割加工工艺,因此这里仅从冲裁模具的电火花线切割角度探讨制造工艺及注意事项。

冲裁模凸、凹模刃口部分尺寸之差称为冲裁间隙,其双面间隙用 Z 表示,单面间隙为 $Z/2$,如图 4-3 所示。冲裁间隙的大小对冲裁件的断面质量、冲裁力、模具寿命等影响很大,所以冲裁间隙是冲裁模设计中一个很重的工艺参数。

设计模具时一定要选择合理的间隙,使冲裁件的断面质量较好,所需冲裁力较小,模具命较高。分别按质量、精度、冲裁力等方面的要求,各自确定的合理间隙值并不相同,考虑具制造中的偏差及使用中的磨损,生产中通常是选择一个适当的范围作为合理间隙,只要间在这个范围内,就可以冲出良好的零件。这个范围的最小值称为最小合理间隙,最大值称大合理间隙。考虑到模具在使用过程中的磨损使间隙增大,故设计与制造新模具时应采用最小合理间隙值。

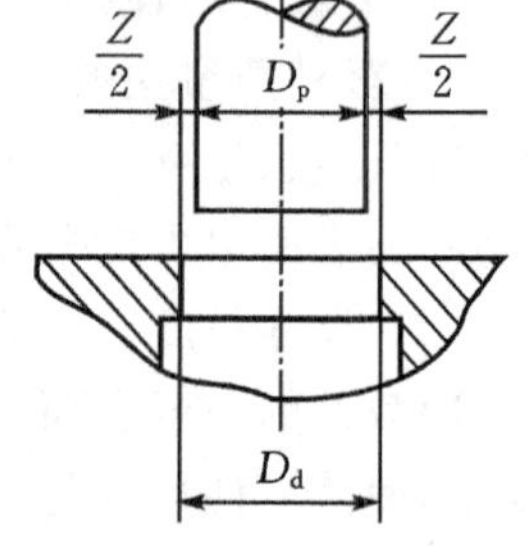

图 4-3 冲裁间隙

表 4-1 所提供的经验数据为落料、冲孔模的初始间隙,可用于一般条件下的冲裁。

表 4-1 落料、冲孔模初始双面间隙

材料名称	45T7、T8(退火) 65Mn(退火) 磷青铜(硬) 铍青铜(硬)		10、15、20 冷轧钢带 30 钢板 H62、 H68(硬) LY12(硬铝) 硅钢片		Q215、Q235 钢板 08、10、15 钢板 H62、H68(半硬) 纯铜(硬) 磷青铜(软) 铍青铜(软)		H62、H68(软) 纯铜(软) 防诱铝 LF21、LF2 软铝(12~16) LY12(退火) 铜母线 铝母线		酚醛环氧层压玻璃布板、酚醛层压纸板、酚醛层压希板		钢纸板 (反白板) 绝缘纸板 橡胶板	
力学性能	HBS≥190 σ_b≥700MPa		HBS=140~190 σ_b=(400~600)MPa		HBS=70~140 σ_b=(300~400)MPa		HBS≤70 σ_b=300MPa		—		—	
厚度 t	初始间隙 Z											
	Z_{min}	Z_{max}	Z_{min}	Z_{max}	Z_{min}	Z_{max}	Z_{min}	Z_{max}	Z_{min}	Z_{max}	Z_{min}	Z_{max}
0.1	0.015	0.035	0.01	0.03	*	—	*	—	*	—		
0.2	0.025	0.045	0.015	0.035	0.01	0.03	*	—	*	—		
0.3	0.04	0.06	0.03	0.05	0.02	0.04	0.01	0.03	*	—	*	—
0.5	0.08	0.10	0.06	0.08	0.04	0.06	0.025	0.045	0.01	0.02		
0.8	0.13	0.16	0.10	0.13	0.07	0.10	0.045	0.075	0.015	0.03		

续表 4-1

材料名称	45T7、T8(退火) 65Mn(退火) 磷青铜(硬) 铍青铜(硬)		10、15、20 冷轧钢带 30 钢板 H62、 H68(硬) LY12(硬铝) 硅钢片		Q215、Q235 钢板 08、10、15 钢板 H62、H68(半硬) 纯铜(硬) 磷青铜(软) 铍青铜(软)		H62、H68(软) 纯铜(软) 防诱铝 LF21、LF2 软铝(12～16) LY12(退火) 铜母线 铝母线		酚醛环氧层压玻璃布板、酚醛层压纸板、酚醛层压希板		钢纸板 (反白板) 绝缘纸板 橡胶板	
1.0	0.17	0.20	0.13	0.16	0.10	0.13	0.065	0.095	0.025	0.04	0.01～0.03	0.015～0.045
1.2	0.21	0.24	0.16	0.19	0.13	0.16	0.075	0.105	0.035	0.05		
1.5	0.27	0.31	0.21	0.25	0.15	0.19	0.10	0.14	0.04	0.06		
1.8	0.34	0.38	0.27	0.31	0.20	0.24	0.13	0.17	0.05	0.07		
2.0	0.38	0.42	0.30	0.34	0.22	0.26	0.14	0.18	0.06	0.08		
2.5	0.49	0.55	0.39	0.45	0.29	0.35	0.18	0.24	0.07	0.10		
3.0	0.62	0.68	0.49	0.55	0.36	0.42	0.23	0.29	0.10	0.13	0.04	0.06
3.5	0.73	0.81	0.58	0.66	0.43	0.51	0.27	0.35	0.12	0.16		
4.0	0.86	0.94	0.68	0.76	0.50	0.58	0.32	0.40	0.14	0.18		
4.5	1.00	1.08	0.78	0.86	0.58	0.66	0.37	0.45	0.6	0.20	—	—
5.0	1.13	1.23	0.90	1.00	0.65	0.75	0.42	0.52	0.18	0.23	0.05	0.07
6.0	1.40	1.50	1.10	1.20	0.82	0.92	0.53	0.63	0.24	0.29		
8.0	2.00	2.12	1.60	1.72	1.17	1.29	0.76	0.88	—	—	—	—
10	2.60	2.72	2.10	2.22	1.56	1.68	1.02	1.14	—	—		
12	3.30	3.42	2.60	2.72	1.97	2.09	1.30	1.42	—	—		

表中初始间隙的最小值 Z_{min} 相当于最小合理间隙数值，而初始间隙的最大值 Z_{max} 是考虑到凸模和凹模的制造公差，在 Z_{min} 的基础上所增加的数值。在使用过程中，由于模具工作部分的磨损，间隙将有所增加，因而使间隙的最大值(最大合理间隙)可能超过表中所列数值。

表 4-1 中有 * 号处均系无间隙。此外，也可以采用下述经验公式计算出合理间隙 Z 的数值：

$$Z=ct \tag{4-1}$$

式中：t ——材料厚度(mm)；

c ——为系数，与材料性能及厚度有关。

当 $t<3$ mm 时

软钢、纯铁：　　$c=6\%\sim9\%$

铜、铝合金：　　$c=6\%\sim10\%$

硬钢：　　$c=8\%\sim12\%$

当 $t>3$ mm 时

$c=15\%\sim19\%$

$c=16\%\sim21\%$

$c=17\%\sim25\%$

冲裁件质量要求较高时，其间隙应取小值；反之可取大间隙，以降低冲压力及提高模具寿命。由于各类间隙值之间没有绝对的界限，因此必须根据冲裁件尺寸与形状、模具材料和加工方法，以及冲压方法、速度等因素适当增减间隙值，例如：

①在相同的条件下，非圆形比圆形间隙大，冲孔比落料间隙大。

②直壁凹模比锥口凹模间隙大。

③高速冲压时，模具易发热，间隙应增大，当行程次数超过 200 次/min 时，间隙值应增大10%左右。

④冷冲时比热冲时间隙要大。

⑤冲裁热轧硅钢板比冷轧硅钢板的间隙大。

⑥用电火花加工的凹模，其间隙比用磨削加工的凹模小 0.5%～2%。

4.1.2 工件材料的可加工性

所谓的工件材料可加工性，是指工件材料用电火花线切割加工时的难易程度，主要与工件材料的热学物理特性、导电性及加工产物的污染性有关。

1. 工件材料的热物理特性

工件材料的热物理特性是指熔点、沸点（气化点）、热导率、比热、熔化热、气化热几种主要材料的热学物理常数。

在电火花线切割加工过程中，每次脉冲放电时，极间放电通道及正、负电极放电点都会瞬时获得大量的热量。而正、负电极放电点所获得的热量，除一部分由于热传导而散失到工件内部和工作液中外，其余大部分都将用于：

①使局部金属材料温度升高直至达到熔点，而每千克金属材料升高 1 ℃（或 1 K）所需之热量即为该金属材料的比热容；

②每熔化 1 g 材料所需之热量即为该金属的熔化热；

③使溶化的金属液体继续升温至沸点，每千克材料升高 1 ℃所需之热量即为该熔融金属的比热容；

④使熔融金属气化，每气化 1 g 材料所需的热量成为该金属的气化热；

⑤使金属蒸气继续加热成为热蒸气，每千克金属蒸气升高 1 ℃所需的热量为该蒸气的比热容。

显然当脉冲放电能量相同时，金属的熔点、沸点、比热容、熔化热、气化热越高则电蚀量越小，其加工的难度就越大；另一方面，热导率越大的金属，由于较多地把瞬时产生的热量传导散失到其他部分，因而降低了本身的蚀除量，也不易加工。而且当单个脉冲能量一定时，脉冲电流幅值 $\hat{i}_e$越小，即脉冲宽度 t_i越长，散失的热量也越多，从而导致电蚀量的减少；相反，若脉冲宽度 t_i越短，脉冲电流幅值 $\hat{i}_e$越大，由于热量过于集中而来不及传导扩散，虽使散失的热量减少，但抛出的金属中汽化部分比例增大，多耗用不少气化热，电蚀量也会降低。因此，电极的蚀除量与电极材料的热导率以及其他热学常数、放电持续时间、单个脉冲能量有密切关系。

由此可见，脉冲能量一定时，都各有一个使工作电蚀量最大的最佳脉宽。由于各种金属材料的热学常数不同，故获得最大电蚀量的最佳脉宽还与脉冲电流幅值有相互匹配的关系，它将随脉冲电流幅值虫的不同而变化。

2. 工件材料的导电性能

众所周知，电火花线切割加工适于加工那些导电金属，是因为工件作为一个电极，不导电将无法将电流传到放电区。对于那些导电性能差，电阻率大的材料，虽然也可以将电流传导到放电区，但加工会感到十分困难。这不仅仅是因为导电性差的材料本身会损耗一部分电能，更重要的是这些材料电阻率大，会在材料上产生一定的电压降，致使检测到的极间短路压降与正常放电时的极间电压相近，跟踪控制十分困难，甚至无法加工。

几种常用材料的电阻率和电阻温度系数见表 4－2。

表 4－2　几种常用材料的电阻率和电阻温度系数

材料名称	电阻率 ρ(20 ℃)/(Ω·mm²/m)	电阻温度系数 α(0～100 ℃)/(1/℃)
铜	0.0175	0.004
铝	0.026	0.004
钨	0.049	0.004
铸铁	0.50	0.001
钢	0.13	0.006
碳(石墨)	20.8(8～13.0)	0.0005
黄铜	0.057	—
锰钢(Cu84＋Ni4＋Mn12)	0.42	0.00005
康铜(Cu60＋Ni40)	0.44	0.00005
镍铬铁(Ni66＋Cr15＋Fe19)	1.0	0.00013
铝铬铁(Al5＋Cr15＋Fe80)	1.2	0.0008

对于一些电阻率大的材料，用电火花线切割加工时必须在跟踪信号检测和控制方面采取有效的措施。用线切割加工电阻率较大的聚晶金刚石之类材料时，除在跟踪检测控制采取措施外，还需采用较高的脉冲电压才能保证加工稳定。

3. 加工产物的污染性

电火花线切割加工所形成的各种产物，大多会随工作液流动而带出加工区，并在工作液的循环过滤过程排除，但有些材料的加工产物，则会粘附在电极表面，有的则与工作液混合在一起形成黏稠物而黏附在工件表面，有的还会污染工作液，甚至使高速走丝线切割加工的乳化液油水分离，这些污染现象，都会对加工产生一定影响。

不少工艺人员发现，在低速走丝线切割机上加工硬质合金，其离子交换树脂很容易失效。使用不到 100 h，离子交换树脂就要更换，否则工作液的电阻率会明显降低而影响正常加工。用高速走丝电火花线切割加工紫铜时，电极丝很快就会变成紫铜色。加工石墨和铝合金时，工作液容易污染，影响正常加工及其效果。在实际加工时，为了获得良好的工艺效果，应根据不同的加工材料，采取相应的工艺措施，否则难于获得良好的工艺效果。

试验条件：采用 DK7725，A 型高速走丝电火花线切割机，电极丝为 ϕ0.16 mm 的钼丝，工作液为 DX－1 乳化液，加工材料分别为 ϕ12 mm×5 mm 的紫铜、铝、石墨、不锈钢、淬火 45 钢。

从表 4－3 中不难看出，铝材、淬火钢加工速度快，稳定性好；不锈钢的加工稳定性差一些，加工表面粗糙度也差。所以，在实际生产中，操作者应合理选择加工参数和非加工参数，以加工材料的性能为基础，兼顾工艺参数的相互制约性，以获得满意的加工效果。

根据人们的经验，各种材料线切割加工的易难次序为：钛合金、铝合金、淬火合金钢、碳钢、黄铜、紫铜、不锈钢、硬质合金、石墨、单晶硅、聚晶金刚石。加工参数等条件不一，其加工难易程度也会有所变化。

表 4-3　不同加工材料加工效果对比

加工材料	加工参数							加工效果	措施
	工作电压/V	工作电流/A	脉冲宽度	脉冲间隔	功效管/个	变频扭矩	加工时间/min		
紫铜	2 挡 68	0.6	2 挡	偏大	2	2 挡	61	加工表面光亮几乎无纹路，火花较小，切割窄缝处粘稠物多，排屑差，切割速度低，进给手轮有持续"方向"旋转现象，生产率低 $Ra=3.2\ \mu m$	适当提高加工参数，增加工放管数，增大冲液压力和流速，改善排屑，以减小进给手轮"反向"旋转现象。
铝材	2 挡 65	0.6	2 挡	偏大	2	2 挡	13	加工中火花较大，排屑好，切割速度高，加工表面黑白纹路明显，纹路间隔较宽，进给手轮无"反向"旋转现象，$Ra=8.5\ \mu m$	适当减小加工参数，以提高切割质量
石墨	2 挡 65	0.6	2 挡	偏大	2	2 挡	165	加工表面光亮几乎无纹路，火花较小，切割窄缝处粘稠物多，排屑差，切割速度低，进给手轮持续"方向"旋转现象，变频状态欠跟踪，进给状态忽慢忽快不均匀，加工表面不光洁，上下端面略有焦黄 $1.6\ \mu m < Ra < 3.2\ \mu m$	调整进给速度，增开功放管数，设法提高加工速度

续表 4－3

<table>
<tr><th rowspan="2">加工材料</th><th colspan="7">加工参数</th><th rowspan="2">加工效果</th><th rowspan="2">措施</th></tr>
<tr><th>工作电压/V</th><th>工作电流/A</th><th>脉冲宽度</th><th>脉冲间隔</th><th>功效管/个</th><th>变频扭矩</th><th>加工时间/min</th></tr>
<tr><td>不锈钢</td><td></td><td></td><td></td><td></td><td></td><td></td><td></td><td>加工表面纹路清晰，较粗，但均匀性好，粘稠物多，上下端面发黄，进给手轮持续“方向”旋转现象消失，排屑良好，Ra=6.6 μm</td><td>增加工放管数</td></tr>
<tr><td rowspan="2">淬火45 钢</td><td>2 挡 69</td><td>0.4</td><td>2 挡</td><td>偏大</td><td>2</td><td>2 挡</td><td>30</td><td>加工表面发黑，排屑一般，纹路细而均匀，Ra<6.3 μm，但仍然有进给手轮“反转”旋转现象，切割速度较慢。</td><td rowspan="2">相应增大加工参数，增加功放管数，稍减小进给速度</td></tr>
<tr><td>4 挡 80</td><td>1.8</td><td>4</td><td>偏大</td><td>4</td><td>2 挡</td><td>21</td><td>加工表面干净洁白，纹路细而均匀，上下端面略有焦黄，Ra=6.5 μm，切割速度快，手轮“反转”旋转现象消失，排屑良好</td></tr>
</table>

4.2　异形零件的工艺装备

4.2.1　锥度切割基本原理

当前有些用户有锥度切割加工结构线切割机床，但往往放弃斜度切割，其原因可能是认为加工复杂难以掌握，切割出带斜度零件的尺寸达不到要求。其实只要正确测量二线架闭合高度 H 和下线架导轮中心到平台基面高度 h，加上确定的斜度角 α，就能确定加工出带锥度的工件。这里简单地叙述锥度切割的原理以及如何获得二线架闭合高度 H 和下线架中心到平台基面高度 h。

如图 4－4 所示，电极丝 AA_1（即二导轮中心距 H），如果作为 A（下导轮中心点）为原点，A_1 为动点，半径为 l 的倾斜旋转运动，可以得到一个尖倒圆锥体，它在 h 高度平面（即下导轮中心到平台基面）产生一个以 L 半径的圆周轨迹，与此同时，电极丝作为以 L 半径，方向 l 相反的圆周运动把倾斜运动和平动叠加，就能得到以基面 O 为原点且满足锥度为 α 的尖倒锥体。如果要得到一个斜度为 α，上大下小，且小端半径为 R 的倒圆锥体，只要使 XY 基面做 $R+L$ 为半径的圆周运动：AA_1作斜圆周运动，此二运动联动就能获得这个倒圆锥体，在 UV 平面上有 $R+L+l$ 为半径的圆周运动。注意：这里 L 是用以抵消做锥度倾斜运动在 h 基面高度上产生的偏移量，因而与这个偏移量相反。用户只要知道 H、h、α 三个量（这个是锥度切割的三个要素），正确的切割编程，由电脑实现联动切割，就可完成锥度的切割加工。

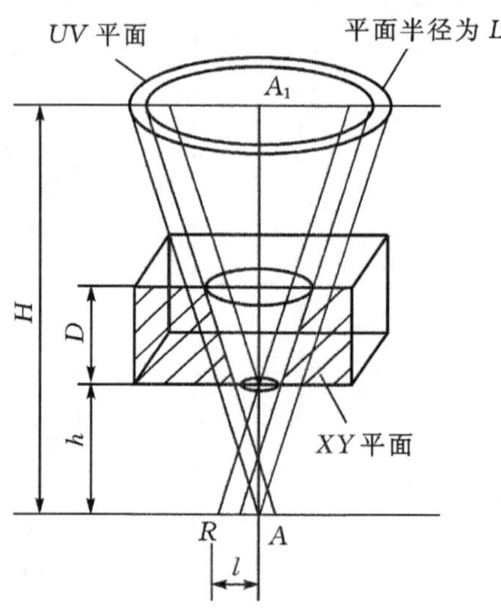

图 4－4　锥度切割原理

1. 进行斜度切割编程的步骤

①按照通常切割的方法处理。

②当进入“加工开关设定窗”，正确点击加工方向键，必须使人工选择路径的方向与电脑显示的方法一致，如果不同，须正确点击电脑＞或＜，使其一致。

③点击锥度设定按钮“ON”，弹出斜度，标度，基面，正确填写当前的标度（二导轮中心距 H），基面（下导轮中心到工件刃口距离 h），这里基面的概念已引伸为：下导轮中心到平台面加上平台面到刃口面距离。

编程时，“斜度”的数值应根据切割单面斜度角而定，正负号作如下规定：要得到上大下小锥度应使符号为正，上小下大锥体则使符号为负，切忌不能错用。一般锥度切割，建议采用上小下大顺锥体切割。这样做的好处是：无须将圆样型腔正反颠倒作圆，使用方便、直观；而且切割完毕时，工件落下不会将钼丝夹住而造成断丝。

④此后的编程步骤，按一般的切割编程方法处理即可。进行斜度加工时，一旦掌握 H，h 的测量方法，再注意斜度三要素的正确使用，就能切割出有斜度工件。

2. 锥度导轮闭合高度及基面测定

（1）分析　如上所述，斜度加工是基于 XY 平面与 UV 平面的联动来完成的。XY 平面是指大拖板带动工件作平动运动。如图 4－4 所示。UV 平面是上线架端点 A_1 围绕下线架端点投 AO 作倾斜运动。在作倾斜运动时，A_1 移向 A'_1，造成平台基面上产生与 l 方向一致的 L 量偏移。这就必须在钼丝平移时及时叠加一个 L 量，它由 XY 平动运动来实现，且方向与 l 相反的量，才能保证在倾斜运动时，电极丝与基面工作点 O 不偏移。显然平动运动是以 $R+L$ 做平动量和 UV 平面以 l 量做倾斜量合成，才能切出符合要求的斜度切割的零件。因而在切割斜度时，必须获知上下线架两端点闭合高度 H 和下导轮端点 AO 到平台基面的高度 H 及单面的斜角，这三个参数才能实现锥度加工。

为了确保斜度切割精度，必须对线架二导轮中心距离及基面尺寸作正确测定。通常由于受测试工具局限无法精确测定此二参数，故而采用下述间接测试法，用以来满足基面及线架闭合高度的测定。

例如，要割一个 20 mm×20 mm 单面斜度为 β 的锥体，如图 4-5 所示。锥体为上大下小(或上小下大)，尺寸为 X_1 和 Y_1，工件厚度为 D，如图 4-6 所示，用投影仪或分厘卡仔细测定 X_1、X_2(或 Y_1、Y_2)值备用。

H 为二导轮中心距离的估算值，h 为下导轮中心到平台表面的估算值。此二值是在未切割锥度时，估算测定，仅作为锥度加工产生 L 的依据。通过对切割件 X_1、X_2 和 D 的测量，经计算就可以获得实际切割的 α。

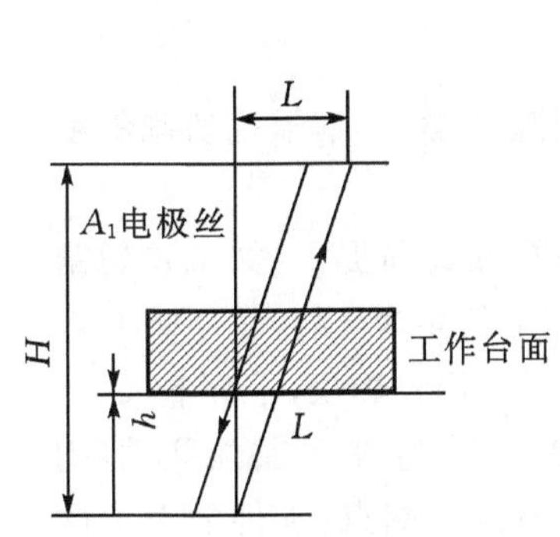

图 4-5　偏移量补偿

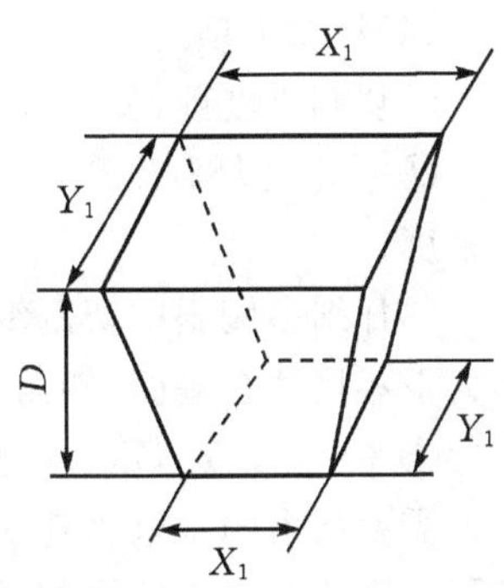

图 4-6　锥度切割计算

(2)计算

①中间量 $\tan\alpha$ 和 δ 的计算：

$$\tan\alpha=(X_2-X_1)\times \mathrm{D} \tag{4-2}$$

说明：$\tan\alpha$ 是以锥度切割的三要素 H、h、β 为依据，经切割获得的实际的正确值。上大下小时用(X_2-X_1)；上小下大时用(X_1-X_2)。

$$\delta=(\text{标准值}-X_1)/2$$

说明：对于本例中，δ 是 20 mm 与实际测量得到 X_1 的差值

②二导轮中心闭合高度 H 的计算式。

因为有：$l=H\times\tan\beta=H\tan\alpha$ 所以：

$$H=(H\times\tan\beta)/\tan\alpha \tag{4-3}$$

注意：$H\times\tan\beta$ 是锥度切割小拖板 A' 倾斜半径偏出量 l，根据这个偏出量，锥度切割产生 $\tan\alpha$ 量，由此推出 H 值。

③基面高度 h 的计算。

在基面(型腔面)上切割的图形尺寸应符合名义尺寸的要求，由于 h' 为 H 和 h 的估算值，切割将是形腔基面的图形尺寸与真实尺寸产生一个误差值 δ

$$h'\tan\beta=h\tan\alpha+\delta \tag{4-4}$$

说明：$h'\tan\beta$ 是预设值，$h\tan\alpha$ 为实际量，δ 为误差量。

讨论：假如 $h'=h$，应有 $\delta=(\tan\beta-\tan\alpha)/h$，所以当测出 δ 值经计算满足上式值，求得 $h=$

h'。当 $\alpha \neq \beta$，$\delta \neq (\tan\beta - \tan\alpha)/h$ 时，可知 $h' \neq h$。则有 $h = (h'\tan\beta - \delta)/\tan\alpha$，$h$ 高度可直接通过上述计算获得结果。

(3)结论

①H 和 h 算式的确定。

$$H = H'\tan\beta/\tan\alpha \tag{4-5}$$

上大下小：
$$h = (h'\tan\beta - \delta)/\tan\alpha \tag{4-6}$$

上小下大：
$$h = (h'\tan\beta + \delta)/\tan\alpha \tag{4-7}$$

②为减小讨论计算机算量，可预设 $h' \neq h$，这样就无须进行 $\delta = (\tan\beta - \tan\alpha)/h$ 的讨论，直接按式(4-6)和式(4-7)计算便可得 h。

③上面的式(4-6)和式(4-7)是针对上大下小和上小下大两种场合，须根据实际情况来使用。

(4)注意事项

①切割锥度前，要保证机械精度符合规定要求；

②电极丝大小及放电间隙，应做到心中有底，保证有合理的间隙补偿量，不干扰切割斜度的精度；

③仔细参阅斜度切割编程说明，切割走向与电脑设定走向一致，在此前提下，如果要切割上大下小尺寸在基面，斜角度应为 $+\alpha$，反之上小下大尺寸在刃口面上斜角为 $-\alpha$。

④X_1、X_2、$(Y_1, Y_2)D$ 测量精度将直接影响 H、h 实测精度，最好采用投影仪，千分卡尺。

需要指出的是电火花线切割机床锥度切割是靠增加 U、V 两轴，并且与 X、Y 轴能联动，构成了上下两个平面的协调运动。U、V 和 X、Y 分别决定了上下平面两个端点，工件的上下两个平面上的轨迹点就在这两个端点的连线上，这就是锥度切割的基本原理。而 U、V 的行程就决定了上端点可以偏摆的幅度。对于快走丝线切割来说，UV 最大摆幅和上下导轮的中央距的比值就决定了 t 角的大小，t 等于切割的最大斜度。运算控制系统的相似形公式可以很正确的把工件上下平面的尺寸折算到 UV，XY 两平面上去，运算控制系统丢失的精度极小。但必需留意到，只有电极丝垂直的时候，导轮 V 形槽才处于理想状态，一旦发生偏摆，即只要上、下丝架上的导轮一离开垂直状态，V 形槽对丝的运动就会产生干扰作用，这个干扰作用通常在 t 角小于 1.5°时，误差是很小的，1.5°～3°时，误差已显著存在；3°～6°时，误差已直接构成了对加工精度和切割效果的威胁，尚能维持正常切割；当大于 6°时，不但精度已严重丢失，正常切割也很难维持，甚至造成钼丝脱槽。所以通常在普通线切割机床上加装锥度装置所形成的简易锥度机床，一般都把最大切割锥度限制在±6°之内。这个锥度值对一般模具斜度加工要求已绰绰有余了。更大锥度的切割则需要使用专用锥度机床，这种机床需要从结构上解决导轮与 UV 偏摆随动的问题。它不存在偏摆后导轮槽的干扰作用，切割的锥度从原理上讲是正确的。伴随而来的负面影响是，为解决偏摆随动会使整体刚性降低，运动迟滞和回差突现，运动保真度精确度也大打折扣。日常应用时，普通线切割的通用性、和便利灵活性都会受到影响，直壁与锥度已很难兼顾。总之，普通线切割机床、带小锥度的兼容机床和大锥度专用机床，将是长期并存的三种形式。

有关锥度切割相关的机床参数的设定方法实例如下。

锥度导轮闭合高度及基面测定可以采用图 4-7 所示方式进行：

①首先确认电极丝处于垂直状态。

②把电极丝中心位置移动到 A、B 两测点的中间附近位置。

③使用电极丝移动接触感知功能，以起始点为坐标原点，分别接触 A、B 两触点并分别记录原点到 A 触点的距离 a 及原点到触点 B 的距离 b。考虑到电极丝的直径，实际距离应在原工作读数基础上增加电极丝半径。

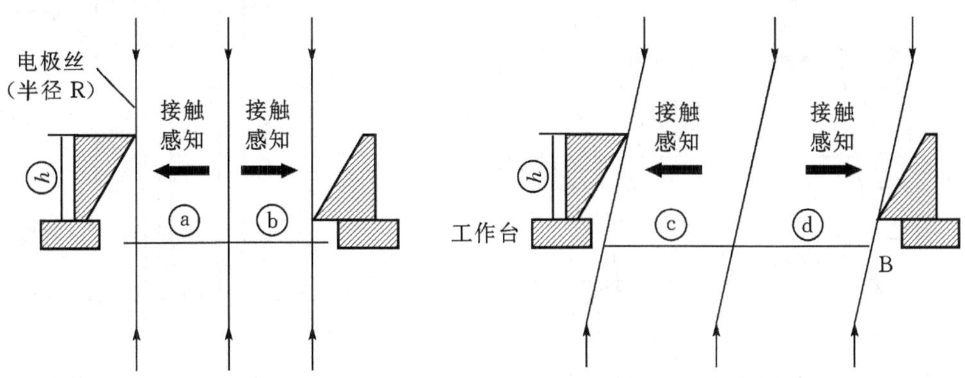

图 4-7　测量上、下导丝嘴距离的步骤

④电极丝复原至原先坐标原点位置，令 U 轴移动一段已知距离，使电极丝在 ZX 平面倾斜一夹角，和步骤③一样，分别测出距离 c 和距离 d。为准确起见，读数距离应加上电极丝半径。(严格来说，此时应加上的值是大于半径值的，由于误差很小，为方便计算，可以近似认为半径值)。

⑤利用上述测出的距离 a、b、c、d，两测点间的距离 h 以及 U 轴移动的距离 α，可建立如下关系式(图 4-8)：

$$
\begin{aligned}
&e+a+b=c+d \qquad && e=(c+d)-(a+b) \\
&b=d+f && f=b-d \\
&e/h=\alpha/k && k=\alpha h/e \\
&e/h=f/j && j=fh/e \\
&i=k-j &&
\end{aligned}
\tag{4-8}
$$

式中：k——上、下导丝轮(嘴)间的距离(为已知数据)；

j——台面至下导丝轮(嘴)的距离；i 为台面至上导丝轮的距离。

3. 应用

(1)带斜度的粉末冶金模具　图 4-9 所示粉末冶金模是由凹模、凸模、垫板及顶杆组成。凹模和凸模的材料均为硬度合金。凹模尺寸如图 4-8 所示，高度为 100 mm，斜度为 2′24″。

用带锥度装置的线切割机床进行多次切割，加工粗糙度达 $Ra=0.611\ \mu m$，直线度 3 μm，尺寸误差±0.006 mm；加工时间：垫板及凹模切割 4 小时 10 分钟，顶杆及凸模切割 3 小时 28 分钟；调整时间：12 分钟。

(2)复杂异形挤压模　有一副典型的上下异形模具，挤压模入口处为 ϕ40 mm 的圆，出口处为梅花形，外接圆 ϕ38 mm，高度为 250 mm，用电火花线切割加工的时间为 19 h。

(3)成型刀具的切割　由于常规的磨削工艺需要与刀具形状相适应的成型砂轮，加工过程还要经常进行修整，复杂形状则很难加工。采用带有锥度装置的电火花线切割机可以很方便的加工内圆角半径小于 R0.2 mm 和窄缝宽小于 0.4 mm 的成型刀具，后角可用锥度切割实现。经过一定的程序处理，还可以加工变斜度的成型刀具。

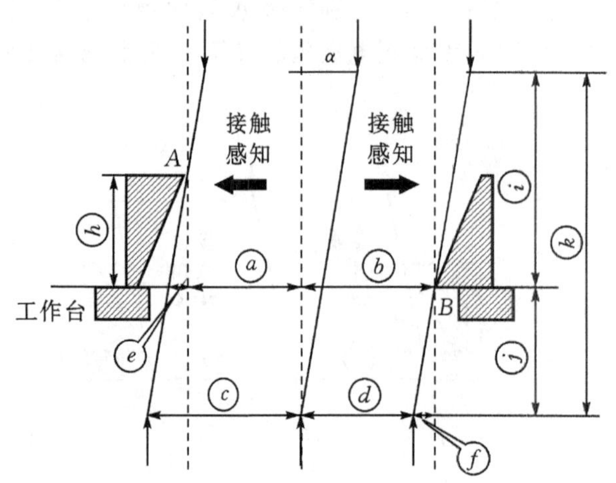

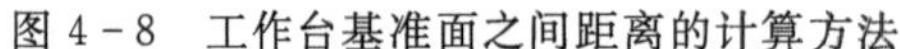
图 4-8 工作台基准面之间距离的计算方法

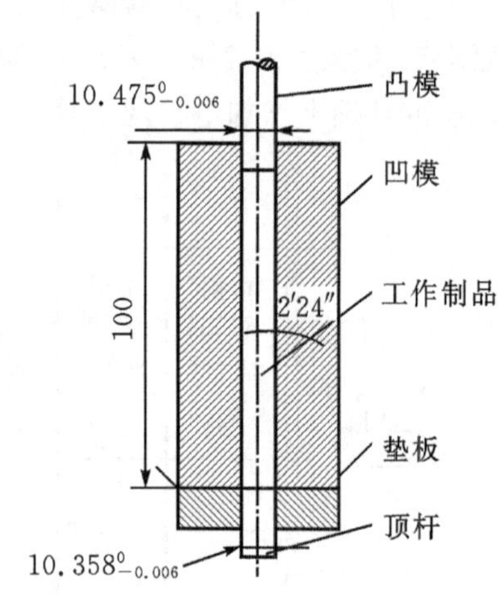

图 4-9 粉末冶金模具

4.2.2 上下异形加工原理

数控电火花线切割机已大量应用于模具精密零件加工，锥度加工亦已用得很多。从锥度加工原理可知，工件上下图形是一对满足图样尺寸等距扩大(缩小)的图形。它是基于直纹面加工的一种特例。对于上下异形的工件来说，上下图形不满足等距关系。如何解决这类工件的加工，这就是这节需要讨论的重点。由于微机发展很快，可以高速处理上下异形图形一些繁琐的数学计算，突破某些加工框框的约束，从而为数控电火花线切割机采用四维加工技术，实现上下异形加工创造了条件。

采用上下异形独立编程加工方法，应研究分析在加工中电极丝的运动轨迹，即从工件二端图形射影到上下线架平面上，通过上下线架投影轨迹的计算来获得工作台滑板 X、Y 轴(电极丝平动)和上线架小滑板 UV 轴(电极丝倾斜)位移量，实现二个平面比例插补联动，解决上下异形加工的问题。以下通过几何图形较直观分析，建立上下投影轨迹的数学模型。

根据直纹曲面构造理论，给定工件的上下面轨迹、曲线端点以及路程参数时，可唯一地构造一个直纹面。以曲线弧长作为路程参数构造的直纹面是自然直纹面。对于上下图形，对应点不同将导致不同的直纹曲面产生。这是因为不同的标志点对应关系，改变路程参数变化区域。因而，应合理标明上下图形相对应的点。

(1)上下面轨迹几何分段相等　上、下两面各段起、止点都一一对应，如图 4-10 所示，这种情况可以认为工件是由很多小直纹曲面组成，由于对应点位置均是已知的，可以不要标志直接进行轨迹叠加合成计算。

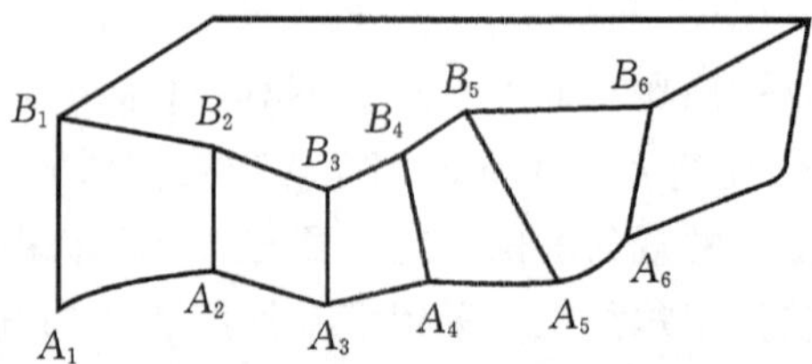

图 4-10 上下面轨迹几何分段相等

(2)上下图形按比例对段进行拆分　上下图形几何分段数不相等，各段无法找到一一对应的标志，需对有些段进行拆分产生新节点使上下各节点位置一一对应。这种拆分段产生节点由计算机根据确定的对应点计算公式来计算。如图 4－11 所示。图中 A'_1、A'_2、……、B'_1、B'_2、……是原图形的各端点的对应点。它是以整个弧长作为计算基准的。

(3)上下图形中局部线段进行拆分　如果上下图形起终点一一对应，除此之外上下一些段端点注上 * 标志，对于未注标志端点段应进行拆分(图 4－11)。产生新节点与之一一对应，这些未标注 * 的端点之间的段数可能不等。实际上可认为对段进行拆分后，产生新节点形成一系列小直纹面，对这些小直纹面分别进行处理，对未注标志点所对应新节点坐标，由计算机根据对应点公式，确定它是以相关部分总弧长为计算基准的。例 A'_3是下端 A_3在上端的对应点和 $A_1^* A_2 B'_2 A_3 A_4^*$ 弧长为计算基准的。综合上面讨论对图形标志原则如下：

①工件上表面起、终点必须对应下表面起、终点。

②工件上下表面图形对应标志应严格相等，如果不等应通过对段拆分，增加新节点等方法令其相等。

③两相邻标志的工件上下表面轨迹的段数可以不等。

(4)产生新节点计算　上下图形端点所对应新节点的计算参见图 4－12，假设工件上表上有 m 个

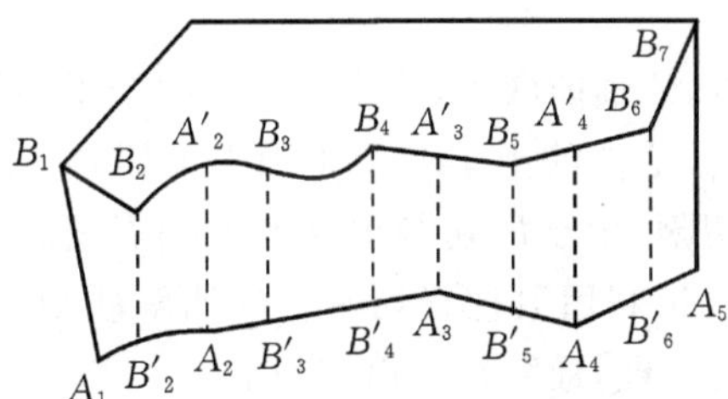

图 4－11　对段进行拆分产生新节点 K'

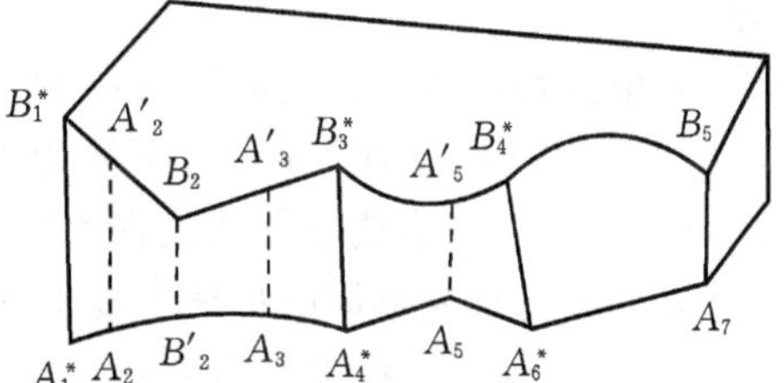

图 4－12　对部分为标志段拆分

端点记为 $B_i(i=1,2,\cdots,m)$。工件下表面有 n 个基点记 $A_j(j=1,2,\cdots,n)$其中 B_1，B_m分别是上表面轨迹起终点 A_1，A_m为工件下表面的起终点上下面轨迹每个端点均为已知(U_iV_i)，$(i=1,2,\cdots,m)$和(X_jY_j)，$(j=1,2,\cdots,n)$。上表面相邻端点 B_{i-1}，B_i之间弧长为 $l_{Bi}(i=2,3,\cdots,m)$。下表面两相邻端点 A_{j-1}和 A_j之间弧长为 $l_{Aj}(j=2,3,\cdots,n)$，计算上表面 B_i在下表面轨迹上的对应点 B'_i以及下表面上的 A_j在上表面轨迹上的对应点 A'_j。以 B'_i计算为例：先计算 B'_i离 A_1的弧长 $l_{B'}$，则

$$lB'_i = \frac{\sum_{k=2}^{n} lA_k}{\sum_{k=2}^{m} lB_k} = \sum_{k=2}^{i} lB_k$$

如果 $\sum_{k=2}^{j=1} \leqslant lB'_i \leqslant \sum_j lA_j$，则 B'_i 点落在 A_{j-1}和 A_j之间的几何段上；如果 $lB'_i = \sum_{j=1} lA_j$，则 B'_i 和 A_{j-1}点重合；如果 $lB'_i = \sum_j lA_k$，则 B'_i 与 A_j点重合。否则，如果 $\sum_{j=1} lA_j < lB'_i < \sum_j lA_k$，则说明 B'_i 点落在 A_{j-1}和 A_j之间；若 A_{j-1}和 A_j之间为直线段则不难求出 B'_i 点的坐标 $B'_i(xB'_i, yB'_i)$。

$$xB'_i = \frac{lB'_i - \sum_{k=2}^{j-1} lA_k}{\sum_{k=2}^{j} lA_k - \sum_{k=2}^{j-1} lA_k}(x_j - x_j - 1) + x_j - 1$$

$$yB'_i = \frac{lB'_i - \sum_{k=2}^{j-1} lA_k}{\sum_{k=2}^{j} lA_k - \sum_{k=2}^{j-1} lA_k}(y_j - y_j - 1) + y_j - 1$$

若 A_{j-1} 和 A_j 之间为圆弧段，假定圆弧段坐标为(xe_j , ye_j)，半径为 r_j，圆弧的起角为 θ_{sj}，终止角 θ_{ej}，则 $A_{j-1}B'_i$ 所对应的圆心角 $\theta B'_i$ 为

$$\theta B'_i = \frac{lB'_i - \sum_{k=2}^{j-1} lAk}{A_j}$$

故不难求出 B'_i 点的坐标(xs'_i , ys'_i)

$$\begin{cases} xB'_i = x_{ej} + A_j\cos(\theta \mathrm{B}_j + \theta \mathrm{B}'_i) \\ yB'_i = y_{ej} + A_j\sin(\theta B_j + \theta B'_i) \end{cases} \tag{4-9}$$

下表面轨迹上各基点 A_j 的对应点 A'_j 的计算类似于上述的公式，只是改变一下式(4－9)中的下标。

上、下异型面切割通常也是靠增加 U、V 轴且与 X、Y 轴能联动，构成了上下两个平面的协调运动。U、V 和 X、Y 分别决定了上下平面两个端点，工件的上下两个平面上的轨迹点就在这两个端点的连线上指直线对苴线或直线对曲线的切割，由于所切割出来的外侧表面属于直纹曲面，所以这种三维异形体的母线构成比较复杂，但是利用数控线切割机的四轴联动功能，只要使 X、Y、U、V 轴联动极限范围内的切割轨迹编程合理，最终是可以实现的。

4.2.3 典型零件的线切割加工方法

1. 成型工具电极线切割加工

电火花成型加工用的成型工具电极，一般采用紫铜或石墨材料，其材质不是韧就是脆，用机械切削方法难于加工，通常都用电火花线切割加工。

图 4－13 所示为某汽车零件注塑模型腔放电加工用的石墨电极，由于材质松脆，片与片之间的间距又比较窄，且高度也比较高，不适合用高速切削加工，因此电火花线切割加工就成了此类电极的制作首选。用电火花线切割加工薄片石墨成型电极与高速切削加工相比，具有加工变形小、表面粗糙度好及精度高等特点。所以在电火花电极制作方面得到了广泛应用，电火花线切割加工适合加工各种材料(紫铜，石墨，铜钨合金等)的形状复杂或微细的工具电极，并能达到所需的尺寸精度和表面粗糙度。图 4－13 所示注塑模型腔放电加工用的石墨电极，一般都需要实施两个工位的装夹加工来完成，如图 4－14 所示。第一工位，先把材料竖起切割成图 4－14(a)所示的形状及尺寸；第二工位横过来切割薄片，如图 4－14(b)所示。因为此时材料的厚度比较大，但却是实芯的，工作液容易通过切割缝隙，放电能够稳定进行。反之，如果先割成第二工位后再竖起切割第一工位形状，则切割截面是断续的，工作液不容易通过，非常容易造成断丝。另外，由于片状物比较薄，石墨是脆性的，在高压喷流的作用下会折断；金属材料的话则会变形，因此在加工此类电极时，工位的安排是相当重要的。

图 4－13　放电加工用的石墨电极

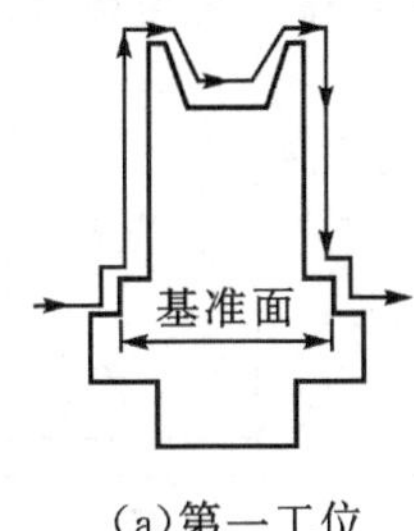

(a)第一工位

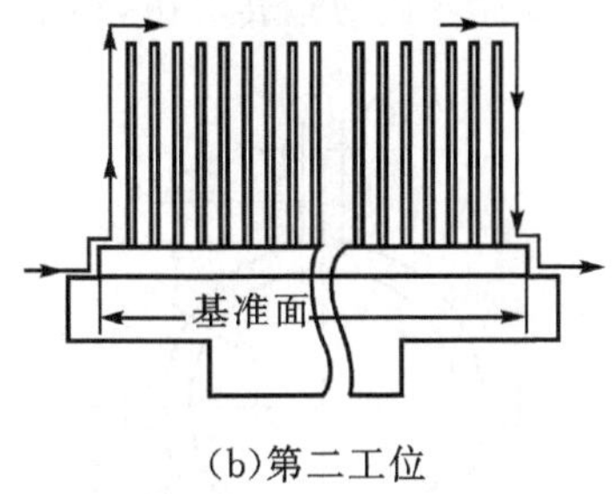

(b)第二工位

图 4－14　石墨电极线切割加工方法

2. 微细小型零件线切割加工

图 4－15 所示两个微细小型零件。工件材料为 0.5 mm 厚的不锈钢薄板，加工精度要求为±5 μm，粗糙度 Ry(2～3) μm，最小圆角半径为 R0.02 mm。采用高速走丝电火花线切割加工时，电极丝为 ϕ0.03 mm 钨丝，精微电规准，最大的工时为 18.6 min，最小的工时为3.6 min，加工好的微细零件都能满足要求。

图 4－16 所示的薄片零件，可将板材叠在一起，一次线切割加工出多个零件，这样经济性会好一些。

3. 异形喷丝板线切割加工

异形孔喷丝板的孔形特殊、细微、复杂，参见图 4－17。图形参考直径为 1 mm 左右，缝宽为 0.08～0.12 mm。异形孔的一致性要求很高，加工精度为±5 μm，表面粗糙度 Ra＜0.63 μm。

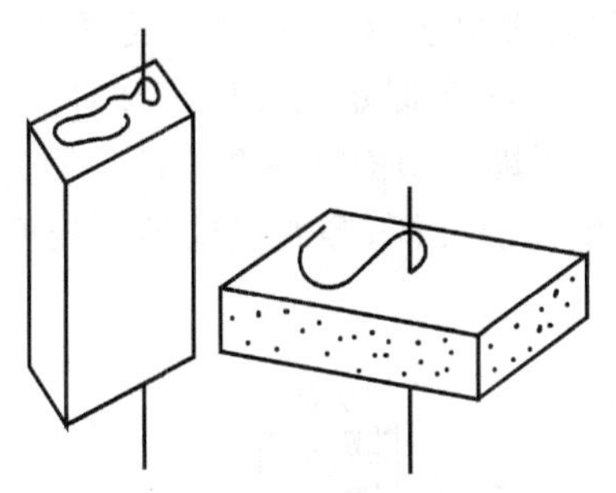

图 4－15　微细零件

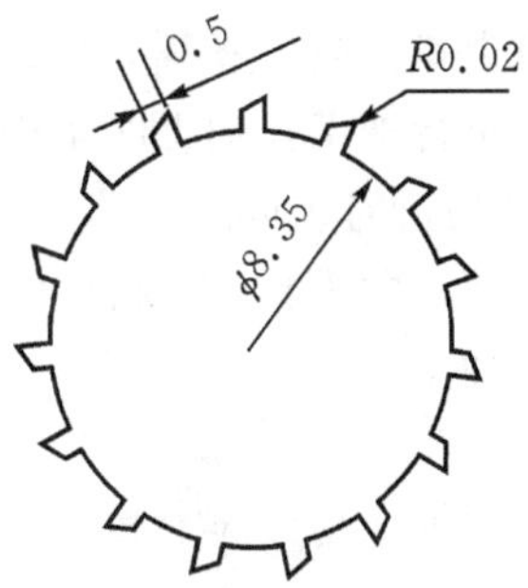

图 4－16　薄片零件

为保证加工零件的高精度和较高的表面质量，加工时应采取下列措施：

①加工穿丝孔，一般利用精密电火花机床加工。加工前将紫铜电极或铜钨合金电极用修正块修到 0.07 mm 左右，在该机床上打出穿丝孔，要求该孔的表面粗糙度 Ra＜0.63 μm，椭圆小于 2 μm，垂直度小于 5 μm (在 0.5 mm 高度内)。穿丝孔在异形孔中的位置要选择合理，一般选在窄缝交汇处。

②采用窄脉宽小能量加工，一般 t_i＝0.5 μs，t_0＝1.5 μs，加工电流在 0.1～0.2 A 之间，当电极丝退出轨迹与进给轨迹重复时，应切断脉冲电源，使得异形孔诸槽一次加工成型，以保持缝宽的一致性。

③选用直径为 0.05～0.085 mm 的 W20Mo 电极丝。

④走丝速度应低，约为 1～2 m/s。

⑤储丝筒应运转灵敏，利用宝石导向器保持电极丝运动的位置精度。

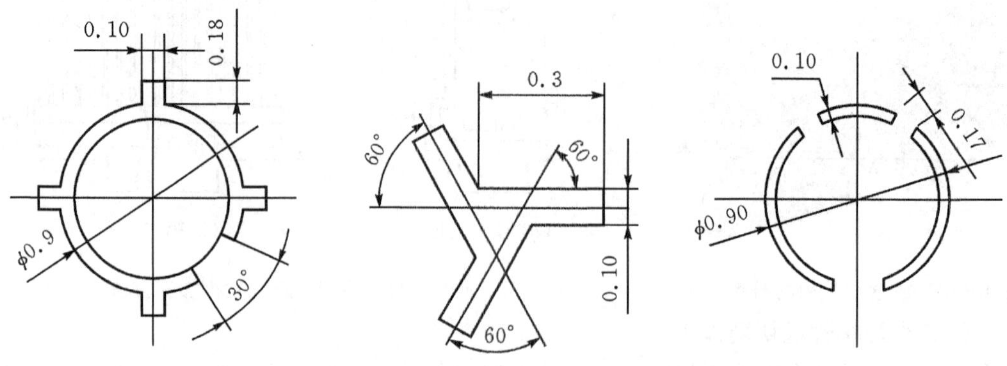

图 4－17　异形孔喷丝板

4. 回转端面曲线型面线切割加工

回转端面曲线型面的加工任务，经常在按正弦曲线变化的十字接头及波浪弹簧片等试制产品中遇到。利用一个回转工作台，并对线切割机的丝架进行适当的改装，即可切割这类曲面。如要在端面加工出按正弦曲线变化的曲面，可使用回转工作台的转动（绕水平轴旋转）和原机床工作台 X 方向拖板的转动互相配合来加工，如图 4－18 所示。

将回转工作台的旋转轴线按水平位置安装，在原丝架上附加一个小丝架，以便使小丝架上的小导轮能伸进工件的内孔中去，从而使电极丝一直作单壁上加工，避免出现加工波谷面时碰到另一面波峰的情况。加工时原线切割控制台的 Y 轴步进电机的四根控制线改接到回转工作台的步进电机上，这样程序编制要以极坐标代替直角坐标，按正弦曲线规律计算编出的程序输入控制器即可进行加工。加工时工件绕水平轴沿一个固定的方向旋转，同时按正弦曲线规律的要求沿 X 轴的正向或负向移动，工件旋转一周即可切割出一个工件。用这种方法加工出的压制波浪形弹簧片的模具，参见图 4－19，其他按螺旋线、等加速或等减速变化的端面曲线也可用这种装置加工。

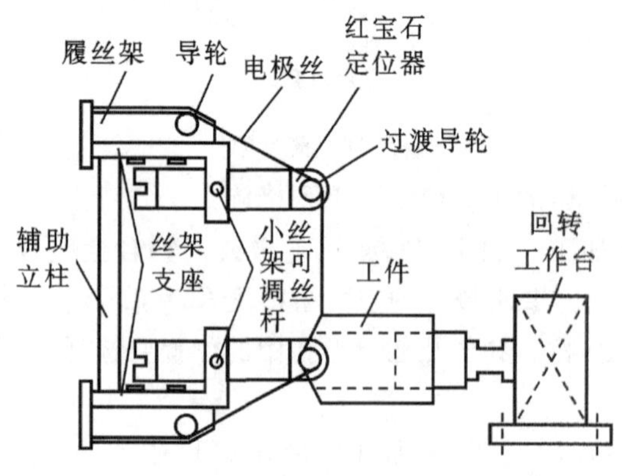

图 4－18　加工回转端面曲面示意图

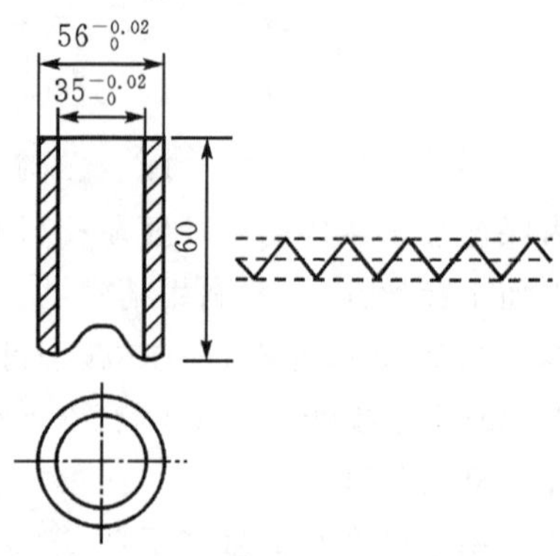

图 4－19　波浪形弹簧片模具

5. 弹性零件线切割加工

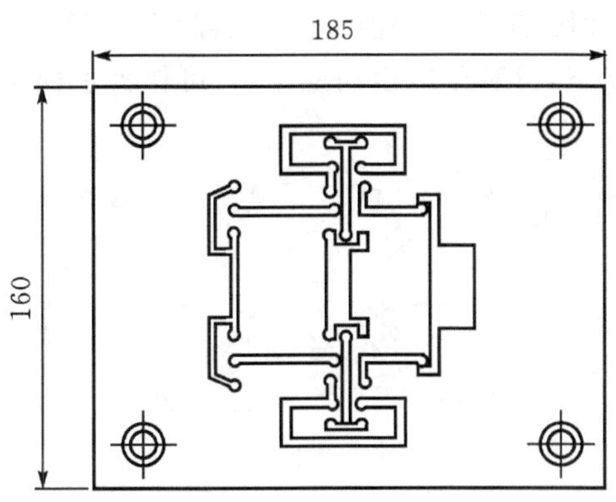

图 4-20　弹性工作台

在精密机构中经常会遇到微位移和精密定位等设计。近来配用压电驱动器的弹性铰支机构已得到广泛应用，而线切割是其主要的加工方法。

图 4-20 是一个用作计量工具的弹性工作台。弹性工作台上孔槽分布密集，成型后的连接部位很少，构成弹性件。弹性工作台上 26 只孔的尺寸精度和表面粗糙度要求分别为 $\phi6\pm0.02$ mm 和 $Ra1.25$ μm，孔间距尺寸精度为 ±0.01 mm。按常规顺序加工，容易因弹性变形而影响正在加工的孔精度，而且极易形成短路。考虑到各条槽宽没有要求，所以采用孔、槽分别加工方法：先用多次切割方式加工多孔，保证了孔经尺寸，表面粗糙度和孔距要求；然后加工各槽，加工槽时根据工件可能弹性变形的情况，边加工边用粘接剂固定，这样不但能达到图纸要求，而且提高了加工效率。该零件是用苏州电加工机床研究所研制的 DK7625 型低速走丝机加工的。

某些需要 360°分度回转类型的线切割加工件，由于线切割装夹工艺的需要，不能在一次装夹的情况下就完成所有切割任务，而必须分两次或以上的重复装夹才能完成加工任务。这类零件的加工，通常采用同心旋转定位法，来进行工件的重复安装及定位。如图 4-21 所示的风叶模，是在直径为 150 mm、高度为 150 mm 的圆柱形模坯上均匀加工出 30 等分、斜度为 0.3°(单面)、倒锥方向的叶片漕。在没有特殊的夹具情形下，我们就可以采取此类同心旋转定位工艺方法来进行线切割加工，并能达到精度要求。

图 4-21　风叶模

采用同心旋转定位工艺方法进行风野模线切割加工的装夹和加工过程如图 4-22 所示，

图 4－23 所示为它的叶片简易编程二维尺寸图。图 4－24 为切割路径图。每个叶片处理为一封闭型腔，穿丝孔附近的叶片尾部部分为辅助行程，实际上切割不到，这样设计的目的是为了让电极丝回到原来的垂直状态，有利于取出切铡型芯，可作为子程序处理，简化编程。

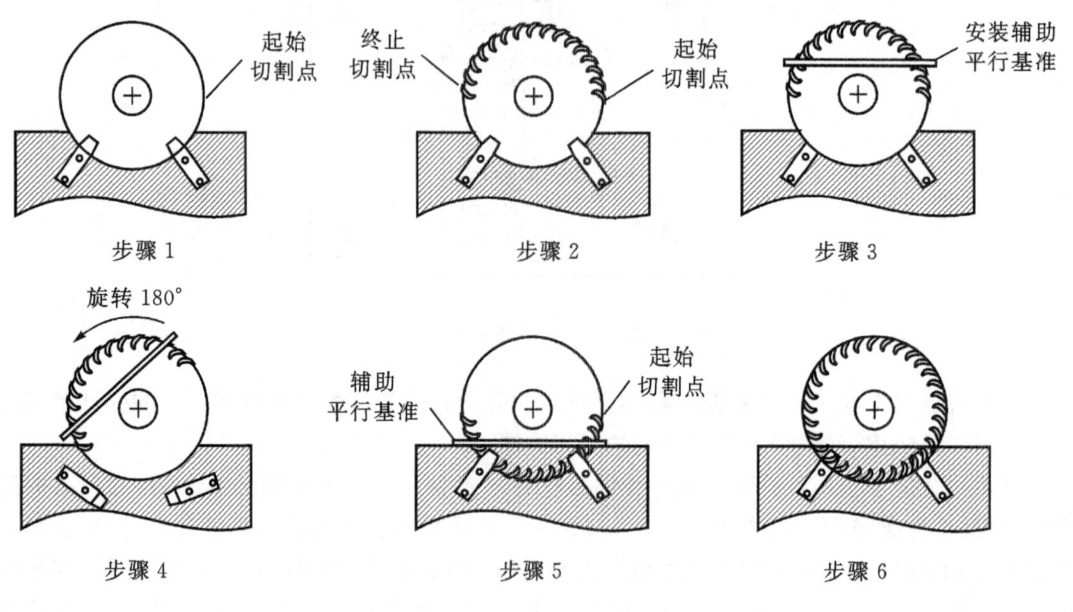

图 4－22　风叶轮加工过程

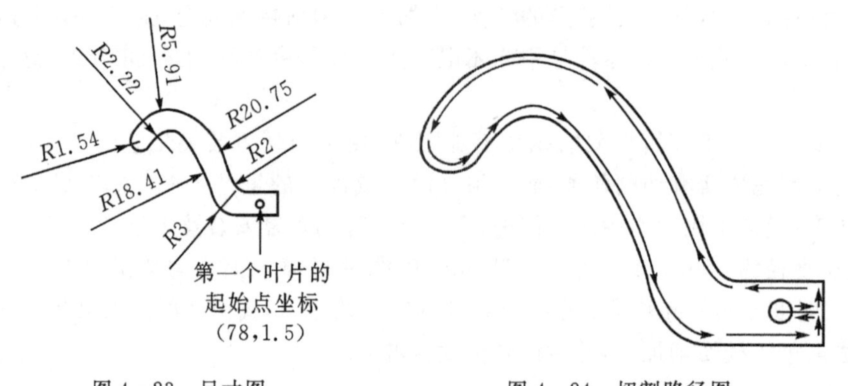

图 4－23　尺寸图

图 4－24　切割路径图

具体方法是：

(1)按图 4－24 装夹好工件(步骤 1)，电极丝穿入中心圆孔，利用自动找中功能找出风叶模圆心位置并设置为 $O(0,0)$。也可用 3 点找中法，在非装夹部位的外圆圆周上任意接触 3 点，找出中心位置并设为 $O(0,0)$。切断电极丝，移动机床至切割起始点，穿好电极丝准备切割。

(2)由于装夹关系，不需要进行全周 30 槽的全部程序编制，只需切割 15 槽的加工程序就够了(步骤 2)。

(3)切割完 15 槽型腔后，按图 4－22(步骤 3)所示，安装辅助平行基准并用胶水稍加固定。

(4)按图 4－22(步骤 4)，将加工完 15 槽后的工件旋转 180°。

(5)按图 4－22 (步骤 5)，校正(步骤 3)所安装的辅助平行基准及模坯平面度并加以固定，拆除辅助平行基准。电极丝穿入中心圆孔，利用自动找中功能找出风叶模圆心位置并设置为 $O(0,0)$。切断电极丝，移动机床至程序的切割起始点，穿好电极丝准备切割。

(6)按图 4－22(步骤 6)，重复执行(步骤 2)的 15 槽切割指令直至加工结束。

以下是用 SODICK AQ560 线切割设备加工的程序：

```
"( = ON OFF IP HRP MAO SV V SF C PIK CTRL WK WT WS WP);"
"C000 = 006 014 2215 000 240 040 8 0020 0 000 0000 020 120 130 050;"
"C001 = 008 014 2215 000 242 020 8 0020 0 000 0000 020 120 130 060;"
"C002 = 002 023 2215 000 751 048 8 6018 0 000 0000 020 120 130 012;"
"H000 = + 000000.0100 ;"
"H001= +000000.1910;"
"H002= +000000.1160;"
"( FIG-1  IST ALL CIRCUMFERENCE);"
"QAIC(2,1,0.1000,013.0,0.1450,0.1000,040.0,0002,0009,20,035) ;"
"TP0.0; "
"TN150.0;"
"G54;"
"G90;"
"G92 X78.0 Y1.5 Z0;"
"RA12.;"
"RI0.RJ0;"
"M38 P0050L15;"
"G27;"
"M02;"
"N000;"
"T94;"
"T84;"
"C000;"
"G52 A0 G41 H000 G01 X79.0 Y1.5;"
"A0.0;"
"C001 X80.2022;"
"A0.3;"
"H001;"
"M98 P0001;"
"T85;"
"G149 G249;"
"( FIG-12ND RECIPROCATE);"
"C002;"
"G51 A0 G42 H000 G01 X80.2022 Y1.5;"
```

```
"A0.3;"
"H002;"
"M98 P0002;"
"G54 G00 X75.9836 Y17.6843;"
"M00;"
"G26;"
"M99;"
";"
"N0001;"
"G01 X80.2022 Y3.0;"
"A0.3;"
"X76.1345;"
"G02 X74.2383 Y4.364 I0.0 J2.0;"
"G03 X70.17655 Y11.4351 I－19.6722 J－6.5981;"
"X59.9781 Y10.2999 I－4.7756 J－3.4749;"
"X62.6193 Y8.751 I1.4164 J－0.6111;"
"G01 X63.6311 Y10.0724;"
"G02 X66.9947 Y10.2653 I1.7648 J－1.3513;"
"X71.5411 Y2.2202 I－13.2455 J－12.7923;"
"G03 X74.4379 Y0.0 I2.8969 J0.7798;"
"G01 X80.2022;"
"Y1.5;"
"A0.0;"
"M00;"
"G50 G40 H000 X78.0;"
"M99;"
";"
"N0002;"
"G01 X80.2022 Y0.0;"
"A0.3;"
"X74.4379;"
"G02 X71.5411 Y2.2202 I0.0J3.0;"
"G03 X66.9947 Y10.2653 I－17.7918 J－4.7473;"
"X63.6311 Y10.0724 I－1.5988 J－1.544I;"
"G01 X62.6193 Y8.751;"
"G02 X59.9781 Y10.2999 I－1.2248 J0.9378;"
"X70.1765 Y11.4351 I5.1228 J－2.3397;"
"X74.2383 Y4.364 I－15.6104 J－13.6692;"
"G03 X76.1345 Y3.0 I1.8962 J0.636;"
```

"G01 X80.2022;"
"Y1.5;"
"A0.0;"
"G50 G40 H000 X78.0;"
"M99;"

4.3　异形零件加工工艺设计

4.3.1　冲裁模线切割加工工序

1.冲裁模设计制造需要考虑的因素

冲裁模的设计制造要考虑的因素很多，冲裁力的大小、设备的技术参数等等都应在设计中得到充分重视，一般来说，设计一套冲裁模具包括后续的线切割制作过程应先从以下方面考虑着手。

①确定被冲裁件的材质、料厚及冲制质量要求。

②根据冲制件的形状尺寸计算冲裁压力。

③确定合适冲压设备。

④根据冲压力、设备闭合高度及冲裁方式进行模具结构设计。

⑤根据冲裁批量及精度要求选择合适制模钢材。

⑥用机加工方法将模坯加工料至适当尺寸（视要求可留余量供精加工）。

⑦没有电火花小孔加工设备时，必须在热处理前用机加工方法事先加工穿丝孔。

⑧材料热处理。

⑨坯料精加工至所需的形状尺寸。

2.凸模，凹模工艺路线

无论是加工凸模还是加工凹模，都必须准备模坯，然后进行电火花线切割加工，其基本加工路线如下：

①下料。用锯床锯断所需材料，包括模坯以及需加工掉的材料。

②锻造。锻造出所需的形状和尺寸，并改善其内部组织。

③退火。消除铸造后的内应力，并改善其加工性能。

④模坯粗加工。刨或铣模坯上下面和四个侧面，并留有 0.5mm 左右的加工余量。

⑤模坯精加工。用平面磨床磨上下面和四个侧面，表面粗糙度 $Ra0.8\ \mu m \sim Ra0.4\ \mu m$。

⑥划线。钳工按图样划出坐标位置线。

⑦攻丝打孔。按图样要求攻丝和钻孔（包括穿丝孔）。

⑧热处理。按图样要求淬火。

⑨磨上下面。磨去模坯上的氧化膜，并消除热处理变形影响（凹模除上下面之外，还需磨四个侧面）。

⑩电火花线切割。按图样要求编程，并加工出所需模具（凸模或凹模）。

⑪模具精修。模具光整加工，保证刃口锋利。

3. 冲模加工顺序

冲模一般主要由凸模、凹模、凸模固定板、卸料板、侧刀、侧导板等组成。

用线切割机加工冲裁模时，其原则是先切割卸料板、凸模固定板等非主要件，然后再切割凸模、凹模等主要件。这样在切割主要件前，通过对非主要件的切割，可检验操作人员在编程过程中是否存在错误，同时也可检验机床和控制系统的工作情况，发现问题可及时纠正。

如用圆柱销将固定板、凹模、卸料板组合起来可进行一次加工，这要求冲裁的材料厚度最好在 0.5 mm 以下。如果在 0.5 mm 以上，凹模与卸料板可一起切割，但凸模和凸模固定板应单独切割。组合线切割的优点是：固定板、凹模、卸料板孔形尺寸一致，在保证凹模与凸模间隙配合一致的同时还节省了加工时间。

4. 电火花线切割加工顺序

电火花线切割加工的工艺路线，大致可以分为如下四个步骤：

①对工件图样进行审核、分析，确定工艺方法并估算加工工时。

②工艺准备，包括机床调整、工作液的选配，电极丝的选择及校正，工件准备等。

③加工参数选择，包括脉冲参数及进给速度调节等。

④程序编制及校验。

电火花线切割加工完成之后，需根据设计要求进行表面处理，并检验其加工质量。

4.3.2 移位校正加工法

在实践中，有时会遇到加工区尺寸超出机床工作台行程的情况，这时无法用常规的方法进行编程，但只要充分利用机床本身的各种功能，仍然可以加工出符合精度要求的工件。

移位补偿是一种常用的超行程加工方法，对于被加工件来说只需要一个基准面和一个定位坐标，这是因为其移位后的整体切割加工精度取决于该基准及该定位坐标，一般定位坐标采用圆孔型，最好采用慢丝切割成型或磨削成型，表面粗糙度优良且端口部不得有毛刺。基准面则一定要平直，且与装夹面保持垂直。以下几种移位校正法是生产实践中经常被采用的加工方法。

1. 标准块规法

如图 4－25 所示，用一个一级精度 90°角尺(规格是 250 mm×350 mm)的内直角两个边，分别与机床工作台 X、Y 坐标用千分表校平直，然后用压板螺丝固定在工作台上。其放置的位置是：角尺的内角底边与工作台 X 坐标平行，内直角边在工作台边缘与 Y 坐标平行。选用适当的块规作移位校正用。块规大小视工件大小来选择，一般为工件须要加工的行程距离减去机床的行程距离，再加 10～20 mm 余量。目的是为了防止丝杠两头精度不高，找一块尺寸大致相同的标准块规，放在工作台上，块规的一个平行面与内直角边平行靠紧，块规的另一个平面与工件预先磨好的 90°基准面平行靠紧，松紧适当，把工件再用压板和螺丝按照图 4－25 固定在工作台上。取下块规，在穿丝校孔位置开始加工，加工到行程预先计算好的位置时，停止加工；拆卸工件上的压板螺丝，但不可动卸角尺压板，只能将工件平移，工件的基准端与角尺的内底角边平行靠紧，固定工件。同时电极丝也向角尺方向平移一个标准块规的距离，然后继续加工。这种标准块规移动法平移加工的工件精度基本上可以保证。没有块规，可用线切割方法切一个标准块来代替。

2. 标准板上的孔距校正移位法

如图 4-26 所示，找一块板加工出基准面，并磨平。将工件与标准板上镗出 A、B、C、A'、B'、C'六个孔，也可用钻头钻孔。工件淬火后，孔进行研磨。并配销钉四根。首先固定标准板上的 B、B'、C、C'孔。加工完毕后，停机，拨出销钉。标准压板不动不卸，平移工件将 B、B'、C、C'四孔的销钉插入标准压板上的 A、A'、B、B'四孔内，继续加工直到结束。

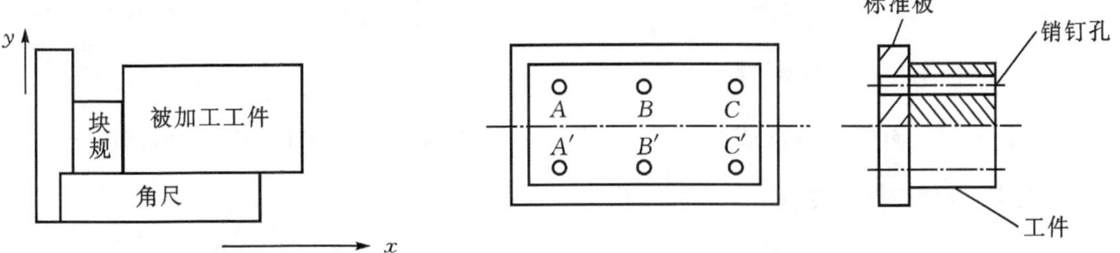

图 4-25　标准块规移动加工　　　图 4-26　镗孔定位移动法

坐标平移法：这是一种常用的补行程加工方法，对于被加工工件来说需要一个基准面和一个定位坐标，这是因为其移位后的整体切割加工精度取决于该基准及该定位坐标，一般定位坐标采用圆孔型，最好采用慢丝切割加工或磨削加工，表面粗糙度优良且端口部不得有毛刺。基准面则一定要平直，且与装夹面保持垂直。装夹后校正基准面，确定并设置基准坐标，把坐标移至预先准备好的基准孔位置，利用电极丝的自动找正功能确定该基准孔的圆心坐标并记录在案，按照基准位置进行切割程序的编制并实施加工，在行程极限附近停止加工并实施工件移立，确认移位后机床行程是否符合加工行程需求，重新校正工件基准，使之与运动轴向平行并固紧工件。利用电极丝找中心功能重新找出基准孔的中心坐标，并设置为原来记录在案的坐标数值，接下来按照原来所编的加工程序继续加工即可。

4.3.3　同心旋转定位法

对于圆盘形的工件，超出机床加工范围时，可用旋转轴象定位法或分度法来进行加工。

1. 外圆定位法

图 4-27 所示的工件是以加工件的外圆定位进行加工的。

(1)将定位底盘与旋转盘装卡在工作台上，有一个加工区在 X、Y 两坐标有效行程内即可。

(2)用千分表或百分表将磁力表架吸在线架上，将表针顶在旋转盘上，用手转动旋转盘，调到不同心度小于 0.01 mm 即可，用压板将定位底盘固定。

(3)将工件装在旋转盘上，用表针顶住工件，使工件与旋转盘一块转动，不同心度小于 0.01 mm 即可，将工件与旋转盘固定。

(4)插上三个销钉，加工第一个位置，加工完后再转动一个，依次类推，销钉孔多少视工件大小和分度要求而定。加工时三点定位即可。

2. 内圆定位法

如图 4-28 所示，以加工工件内圆定位。步骤及找正校方法同上述“外圆定位加工”。

对于一些精度要求不太高的零件可采用组合加工法，将一件工件分成数件加工，然后用一块固定板固定在一起。

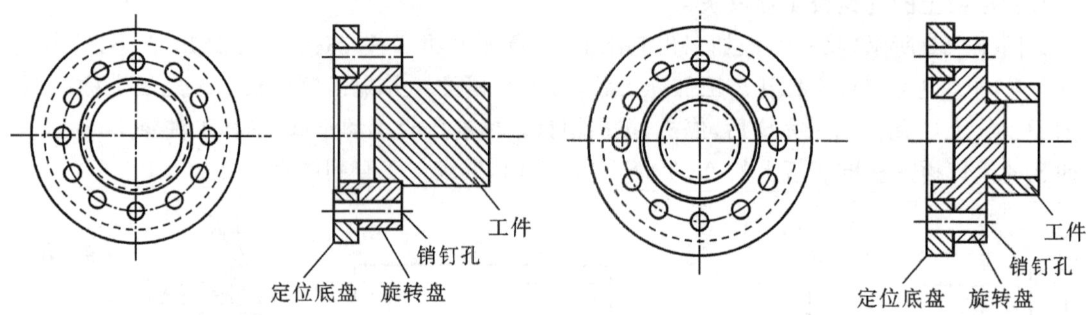

图 4-27　外圆定位法示意图　　　　图 4-28　内外圆定位法示意图

4.3.4　旋转坐标系法

这种方法针对模板的修整、且原基准已被破坏的情形下非常有效，它利用了设备自有的中心坐标找正功能，测出相关型腔的相对坐标，应用工程制图软件进行比对，测出现在装夹位置与原设计编程坐标系位置的角度偏差，然后按新的坐标角度位置重新进行编程加工。图 4-29 所示零件为一块规范切割模板，完全按照基准进行定位加工，编程时的坐标原点设在中心孔位置，加工后各工位中心坐标距离完全符合尺寸精度要求。试模时发现配合间隙一般都需要扩大(单面 0.06 mm)，但由于种种原因原基准已被破坏，无法再充当基准，但内部各模板腔位置准确可用，稍加扩大即可。鉴于此修正要求，我们可以采用旋转坐标系法实施对模具行修正，方法如下：

先大致按平行位置把模板固定在安装夹具上，此时模板可能会偏离 XY 坐标轴(图 4-30)；先校正模板水平状态，把电极丝穿进坐标点“1”孔处位置，然后实施自动对丝功能，并中心位置设置为 0,0。剪断电极丝，移动机床位置至坐标点“2”附近，穿丝后再次执行自动对中程序，读出并记录坐标点“2”的中心坐标值。这时，可以计算出模板安装的倾斜角度，如坐标点“2”的坐标值为(169.9562,3.8568)，则安装误差角度 $\theta=\arctan(3.8568/169.9562)=1.3°$，为慎重起见，可另找一孔再核对确认。

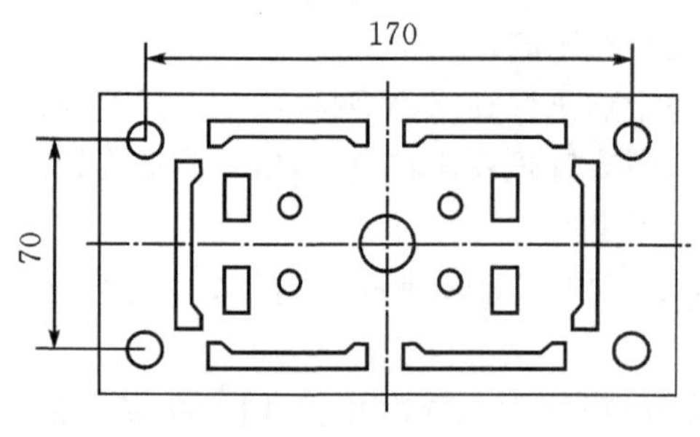

图 4-29　模板

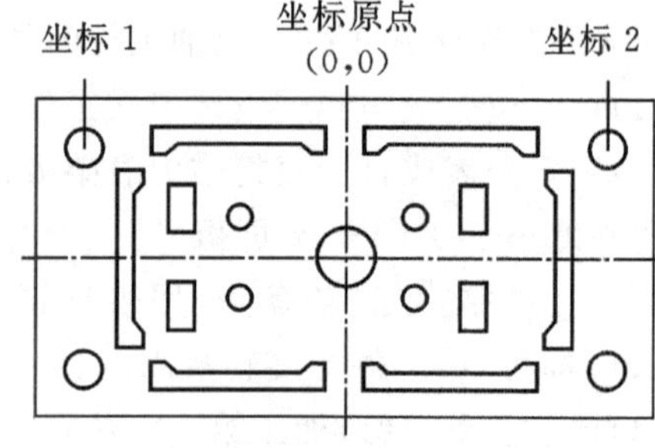

图 4-30　模板校正

确定角度偏差后，把电极丝移动到中心孔处，再次用找中功能找出中心坐标并设置为 O(0,0)，可利用原先编程的图形沿坐标原点旋转 1.3°后重新编程即可加工。当然也可用原切割程序加上一行旋转角度语句、改变补偿偏差后重新利用。

如要加工图 4-31 所示喷丝板零件，切割前需备一块圆板形材料，厚度 30 mm，切割穿丝孔根据钳工划线进行钻加工，线切割加工时，基准根据钳工划线粗略找正，圆中心可用电极丝三点定位法自动确认，根据图 4-32 放置方向进行程序编制和切割，经测量加工尺寸符合图纸设计要求。后经生产过程使用中发现，中间 5 孔直径需扩大 0.2 mm，圆心坐标及和其他孔中心的相对坐标须保持原有精度要求，误差≤±0.005 mm。由于第二次上机床的时候没有了基准，也不可能再用划线法来定基准，因此必须用原切割的孔作为基准找其中心。而采用这种方法要找回原有切割程序所使用的基准相当困难且费时，因此缺乏实用价值。能否用简便的方法取而代呢？答案是肯定的。我们可以用旋转坐标法来实施修正任务。

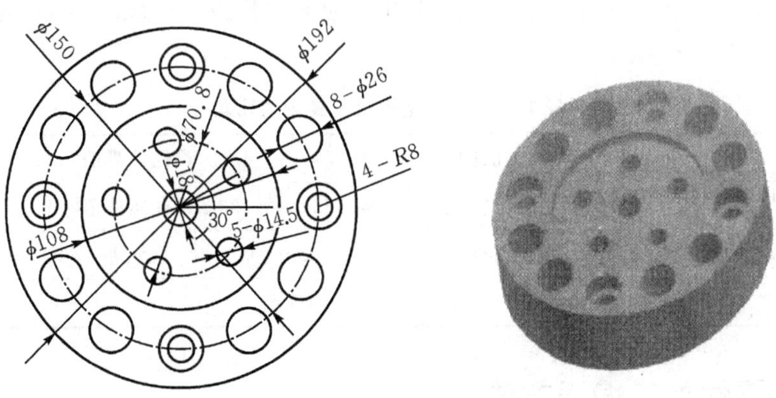

图 4-31　喷丝板

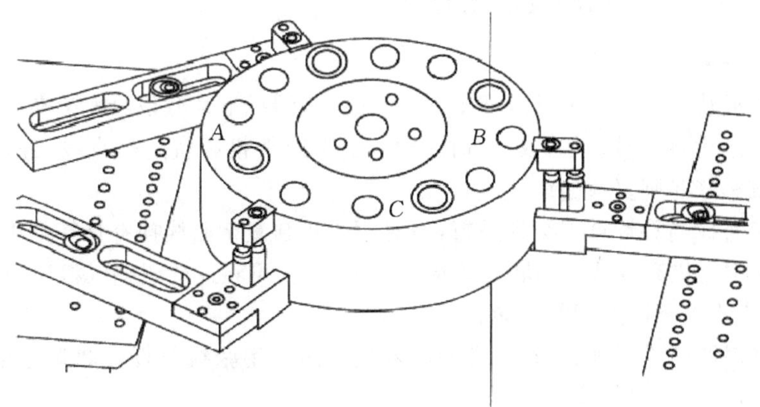

图 4-32　喷丝板装夹

具体操作方法：

①按编程方向大致进行工件固定。

②执行自动找中功能程序找出工件中心孔的中心坐标并设定为原点坐标值。

③剪断电极丝，移至 A 孔穿丝位置，穿丝后找出 A 孔中心坐标并加以记录。

④和原先编程所用的 A 孔坐标加以对比，求出现在装夹位置与原装夹位置角度差。

⑤重复 B 孔和 C 孔的中心定位，核对与它们原先安装角度的偏差，应和 A 孔一致。

⑥把原先编程用的 CAD 图形，根据测出的角度进行图形旋转，使之符合装夹方向要求重新进行自动编程后实施切割。

⑦也可利用原先切割程序，在头部加人旋转角度语句后实施切割，见表 4-4。

表 4-4 旋转角度语句

A孔原坐标	x-75 y0	B孔原坐标	x75 y0	C孔新坐标	x0 y-75
A孔新坐标	x-74.557 y-8.139	B孔新坐标	x74.555 y8.136	C孔新坐标	x8.137 y-74.556
偏转角度θ	6.230°	偏转角度θ	6.2279	偏转角度θ	6.2263
平均偏差	1/3{(−6.23)+(−6.2279)+(−6.2263)}=6.228				

旋转角度后A、B、C三孔的计算坐标值与机床实测值比较，误差≤±0.005mm，符合设计及使用要求，见表4-5。

表 4-5 计算坐标值与实测值比较

A孔计算值	x-74.557 y-8.136	B孔计算值	x74.557 y8.136	C孔计算值	x8.136 y-74.557
A孔实测值	x-74.557 y-8.139	B孔实测值	x74.555 y8.136	C孔实测值	x8.137 y-74.556
值误差	y-0.003 mm	值误差	x0.002 mm	值误差	x0.001 y0.001
平均误差	≤±0.005 mm				

4.4 异形零件加工编程方法

4.4.1 工件上下面轨迹线性化处理

1. 线性化处理原因

①工件上下面轨迹影射到上下线架平面上，在一些情况下某些段会发生畸变，分析表明只有工件上下面轨迹为直线对直线，或点对直线时，上下线架投影轨迹是直线，否则上下投影轨迹可能为圆弧或一些非圆复杂曲线。

②两个对应直线插补计算很容易进行，而对两个非圆复杂曲线插补计算是很难实现的。

③ISO代码中提供有线性小轴联动的指令描述语句，可将此代码输入机器，直接进行比例联动插补计算，实现上下图形切割功能。

因而通常是对圆弧进行细分，在一定的误差范围内利用弦线长替代圆弧分化成许多小折线，这就成了直线—直线的形式。

2. 线性化处理

得到了上下面轨迹上每个端点的对应点后，上下面轨迹被分割成上下一一对应的一系列几何小段:下面就可能出现的情况，讨论线性化处理的方法

(1)直线—直线对应　工件上表面的几何段为一直线段，下表面也为一直线段，这种情况无需进行线性化处理，数控系统具有四轴联动插补功能，因而可直接写出四轴联动的直线段指令。

(2)直线—圆弧对应　当工件一个面的轨迹上的几何段为一直线，另一个面上的几何段为一圆弧，就必须进行线性化处理。用弦线逼近圆弧且产生误差δ小于最大δ_{max}，这样就分化成多个弦线段，另一端直线段也必须细分为多线段，使之与多个弦线段一一对应。

①逼近弦线求解。图4-33中的圆弧AB，所对应的逼近弦长L_m为两倍的ΔL，则不难求出

$$\Delta L = R\sin'\theta \tag{4-10}$$

式中：ΔL ——逼近弧线长度 L_m 的 1/2；

R ——圆弧半径；

θ ——所对应的圆心角。

由图 5-42 还可得出：

$$\Delta L^2 + (R-\delta)^2 = R^2$$

式中 δ 为弦线逼近圆弧的最小误差，展开后得：

$$\Delta L^2 + R^2 + \delta^2 - 2R\delta = R^2$$

$$\Delta \mathrm{L} = \sqrt{2\mathrm{R}\delta - \delta^2} \tag{4-11}$$

δ^2 忽略不计，则有：

$$\Delta L = 2\sqrt{2R\delta}$$

$$L_m = \sqrt{8R\delta} \tag{4-12}$$

假定取 $\delta \leqslant 1\ \mu\mathrm{m}$，由式(4-10)还可得解：

$$\cos(\frac{\theta}{2}) = \frac{R-\delta}{R} = 1 - \frac{\delta}{R}$$

故有：

$$\theta = 2\arccos(1 - \frac{\delta}{R}) \tag{4-13}$$

可见，式(4-13)所描述的最大圆心角 θ 是在 $\delta \leqslant 1\ \mu\mathrm{m}$ 情况下获得的。

②直线—圆弧线性化。假设图 4-34 圆弧的起点坐标(X_{si}, Y_{si})，终点坐标(X_{ei}, Y_{ei})，圆心(X_{ci}, Y_{ci})，半径 Rri，圆弧起始角 θ_{sri}，终止角 θ_{eri}，直线的起点坐标(U_{si}, V_{si})，终点(U_{ei}, V_{ei})。为了保证线性化后的最大误差不大于允许误差 δ_a，同时使线性化后的几何段数最少，以 $\Delta\theta$ 等分成个圆弧段，从而得一系列节点，将每两个相邻节点用直线段连接，若直线段数记为 n，则

$$n = \mathrm{INT}(\frac{\theta_{eri} - \theta_{sri}}{\Delta\theta} + 1) \tag{4-14}$$

式中：INT(　)——取整函数；

θ_{sri}——为圆弧的包角。

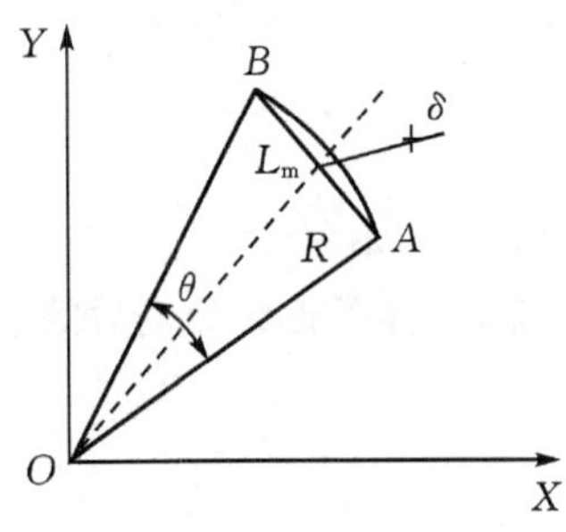

图 4-33　逼近弦线示意图

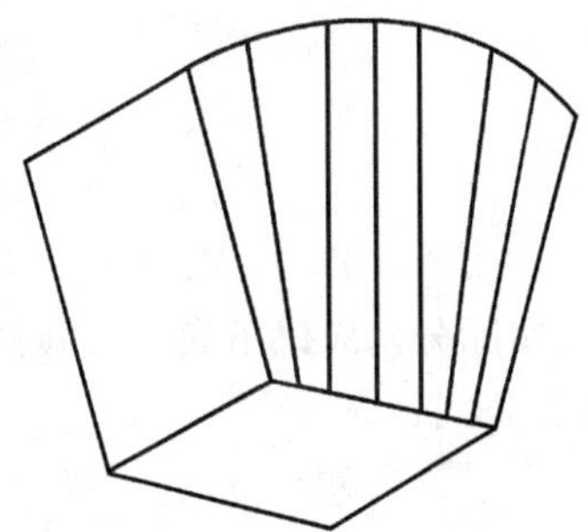

图 4-34　直线-圆弧的线性化

假设圆弧中间的 $n-1$ 个节点坐标为(X_{ij}, Y_{ij})($j=1,2,\cdots,n-1$)，则

$$\begin{cases} X_{ij} = X_{ci} + r_{ri}\cos(\theta_{sri} + j\Delta\theta) \\ Y_{ij} = Y_{ci} + r_{ri}\sin(\theta_{sri} + j\Delta\theta) \\ (j = 1,2,\cdots,n-1) \end{cases} \tag{4-15}$$

工件上表面的圆弧段被 n 段直线代替，则工件下表面的对应直线也必须分成 n 段，也就是要求出圆弧上各节点在下表面的对应点坐标 $(U_{ij},V_{ij})(j=1,2,\cdots,n-1)$，则

$$U_{ij}=\frac{U_{ei}-U_{si}}{\theta_{eri}-\theta_{sri}}(\theta_{sri}+j\Delta\theta)+\frac{\theta_{eri}U_{si}-\theta_{sri}U_{ei}}{\theta_{eri}-\theta_{sri}}$$

$$V_{ij}=V_{si}+\frac{V_{ei}-V_{si}}{U_{ei}-U_{si}}(U_{ij}-U_{si})\quad(j=1,2,\cdots,n-1)\tag{4-16}$$

上表面的 n 段直线与下表面的 n 段直线分别依次对应，从而将直线一圆弧的对应分解成 n 个直线一直线的对应。

(3)圆弧-圆弧对应　当工件上下表面几何数均为圆弧，同样必须作线性化处理和线圆躬化相类似。假设上表面圆弧的起点为 (U_{si},V_{si})，终点 (U_{ei},V_{ei})，半径 r_{si}，圆弧起始角 θ_{ssi}，终止角 θ_{esi}。如果允许的圆弧线性化误差为 δ_a，则上表面圆弧相应于 δ_a 的圆心角 $\Delta\theta$。

$$\Delta\theta_s=2\arccos(1-\frac{\delta_a}{r_{si}})\tag{4-17}$$

类似的下表面圆弧相应于 δ_a 的圆心角 $\Delta\theta_r$

$$\Delta\theta_r=2\arccos(1-\frac{\delta_a}{r_{ri}})\tag{4-18}$$

如果分别以 $\Delta\theta_s$ 和 $\Delta\theta_r$ 等分上下面的圆弧，则得到上下面圆弧段数分别为 n_s 和 n_r。

$$n_s=\mathrm{INT}(\frac{\theta_{esi}-\theta_{ssi}}{\Delta\theta_s}+1)\tag{4-19}$$

$$n_r=\mathrm{INT}(\frac{\theta_{eri}-\theta_{sri}}{\Delta\theta_r}+1)$$

当 $n_s>n_r$ 时，则说明上表面圆弧的分割段数比下表面圆弧的分割段数多，实际分割时应以上表面圆弧的分割为准，即以 $\Delta\theta_s$ 分割上表面的圆弧，得到 n_s-1 个节点，再计算出每个节点在下表面圆弧上的对应点，从而将下表面的圆弧也分成 n_s 段。假定节点坐标为 $(U_{ij},V_{ij})(j=1,2,\cdots,n_s-1)$，其对应 J 点坐标为 $(X_{ij},Y_{ij})(j=1,2,\cdots,n_s-1)$，可以得到下列公式：

$$\begin{cases}\theta_1=\theta_{ssi}+j\Delta\theta_s\\ \theta_2=\dfrac{\theta_{eri}-\theta_{sri}}{\theta_{esi}-\theta_{ssi}}\theta_1+\dfrac{\theta_{sri}\theta_{esi}-\theta_{ssi}\theta_{eri}}{\theta_{esi}-\theta_{ssi}}\\ U_{ij}=U_{ei}+r_{si}\cos\theta_1\\ V_{ij}=V_{ei}+r_{si}\cos\theta_1\\ X_{ij}=X_{ei}+r_{ij}\cos\theta_2\\ Y_{ij}=Y_{ei}+r_{ri}\cos\theta_2(j=1,2,\cdots,ns-1)\end{cases}\tag{4-20}$$

当 $n_s<n_r$ 时，实际分割应以下表面圆弧的分割为准，同样可得到分割后的节点以及其对应点的坐标计算公式：

$$\begin{cases}\theta_2=\theta_{sri}+j\Delta\theta_r\\ \theta_1=\dfrac{\theta_{esi}-\theta_{ssi}}{\theta_{eri}-\theta_{sri}}\theta_2+\dfrac{\theta_{ssi}\theta_{eri}-\theta_{sri}\theta_{esi}}{\theta_{eri}-\theta_{sri}}\\ U_{ij}=U_{ei}+r_{si}\cos\theta_1\\ V_{ij}=V_{ei}+r_{si}\cos\theta_1\\ X_{ij}=X_{ei}+r_{ij}\cos\theta_2\\ Y_{ij}=Y_{ei}+r_{ri}\cos\theta_2(j=1,2,\cdots,ns-1)\end{cases}\tag{4-21}$$

求出节点坐标和对应点坐标后，将每相邻两点用直线段连接，从而将圆弧-圆弧对应情况分解成 n_s 或 n_r 个直线-直线段的对应。

4.4.2　上下线架投影轨迹计算

对工件上下图形进行线性化处理和完整的对应点处理后就成为仅有直线构成的图形。工件上下端面直线型图形投影在上下线架上，也应是直线型，无畸变现象发生。电极丝相对于工件运动造成了工件的三维直纹曲面，计算电极丝在线架上下端面平面上的轨迹，这是上下异形加工一个重要的步骤。

1. 上下线架投影的几何分析

图 4-35 是线切割机床装夹工件后，所设定的各平面示意图。图中 H 为二线架中心距离，h 为下线架到工件下底面距离，D 为工件厚度，h_1 为工件上端面到上线架距离，即 $h_1=H-(D+h)$。

工件作上下异形加工时，电极丝(投影线)将通过工件上下端面上的移动的二个对应点。

如图，电皿丝由初始位于上下二端面的 B，A 点上，B 点经 B_{i1}，B_{i2}……到达终点 B_m 点上，A 点经 A_{i1}，A_{i2}……到达终点 A_n 点上。取 $B-B_{i1}$，$A-A_{i1}$ 为两个很小的折线段影射到线架上下端面 P_2P_l 平面上。图 4-36 示 AA_{i1} 为工件下端面 Q_1 平面 AA_1 线的一小段，同样 BB_{i1} 为工件上端面 Q_2 平面 BB_1 线的一小段。

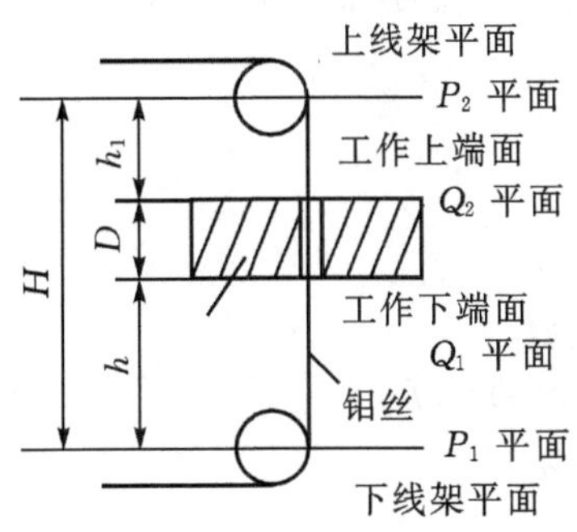

图 4-35　各平面示意图

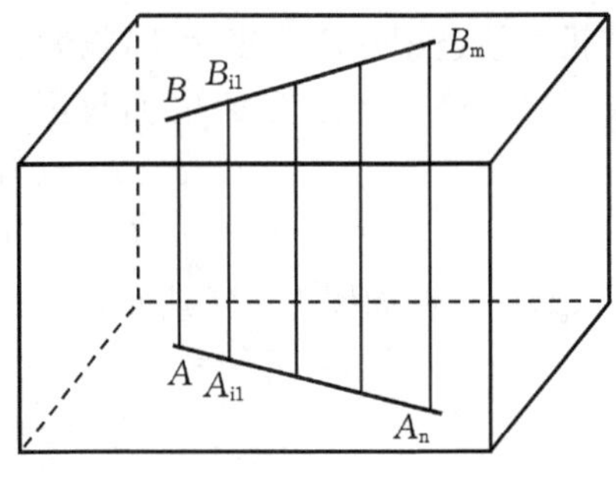

图 4-36　工件上下端面两直线

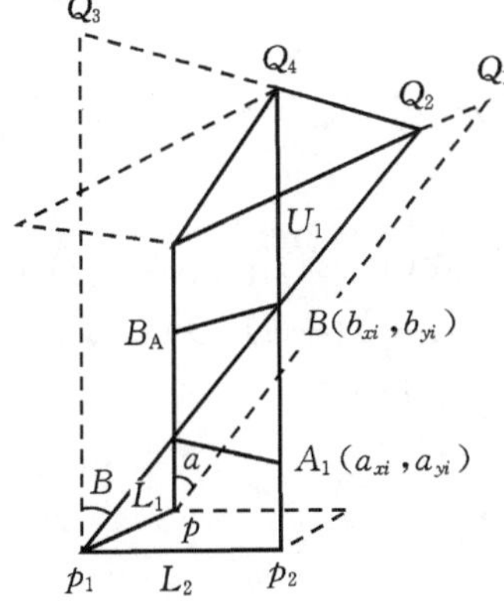

图 4-37　上下线架投影影示意图

图 4－37 中 P 点为极丝经 A、B 两点投影在下线架初始点，Q 点是投影在上线架 Q 平面的初始点，连结 AB_{i1}。

(1)分析电极丝从 $B \to B_{i1}$ 投影轨

①线架上端 Q 平面内移动点 Q 至 Q_1 使 $QQ_1 /\!/ BB_{i1}$，由于 P 为支点，上线架移动时不动，产生 Q_2Q_1 偏移，要按下述情况“2. 下线架投影轨迹计算”处理。

②电极丝平移 PP_1 使下线架 P 移至 P_1，上线架 Q_1 移至 Q_2 使 $QQ_2 /\!/ BB_{i1}$；$PP_1 /\!/ BB_{i1}$ 消除了①引起的偏移，使电极丝停留在二件下端面 A，上端面 B_i 上，由①、②归并产生 $Q \to Q_2$ 和 $P \to P_1$ 移动轨迹。

(2)$A \to A_{i1}$ 投影轨迹

①在 Q 平面内移动 Q_2 至 Q_3 点上，此时下线架 P 平面内点 P_1(在极丝倾斜时)静止不动，且使 $Q_2Q_3 // AA_{i1}$。

②平移 Q_3P_1 至 Q_4P_2(电极丝平动)使 $P_1P_2 // AA_{i1}$，$Q_3Q_4 // AA_{i1}$。

按上述两种情况处理，线架上端 Q 平面内使电极丝经过工件 $B_{i1}A_{i1}$ 点 Q_4 为上线架投影点，P_2 为下线架投影点。

2. 下线架投影轨迹计算

(1)以上几何方法，可使工件 AB 两端点移至 A_{i1} B_{i1} 点上，同时也产生了 Q_4，P_4 的投影点。

设 $QQ_2 = l_1$，$PP_1 = L_1$，则 $U_1 = l_1 + L_1$，$BB_{i1} = b_{i1}$ 工件上端面线长度，投影坐标 $B_{i1}(b_{xi1}, b_{yi1})$，$Q_2Q_3 = l_2$，$P_1P_2 = L_2$；则有 $U_2 = l_2 + L_2$，$AA_{i1} = a_{i1}$ 工件下端面线长度，投影坐标(a_{xi1}, b_{yi1})。

下线架投影轨迹 $P \to P_2$ 长度为 L，投影为 $X_{i1}Y_{i1}$

上线架投影轨迹 $Q \to Q_4$ 长度为 U，投影为 $U_{i1}V_{i1}$

$$l_1 = (H/D) \times b_{i1} \tag{4-22}$$

$$L_1 = -(h/D) \times b_{i1} \tag{4-23}$$

式中 H、h、D 注释如图 4－37 所示。

$$U_1 = l_1 + L_1 = [(H-h)/D] \times b_{i1} \tag{4-24}$$

$$l_2 = -(H/D) \times a_i \tag{4-25}$$

$$L_2 = [(D+h)/D] \times a_{i1} \tag{4-26}$$

$$U_2 = l_2 + L_2 = [(-H+D+h)/D] \times a_{i1} \tag{4-27}$$

式(4－22)＋式(4－26)得：

$$L = -(\frac{h}{D}) \times b_{il} + [(D+h)/D] \times a_{il} = a_{il} + \frac{h}{D}a_{il} - \frac{h}{D}b_{il} = a_{il} + \frac{h}{D}(a_{il} - b_{il}) \tag{4-28}$$

式(4－28)为下线架投影轨迹。式(4－24)＋式(4－27)可得：

$$\begin{aligned} U &= [(D+h)/D] \times b_{il} + [(-H+D+h)/D] \times a_{il} \\ &= b_{il} + \frac{H-h-D}{D}b_{il} + \frac{-H+D+h}{D}a_{il} \\ &= b_{il} + \frac{H-h-D}{D}(b_{il} - a_{il}) \\ &= b_{il} + \frac{h_1}{D}(b_{il} - a_{il}) \end{aligned} \tag{4-29}$$

式中 h_1 为上线架到工件上端面距离，式(5－32)为上线架投影，从而可得：

$$X_{il}=ax_{il}+(h/D)(ax_{il}-bx_{il})$$
$$Y_{il}=ay_{il}+(h/D)(ay_{il}-by_{il})$$
$$U_{il}=ax_{il}+(h_1/D)(bx_{il}-ax_{il})$$
$$V_{il}=by_{il}+(h_1/D)(by_{il}-ay_{il})$$

(2)在线架上端 Q 平面上，QQ_4 的轨迹是 $QQ_2+Q_2Q_4$ 矢量和。由图 4-38 矢量图可知，当以 Q 为原点同时移动 QQ_2 和 Q_2Q_4 对边，按平行四边形法则易知，P 至 P_2 点是沿着合成轨迹为 QQ_4 此段线行进的，避免了绕过 Q_2 再到 Q_4。

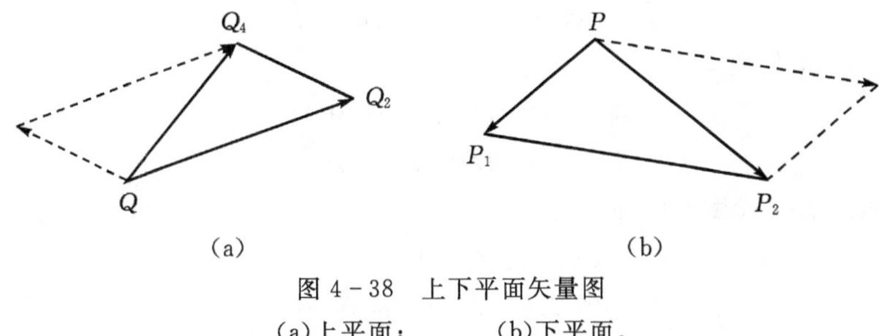

图 4-38　上下平面矢量图

(a)上平面；　　(b)下平面。

同样在线架下端 P 平面上，$PP2$ 的轨迹是 $PP_1+P_1P_2$ 矢量和，同样 P 沿着 PP_2 的直线行进的而不产生绕 P_1 到 P_2 折边轨迹。

工件上下端面二直线可看成许多 AA_{i1}，BB_i 小折线，线性几何段的集合，因而得 QP 平面内投影公式为

$$\delta_x=\Delta a_x+(h/D)(\Delta a_x-\Delta b_x) \tag{4-30}$$
$$\delta_y=\Delta a_y+(h/D)(\Delta ay-\Delta b_y) \tag{4-31}$$
$$\delta_U=\Delta b_x+(h_1/D)(\Delta \mathrm{b}_x-\Delta a_x) \tag{4-32}$$
$$\delta_V=\Delta b_y+(h_1/D)(\Delta b_y-\Delta a_y) \tag{4-33}$$

式中：Δa_x，Δa_y——工件底部移动轨迹坐杯增量；

Δb_x，Δb_y——工件上端移动轨迹坐标增量；

δ_x，δ_y——下线架 P 平面上投影轨迹分量；

δ_U，δ_V——上线架 Q 平面上投影轨迹分量。

(3)大滑板(X 轴 y 轴)(平动)小滑板(U 轴 V 轴)(倾斜)运动轨迹：从图 4-39 中可看出，下线架 R 平面轨迹是靠大滑板运动(平动)得来的，电极丝倾斜不影响它的位置：所以电极丝平动($\delta_x\delta_y$)分量(相对大滑板)，为式 (4-30)和式(4-31)。

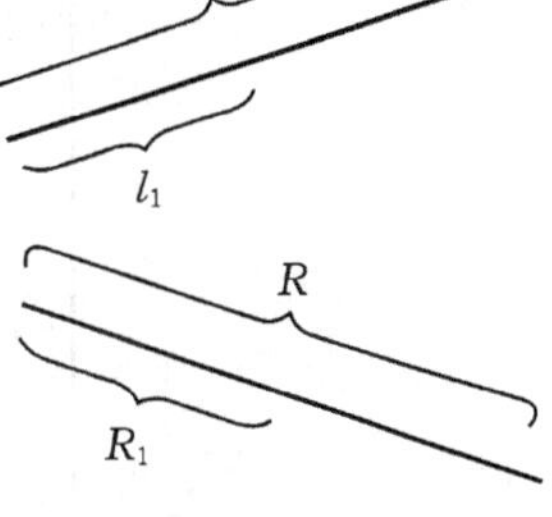

图 4-39　大小滑板运动轨迹

线架上端轨迹由式(4-24)和式(4-27)可得：

$$\mu=l_1+L_1+l_2+L_2=(l_1+l_2)+(L_1+L_2) \tag{4-34}$$

式中(L_1+L_2)为电极丝平动轨迹；(l_1+l_2)为上线架运动(极丝倾斜)轨迹。所以 Q 平面上线架运动轨迹为下线架平面 P 平面上运动轨迹和小滑板运动轨迹之和，即

$$\delta_u+\delta_U-\delta_x=\Delta b_x+(h_1/D)(\Delta b_x-\Delta a_x)-[\Delta a_x+(h/D)(\Delta a_x-\Delta b_x)]=\frac{H}{D}(\Delta b_x-\Delta a_x) \tag{4-35}$$

所以：

①按 H、D、h_1 已知量，工件两端 $\Delta a \Delta a_y \Delta b_x \Delta b_y$ 在线架上下端投影是很易获得。

②下线架投影轨迹(电极丝平动)：

$$\delta_x = \Delta a_x + (h/D)(\Delta a_x - \Delta b_x) \tag{4-36}$$

$$\delta_y = \Delta a_y + (h/D)(\Delta a_y - \Delta b_y) \tag{4-37}$$

③上线架投影轨迹(平动+倾斜)：

$$\delta_U = \Delta b_x + (h_1/D)(\Delta b_x - \Delta a_x) \tag{4-38}$$

$$\delta_V = \Delta b_y + (h_1/D)(\Delta b_y - \Delta a_y) \tag{4-39}$$

④小滑板投影轨迹(倾斜)：

$$\delta_u = (H/D)(\Delta b_x - \Delta a_x) \tag{4-40}$$

$$\delta_v = (H/D)(\Delta b_y - \Delta a_y) \tag{4-41}$$

⑤G 指令四维加工直线指令分别为

G01 X δ_x Y δ_y U δ_U V δ_V

G01 X δ_x Y δ_y U δ_U V δ_V

这里 δ_U，δ_V 为上线架合成量。δ_u，δ_v 为小滑板进给量，δ_x，δ_y 为电极丝(相对大滑板)进给量。

4.4.3 回转联动编程简要算法

上下两图形可在二维自动编程系统中，生成 ISO 指令，合成四轴联动程序用于上下异形加工，其四轴联动工作流程图如图 4-40 所示。

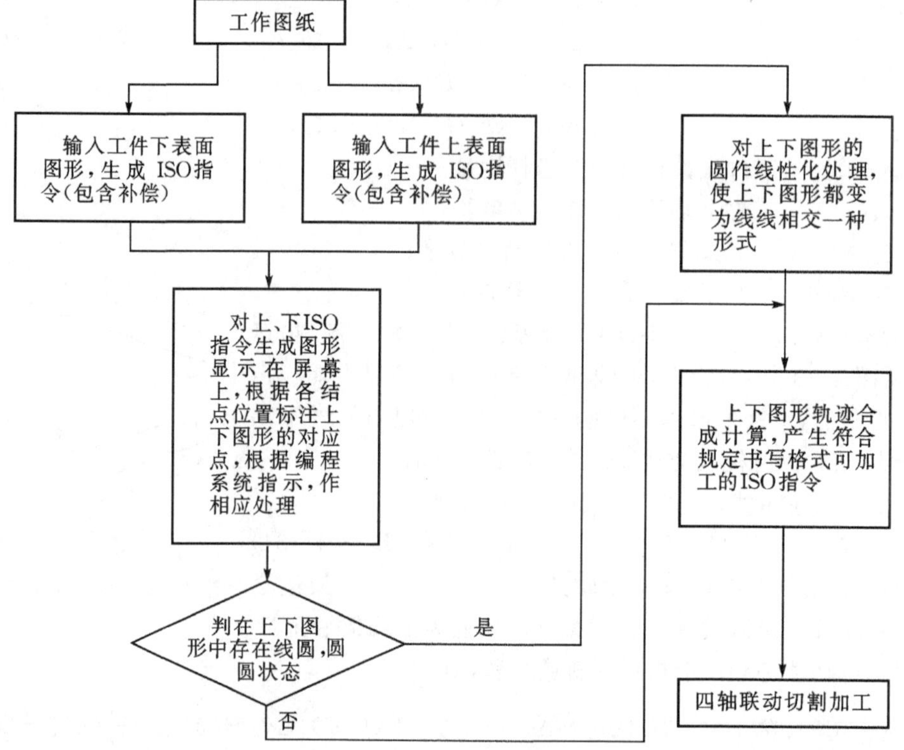

图 4-40 四轴联动工作流程图

1. 上下各为不同形状六边形

A 为工件下底图形 ISO 指令，B 为工件上端图形 ISO 指令，见表 4－6。

表 4－6　四轴联动加工指

序号	A	B
1	G01 x－11723　y－9796	G01 x－8667　y－7975
2	G01 x－7917　y－12427	G01 x－11333　y－18025
3	G01 x－5635　y－18055	G01 x－7667　y－15744
4	G01 x－20223　y－4731	G01 x－20666　y－2437
5	G01 x－12439　y－11804	G01 x－11167　y－13737
6	G01 x－2099　y－18422	G01 x－4167　y－17285
7	G01 x－28281　y－4987	G01 x－24000　y－5184
8	G01 x11723　y－9796	G01 x8667　y－7975

上下异形编程输入参数：$H=150$ mm（线架二端距离），$h=60$ mm（下线到工件下端面距离），$D=80$ mm（工件厚度）。

计算：$(D+h)/D=(80+60)/80=1.75$

$(H-h-D)/D=(150-60-80)/80=0.125$

公式：$X=(D+h)/D(x_A-x_B)+x_B$

$Py=(D+h)/D(y_A-y_B)+y_B$

$u=[-(H-h-D)/D](x_A-x_B)+x_B$

$v=[-(H-h-D)/D](y_A-y_B)+y_B$

生成上下异形加工 ISO 指令：

$x_1=1.75(-11723+8667)-8667=-14015$

$y_1=1.75(9796-7975)+7975=11162$

$U_1=-0.125(-11723+8667)-8667=-8285$

$V_1=-0.125(9796-7975)+7975=7747$

故有①G01 x－14015 y 11162 U － 8285 V 7747

$x_2=1.75(-7917+11333)-11333=-5355$

$y_2=1.75(12427-18025)+18025=8229$

$U_2=-0.125(-7917+11333)-11333=-11760$

$V_2=-0.125(12427-18025)+18025=18725$

故有②G01 x －5355 y 8229 U － 11760 V 18725

$x_3=1.75(5635-7667)+7667=4111$

$y_3=1.75(18055-15744)+15744=19788$

$U_3=-0.125(5635-7667)+7667=7921$

$V_3=-0.125(18055-15744)+15744=15455$

故有③G01 x 4111 y 19788 U 7921 V 15455

$x_4=1.75(20233-20666)+20666=19891$

$y_4=1.75\ (4731-2437)+2437=6452$

$U_4=-0.125\ (20233-20666)+20666=20721$

$V_4=-0.125\ (4731-2437)+2437=2150$

故有④G01 x 19891 y 6452 U 20721 V 2150

$x_5=1.75\ (12439-11167)+11167=13393$

$y_5=1.75\ (-11804+13737)-13737=10354$

$U_5=-0.125(12439-11167)+11167=11008$

$V_5=-0.125(-11804+13737)-13737=13979$

故有⑤G01 x 13393 y 10354 U 11008 V 13979

$x_6=1.75(-2099+4167)-4167=-548$

$y_6=1.75(-18422+17285)-17285=-19275$

$U_6=-0.125(-2099+4167)-4167=-4426$

$V_6=-0.125(-18422+17285)-17285=-17143$

故有⑥G01 x − 548 y − 19275 U−4426 V − 17143

$x_7=1.75(-28281+24000)-24000=-31492$

$y_7=1.75(-4987+5184)-5184$

$U_7=-0.125\ (-28281+24000)-24000=-23465$

$V_7=-0.125(-4987+5184)-5184=-5209$

故有⑦G01 x − 31492 y −4839 U − 23465 V − 5209

$x_8=1.75(11723-8667)+8667=14015$

$y_8=1.75(-9796+7975)-7975=11162$

$U_8=-0.125\ (11723-8667)+8667=8285$

$V_8=-0.125\ (-9796+7975)-7975=-7747$

故有⑧G01 x 14015 y 11162 U 8285 V − 7747。

通过以上计算可得合成后的 ISO 指令如表 4-7 所列。

表 4-7 上下异形切割的 G 代码

1	G01 X−14015 Y11162 U−8285 V7747
2	G01 X−5355 Y8229 U−11760 V18725
3	G01 X4111 Y19788 U7921 V15455
4	G01 X19891 Y6452 U20721 V2150
5	G01 X13393 Y10354 U11008 V−13979
6	G01 X−548 Y−19275 U−4426 V−17143
7	G01 X−31492 Y−4839 U23465 V−5209
8	G01 X14015 Y−11162 U8285 V−7747

注:U、V 为线架上端面电极丝平动与倾斜的合成轨迹。

在实际运算中,应使用小滑板的轨迹进行插补,小滑板轨迹为 U', V', $U'=U-x$,

表 4-8　小滑板工作程序

1	G01　X−14015　Y11162　U′5730　V′−3415
2	G01　X−5355　Y8229　U′−6405　V′10496
3	G01　X4111　Y19788　U′3810　V′−4333
4	G01　X19891　Y6452　U′830　V′−4302
5	G01　X13393　Y10354　U′−2385　V′−3625
6	G01　X−548　Y−19275　U′−3878　V′2132
7	G01　X−31492　Y−4839　U′8027　V′370
8	G01　X14015　Y−11162　U′−5730　V′3415

$V'=V-y$,工作程序如表 4-8 所列。

四轴合成可通过软件来完成计算,程序编制界面如图 4-41 所示(a. iso 为下底图形,b. iso 为上顶图形)。

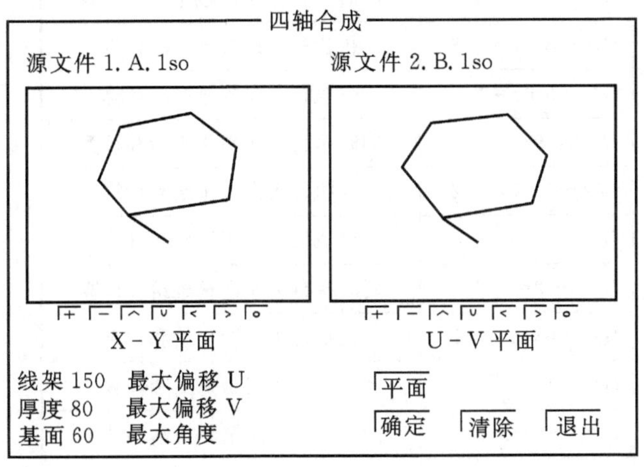

(a)四轴合成编程界面　　(b)上下图形轨迹

图 4-41　四轴联动加工程序附图

2. 用投影总和获得 *Rm* 比例插补实例(图 4-42)

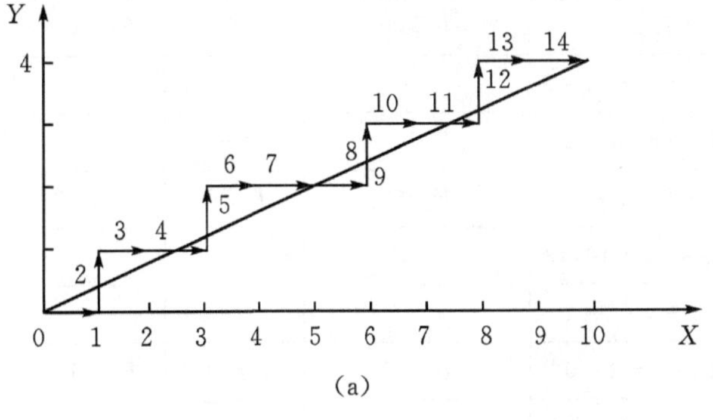

(a)

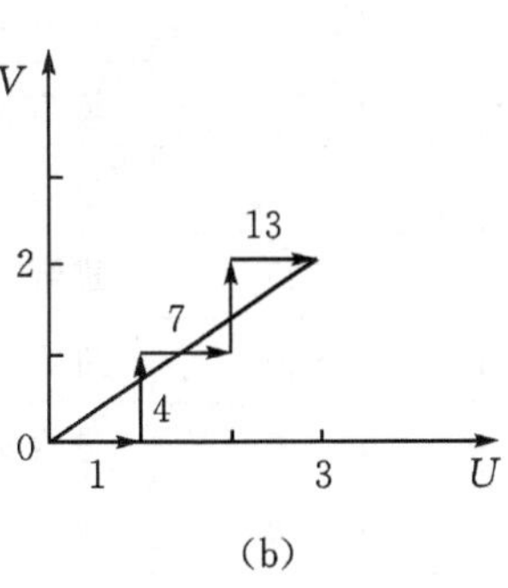

(b)

图 4-42　插补轨迹

加工程序为：

G01 x 10 y 4 U 13 V 6

实际上下滑板的行进量应为：大滑板走的量为 x 10 y 4，小滑板走的量为 U3 V2；起点均为(0,0)。

因为 $R=10+4=14$，$l=(13-10)+(6-4)=5$，所以 $A=R-l=14-5=9$，$B=5$。

初始 $G=0$，$F_1=0$，$F_2=0$。

①大小滑板的联动插补计算，见表 4-9。

表 4-9 大小滑板联动插补计算

序号	进给偏差判别	进给偏差计算	进　给
1	$G\geqslant0$	$G=0-9=-9$	同时执行大小滑板进给和计算
2	$G<0$	$G=-9+5=-4$	仅执行大滑板进给和计算
3	$G<0$	$G=-4+5=1$	仅执行大滑板进给和计算
4	$G\geqslant0$	$G=1-9=-8$	同时执行大小滑板进给和计算
5	$G<0$	$G=-8+5=-3$	仅执行大滑板进给和计算
6	$G<0$	$G=-3+5=2$	仅执行大滑板进给和计算
7	$G\geqslant0$	$G=2-9=-7$	同时执行大小滑板进给和计算
8	$G<0$	$G=-7+5=-2$	仅执行大滑板进给和计算
9	$G<0$	$G=-2+5=3$	仅执行大滑板进给和计算
10	$G\geqslant0$	$G=3-9=-6$	同时执行大小滑板进给和计算
11	$G<0$	$G=-6+5=-1$	仅执行大滑板进给和计算
12	$G<0$	$G=-1+5=4$	仅执行大滑板进给和计算
13	$G\geqslant0$	$G=4-9=-5$	同时执行大小滑板进给和计算
14	$G<0$	$G=-5+5=0$	仅执行大滑板进给和计算

②大小滑板分别插补计算，见表 4-10。

表 4-10 大小滑板分别插补计算

序号	xy 进给偏判别	xy 进给	xy 进给偏差计算	UV 进给偏差判别	UV 进给	UV 进给偏差计算
1	$F_1\geqslant0$	进给 x	$F_1=0-4=-4$	$F_2\geqslant0$	进给 U	$F_2=0-2=-2$
2	$F_1<0$	进给 y	$F_1=-4+10=6$	—	—	—
3	$F_1\geqslant0$	进给 x	$F_1=6-4=2$	—	—	—
4	$F_1\geqslant0$	进给 x	$F_1=2-4=-2$	$F_2<0$	进给 V	$F_2=-2+3=-1$
5	$F_1<0$	进给 y	$F_1=-2+10=8$	—	—	—
6	$F_1\geqslant0$	进给 x	$F_1=8-4=4$	—	—	—
7	$F_1\geqslant0$	进给 x	$F_1=4-4=0$	$F_2\geqslant0$	进给 U	$F_2=1-2=-1$
8	$F_1\geqslant0$	进给 x	$F_1=0-4=-4$	—	—	—

续表 4-10

序号	xy 进给偏判别	xy 进给	xy 进给偏差计算	UV 进给偏差判别	UV 进给	UV 进给偏差计算
9	$F_1<0$	进给 y	$F_1=-4+10=6$	—	—	—
10	$F_1\geqslant 0$	进给 x	$F_1=6-4=2$	$F_2<0$	进给 V	$F_2=-1+3=2$
11	$F_1\geqslant 0$	进给 x	$F_1=2-4=-2$	—	—	—
12	$F_1<0$	进给 y	$F_1=-2+10=8$	—	—	—
13	$F_1\geqslant 0$	进给 x	$F_1=8-4=4$	$F_2\geqslant 0$	进给 U	$F_2=2-2=0$
14	$F_1\geqslant 0$	进给 x	$F_1=4-4=0$	—	—	—

3. 大小滑板联动插补

图 4-43 所示线段加工程序为

G02 X7 Y7 I0 J0 U12 V12

实际上下滑板的行进量应为：大滑板走的量为 X7、Y7，起点(−7，0)；小滑板走的量为 V5、U5，起点(−5，0)。

因为

$$R=7+7=14$$
$$l=5+5=10$$
$$R-l=7-5=2$$

所以　$A=14-10=4$　$B=10$　$G=0$　$F1=0$

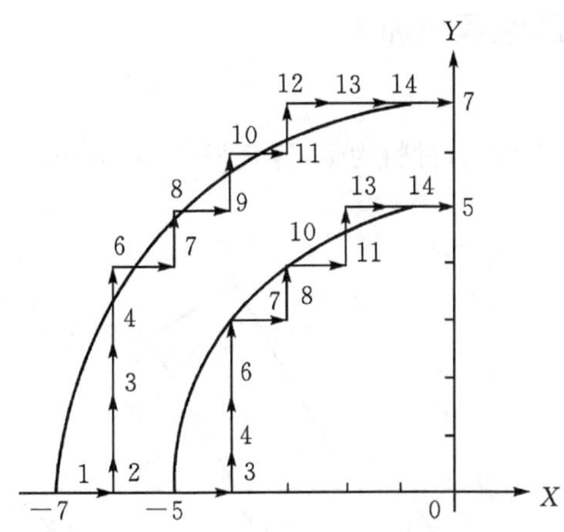

图 4-43　工作过程示意图

大小滑板联动插补，见表 4-11。

表 4-11　大小滑板联动插补

序号	进给偏差判别	进给偏差计算	进　　给
1	$G\geqslant 0$	$G=0-4=-4$	同时执行大小滑板进给和计算
2	$G<0$	$G=-4+10=6$	仅执行大滑板进给和计算
3	$G\geqslant 0$	$G=6-4=2$	同时执行大小滑板进给和计算

续表 4-11

序号	进给偏差判别	进给偏差计算	进　　给
4	$G\geqslant0$	$G=2-4=-2$	同时执行大小滑板进给和计算
5	$G<0$	$G=-2+10=8$	仅执行大滑板进给和计算
6	$G\geqslant0$	$G=8-4=4$	同时执行大小滑板进给和计算
7	$G\geqslant0$	$G=4-4=0$	同时执行大小滑板进给和计算
8	$G\geqslant0$	$G=0-4=-4$	同时执行大小滑板进给和计算
9	$G<0$	$G=-4+10=6$	仅执行大滑板进给和计算
10	$G\geqslant0$	$G=6-4=2$	同时执行大小滑板进给和计算
11	$G\geqslant0$	$G=2-4=-2$	同时执行大小滑板进给和计算
12	$G<0$	$G=-2+10=8$	仅执行大滑板进给和计算
13	$G\geqslant0$	$G=8-4=4$	同时执行大小滑板进给和计算
14	$G\geqslant0$	$G=4-4=0$	同时执行大小滑板进给和计算

4.5　异形零件编程与加工案例分析

4.5.1　典型冲裁模的编程与加工

1. 实例描述

冲裁凸模零件如图 4-44 所示，材料为钢，零件厚度为 10 mm，要求采用数控慢走丝电火花线切割加工机床加工。

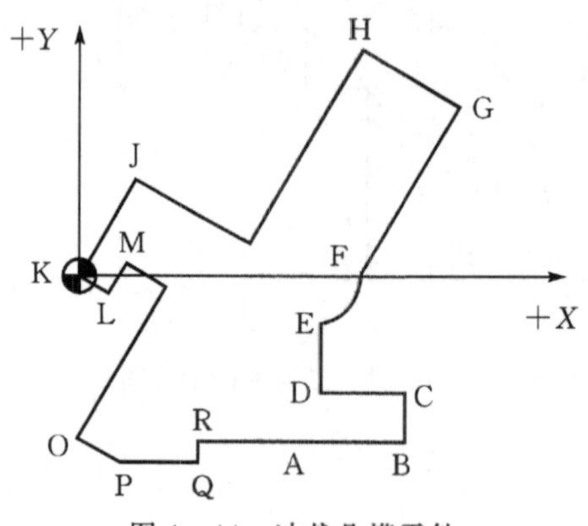

图 4-44　冲裁凸模零件

2. 加工分析

根据零件和加工要求可知，加工为外轮廓表面，把穿丝点设定在(50，－ 80)，起点为(50，－53)，凸台长度为 3 mm。用直径为 0.2 mm 铜丝，逆时针方向切割，采用四次切割，即割一修三。第一次电极丝偏移量为 0.246 mm，第二次为 0.166 mm，第三次为 0.146 mm，第四次为 0.136 mm。各编程点坐标见表 4-12。

表 4－12　编程点坐标

基点编号	X 坐标	Y 坐标	基点编号	X 坐标	Y 坐标
A	50	－52	J	17.5	30.311
B	100	－52	K	0	0
C	100	－37	L	8.66	－5
D	75	－37	M	13.66	3.66
E	75	－14.61	N	26.651	－3.84
F	86.603	0	O	－0.849	－51.471
G	117.452	53.433	F	12.141	－58.971
H	87.141	70.933	Q	37.141	－58.971
I	52.141	10.311	R	37.141	－52

3. 主要知识点

主要知识点如下：

①切割起切点的设置。

②刀具补偿的运用。

③直径插补和圆弧插补指令的使用。

4. 参考程序与注释

O0309	程序号
N0010 H001＝246	给 H001 赋值为 0.246
N0020 H002＝166	给 H002 赋值为 0.166
N0030 H003＝146	给 H003 赋值为 0.146
N0040 H004＝136	给 H004 赋值为 0.136
N0050 G90　G92　X50　Y－80	绝对坐标方式，定义起点坐标为(50，－80)
N0060 S501	调入加工条件(第一次切割)
N0070 G42　H001	右补偿
N0080 G90　G01　X50　Y－53	直线插补到点(50，－53)
N0090 G01　X100　Y－52	直线插补到点(100，－37)
N0100 G01　X100　Y－37	直线插补到点(100，－37)
N0110 G01　X75　Y－37	直线插补到点(75，－37)
N0120 G01　X75　Y－14.61	
N0130 G03　X86.603　Y0　I－3.397　J14.61	圆弧插补到点(86，603.0)
N0140 G01　X117.452　Y53.433	直线插补到点(117.452，53.433)
N0150 G01　X87.141　Y70.933	直线插补到点(87.141，70.933)
N0160 G01　X52.141　Y10.311	直线插补到点(52.141，10.311)

O0309	程序号
N0170 G01　X17.5　Y30.311	直线插补到点(17.5,30.311)
N0180 G01　X0　Y0	直线插补到点(0,0)
N0190 G01　X8.66　Y−5	直线插补到点(8.66,−5)
N0200 G01　X13.66　Y3.66	直线插补到点(13.66,3.66)
N0210 G01　X26.651　Y−3.84	直线插补到点(26.651,−3.84)
N0220 G01　X−0.849　Y−51.471	直线插补到点(−0.849,−51.471)
N0230 G01　X12.141　Y−58.971	直线插补到点(12.141,−58.971)
N0240 G01　X37.141　Y−58.971	直线插补到点(37.141,−58.971)
N0250 G01　X37.141　Y−52	直线插补到点(37.141,−52)
N0260 G01　X47　Y−52	直线插补到点(47,−52)
N0270 G40　G01　X47　Y−52.5	取消补偿,值线插补到(47,−52.5)
N0280 S502	调入加工条件(第二次切割)
N0290 G41　H002	左补偿
N0300 G90　G41　G01　X47　Y−52	直线插补到点(47,−52)
N0310 G01　X37.141　Y−52	直线插补到点(37.141,−52)
N0320 G01　X37.141　Y−58.971	直线插补到点(37.141,−58.971)
N0330 G01　X12.141　Y−58.971	直线插补到点(12.141,−58.971)
N0340 G01　X−0.849　Y−51.471	直线插补到点(−0.849,−51.471)
N0350 G01　X26.651　Y−3.84	直线插补到点(26.651,−3.84)
N0360 G01　X13.66　Y3.66	直线插补到点(13.66,3.66)
N0370 G01　X8.66　Y−5	直线插补到点(8.66,−5)
N0380 G01　X0　Y0	直线插补到点(0,0)
N0390 G01　X17.5　Y30.311	直线插补到点(17.5,30.311)
N0400 G01　X52.141　Y10.311	直线插补到点(52.141,10.311)
N0410 G01　X87.141　Y79.933	直线插补到点(87.141,79.933)
N0420 G01　X117.452　Y53.433	直线插补到点(117.452,53.433)
N0430 G01　X86.603　Y0	直线插补到点(86.603,0)
N0440 G02　X75　Y−14.61　I−15	圆弧插补到点(75,−14.61)
N0450 G01　X75　Y−37	直线插补到点(75,−37)
N0460 G01　X100　Y−37	直线插补点(100,−37)
N0470 G01　X100　Y−52	直线插补到点(100,−52)
N0480 G01　X50　Y−52	直线插补到点(50,−52)
N0490 G40　G01　X50　Y−52.5	直线插补到点(50,−52.5)

O0309	程序号
N0500 S503	调入加工条件(第三次切割)
N0510 G42　H003	右补偿
N0520 G90　G01　X50　Y—52	直线插补到点(50,—52)
N0530 G01　X100　Y—52	直线插补到点(100,—52)
N0540 G01　X100　Y—37	直线插补到点(100,—37)
N0550 G01　X75　Y—37	直线插补到点(75,—37)
N0560 G01　X75　Y14.61	直线插补点(75,14.61)
N0570 G03　X86.603　Y0　I—3.397　J14.61	圆弧插补到点(86.603,0)
N0580 G01　X117.452　Y53.433	直线插补到点(117.452,53.433)
N0590 G01　X87.141　Y70.933	直线插补到点(87.141,70.933)
N0600 G01　X52.141　Y10.311	直线插补到点(52.141,10.311)
N0610 G01　X17.5　Y30.311	直线插补到点(17.5,30.311)
N0620 G01　X0　Y0	直线插补到点(0,0)
N0630 G01　X8.66　Y—5	直线插补到点(8.66,—5)
N0640 G01　X13.66　Y3.66	直线插补到点(13.66,3.66)
N0650 G01　X26.651　Y—3.84	直线插补到点(26.651,—3.84)
N0660 G01　X—0.849　Y—51.471	直线插补到点(—0.849,—51.471)
N0670 G01　X12.141　Y—58.971	直线插补到点(12.141,—58.971)
N0680 G01　X37.141　Y—58.971	直线插补到点(37.141,—58.971)
N0690 G01　X37.141　Y—52	直线插补到点(37.141,—52)
N0700 G01　X47　Y—52	直线插补到点(47,—52)
N0710 G40　G01　X47　Y—52.5	取消补偿,直线插补到点(47,—52.5)
N0720 G01　X15　Y80	直线插补到点(15,80)
N0730 G01　X0　Y80	直线插补到点(0,80)
N0740 G01　X—15　Y80	直线插补到点(—15,80)
N0750 G01　X—15　Y30	直线插补到点(—15,30)
N0760 G01　X—70　Y30	直线插补到点(—70,30)
N0770 G01　X—70　Y100	直线插补到点(—70,100)
N0780 G01　X—100　Y100	直线插补到点(—100,100)
N0790 G01　X—100　Y0	直线插补到点(—100,0)
N0800 G01　X—3　Y0	直线插补到点(—3,0)
N0810 G40　G01　X—3　Y—0.5	取消补偿,直线插补到(—3,—0.5)
N0820 S504	调入加工条件(第四次切割)

O0309	程序号
N0830 G41　H004	左补偿
N0840 G90　G01　X47　Y－52	直线插补到(47,－52)
N0850 G01　X37.141　Y－52	直线插补到(37.141,－52)
N0860 G01　X37.141 Y－58.971	直线插补到(37.141,－58.971)
N0870 G01　X12.141　Y－58.971	直线插补到(12.141,－58.971)
N0880 G01　X－0.849　Y－51.471	直线插补到(－0.849,－51.471)
N0890 G01　X26.651　Y－3.66	直线插补到(26.651,－3.66)
N0900 G01　X13.66　Y3.66	直线插补到(13.66,3.66)
N0910 G01　X8.66　Y－5	直线插补到(8.66,－5)
N0920 G01　X0　Y0	直线插补到(0,0)
N0930 G01　X17.5　Y30.311	直线插补到(17.5,30.311)
N0940 G01　X52.141　Y10.311	直线插补到(52.141,10.311)
N0950 G01　X87.141　Y70.933	直线插补到(87.141,70.933)
N0960 G01　X117.452　Y53.433	直线插补到(117.452,53.433)
N0970 G01　X86.603　Y0	直线插补到(86.603,0)
N0980 G02　X75　Y－14.61　I－15	直线插补到(75,－14.61)
N0990 G01　X75　Y－37	直线插补到(75,－37)
N1000 G01　X100　Y－37	直线插补到(100,－37)
N1010 G01　X100　Y－52	直线插补到(100,－52)
N1020 G01　X50　Y－52	直线插补到(50,－52)
N1030 G40　G01　X50　Y－52.5	直线插补到(50,－52.5)
N1040 M00	暂停
N1050 S501	凸台切割,调用第一刀加工条件
N1060 G41　H004	左补偿
N0170 G90　G01　X50　Y－52	直线插补到(50,－52)
N1080 G01　X49　Y－52	直线插补到(49,－52)
N1090 G01　X47　Y－52	直线插补到(47,－52)
N1100 G01　X46.5　Y－52	直线插补到(46.5,－52)
N1110 M00	暂停
N1120 G40　G01　X46.5　Y－52.5	直线插补到(46.5,－52)
N1130 G40　G01　X50　Y－80	直线插补到(50,－80)
N1140 M02	程序停止

4.5.2　超行程工件的编程与加工

图 4-45 所示零件的外圆轮廓作为基准面，直径为 513 mm，内孔直径为 400 mm，要求在半径 R231mm 的圆周上均匀加工出 40 个 12 mm×12 mm 的方孔，分度误差为±1°，方孔尺寸公差为 $12_{0}^{+0.01}$ mm。而现有机床工作台的行程为 300 mm×450 mm，已小于能加工的最大尺寸。这样就需要解决下列问题：找出圆心，定基准，并使多次装夹切割后，方孔分布的均匀性得以保证。

1. 工件的装夹

用内六角螺钉替代机床工作台上的定位销，将两个螺钉销外移到工作台适当位置定位，使工件大约 1/3 的部分落在可加工段内，而其余部分落在工作台上，使在长时间加工中，工件稳定。

2. 圆心找定(图 4-46)

首先，用钳工画线方法在直径处用螺钉担一横梁(螺钉也开在工件的定位销孔处)，横梁尺寸以稳固。垂直尺寸不大为宜，在中心处钻一预孔。然后将工件固定在工作台上，利用机床的边自动定位功能，记下 P_1、P_2…P_n(n>10)各点的 X、Y 坐标值。将此组数据输入三坐标测量机，利用三坐标测量机的模拟测量功能，测出圆心坐标。如元三坐标测量机，也可用计算机或人工算出圆心坐标。用此数据将电极丝移到圆心处，用多次切割加工出一个 ϕ8 mm 的基准孔。

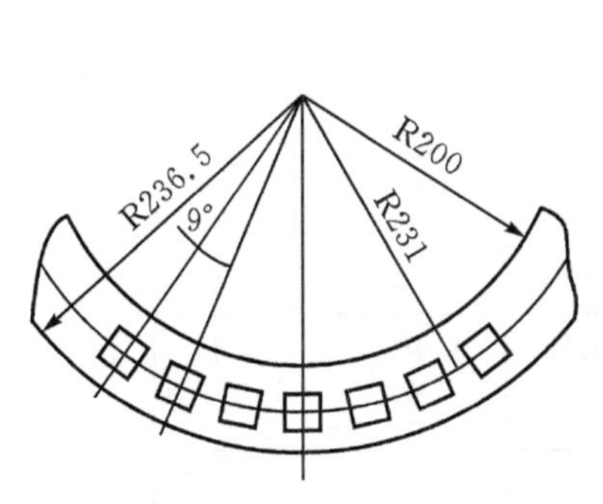

图 4-45　超行程工件

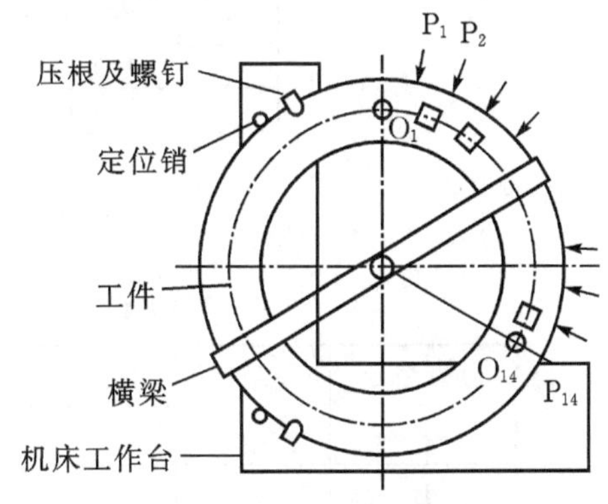

图 4-46　工件装夹示意图

3. 加工步骤

当安装适当时，每次装夹可有 14 个孔落在可加工区段内，这样只要经过三次装夹就可以完成加工。实践中，第一次顺时针方向加工了 14 个孔，但不是都加工成方孔，而是将第一个孔。O_1 与第 14 个孔 O_{14} 用两次切割加工成 8 的圆孔，作为下一步加工的基准孔。这样无论第二次是顺时针还是逆时针将工件旋转约 120°，都可以利用工件圆心 O 及 R231 mm 上的基准孔 O_l 或 O_{14}。通过圆心自动定位，找出各个基准孔的中心，以其连线。O_1O 或 $O_{14}O$ 作基准轴，通过程序 旋转功能进行下一步的加工。这种加工的分度误差控制在±1 之内。该零件是由大连理工大学用日本三菱 DWC110G 型机床加工的。

4.5.3　带锥度典型模具零件的编程与加工

1. 实例描述

锥度零件如图 4-47 所示，材料为 Cr12，零件厚度为 40 mm，要求采用数控快走丝电火花线切割加工机床加工。

2. 加工分析

根据图 2-13 所示零件和加工要求，把穿丝点、起点和终点均设定在编程原点(0,0)采用直径为 0.2 mm 钼丝，单边放电间隙为 0.01 mm，因此在编程时要考虑到电极丝和放电间隙补偿。程序采用逆时针编程，因此补偿指令为 G41，电极丝补偿量为(0.2,2+0.01)mm=0.11 mm。各编程点坐标见表 4-13。

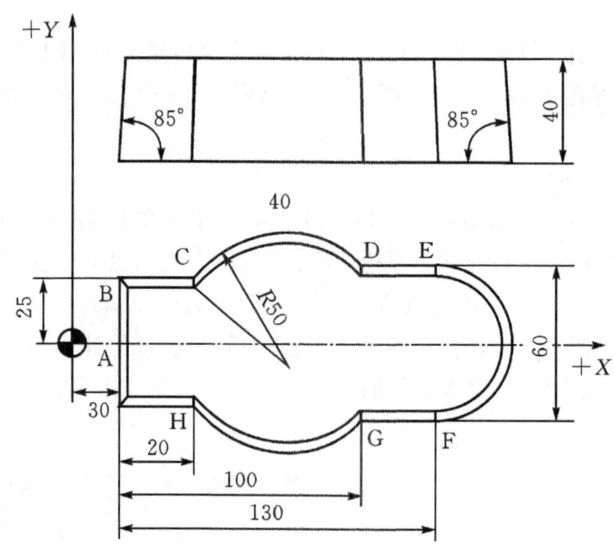

图 4-47 锥度零件

表 4-13 编程点坐标

基点编号	X 坐标	Y 坐标	基点编号	X 坐标	Y 坐标
A	20	0	F	150	-30
B	20	25	G	120	-30
C	50	25	H	50	-25
D	120	30	I	20	-25
E	150	30			

3. 主要知识点

主要知识点如下：

(1)圆弧插补 G02/G03。

(2)半径补偿指令 G40/G41/G42。

(3)锥度加工指令 G51/G51/G50。

4. 参考程序与注释

O0112		程序号
N0010	H000=0	给 H000 赋值为 0
N0020	H001=110	给 H001 赋值为 0.11

O0112		程序号
N0030	G90　G92　X0　Y0	指定绝对坐标，预设当前位置
N0040	T84　T86	开启工作液，运丝
N0050	C096	调入切入加工条件
N0060	G01　X19　Y0	直线插补加工
N0070	C004	调入加工参数
N0080	G41　H000	建立左补偿
N0090	G51　A0	启动锥度加工，电极丝右倾 0°
N0100	G01　X20　Y10	直线插补到 A 点
N0110	G41　H001	对切割路径进行左补偿
N0120	G52　A5	沿电极丝行进方向，电极丝右倾 5°
N0130	G01　X20　Y25	直线插补到 B 点
N0140	X50　Y25	直线插补到 C 点
N0150	G02　X120　Y30　I38.15　J−31.36	顺时针圆弧插补到 D 点
N0160	G01　X150　Y30	直线插补到 E 点
N0170	G02　X150　Y−30　I0　J−30	顺时针圆弧插补到 F 点
N0180	G01　X120　Y−30	直线插补到 G 点
N0190	G02　X50　Y−25　I−38.15　J31.36	顺时针圆弧插补到 H 点
N0200	G01　X20　Y−25	直线插补到 I 点
N0210	G01　X20　Y0	直线插补到 A 点
N0220	M00	暂停
N0230	G40　H000	取消补偿
N0240	C097	调入切出条件
N0250	G50　G01　X19　Y0	取消锥度加工
N0260	X0　Y0	返回原点
N0270	T85　T87	关闭工作液，停止走丝
N0280	M02	程序结束

4.5.4　典型上下异形零件的编程与加工

1. 实例描述

上下异形零件如图 4－48 所示，材料为 Cr12，零件厚度为 50 mm，要求采用数控快走丝电火花线切割加工机床加工。

2. 加工分析

根据图 4－48 所示零件和加工要求，该零件上下两部分形状不同，因此在加工时可考虑用上下异形指令 G61 进行编程。各编程点坐标见表 4－14。

表 4-14 编程点坐标

基点编号	X坐标	Y坐标
A	−50	−50
B	−50	50
C	50	50
D	50	−50
E	−28.28	−28.28
F	−28.28	28.28
G	28.28	28.28
H	28.28	−28.28

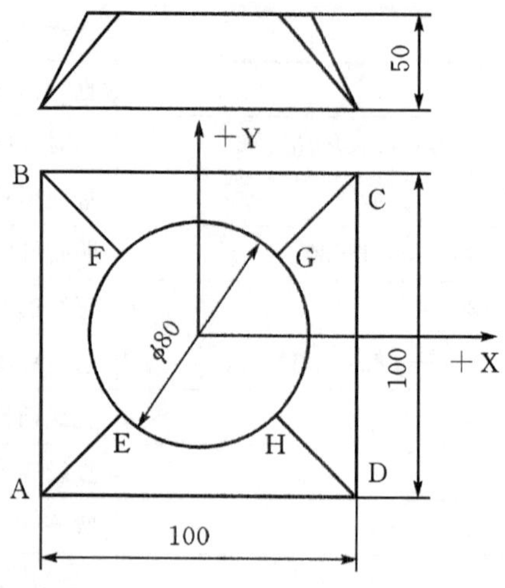

图 4-48 上下异形零件

3. 主要知识点

主要知识点：线切割上、下异形加工指令，具体内容如下：

编程格式：

G61/G60

说明：

①G60 为上、下异形关闭；G61 为上、下异形打开。

②上面形状指令和下面形状指令的区分符号为"："，左侧为下面形状，右侧为上面形状。

③在上、下异形打开时，不能用 G74、G75、G50、G51、G52 等指令。

4. 参考程序与注释

O106		程序号
N0010	G90 G92 X−50 Y−60	指定绝对坐标，预设当前位置
N0020	G61	上下异形指令

O106		程序号
N0030	G01　X−50　Y−50;G01　X−22.8　Y−22.8	直线插补到 A 点;圆弧插补到 E
N0040	G01　X−50　Y−50;G02　X−22.8　Y−22.8　I22.8　J22.8	直线插补到 B 点;圆弧插补到 F
N0050	G01　X−50　Y−50;G02　X−22.8　Y−22.8　I22.8　J−22.8	直线插补到 C 点;圆弧插补到 G
N0060	G01　X50　Y−50;G02　X−22.8　Y−22.8　I−22.8　J−22.8	直线插补到 D 点;圆弧插补到 H
N0070	G01　X−50　Y−50;G02　X−22.8　Y−22.8　I−22.8　J22.8	直线插补到 A 点;圆弧插补到 E
N0080	G01　X−50　Y−50;G01　X−22.8　Y−22.8	退出
N0090	G60	取消上下异形指令
N0100	M02	程序结束

4.5.5　成型刀具的编程与加工

1. 普通螺纹车刀

普通螺纹车刀材料为 W18Cr4V 钢(俗称白钢),硬度为 60HRC。采用电火花线切割加工方法制作时编程难点在于头部 60°斜面部分为变角度处理,刀刃部位的R0.2 mm圆弧,上、下作同 R 处理,不是一般锥度切割都能自动处理成上大下小或上小下大形式。因此,不能采用普通锥度的编程方式进行编程加工,必须采用较为复杂的上、下异形编程方式。

头部排屑凹槽的圆弧部分也可以用线切割来加工,但要反一个工位,重新找正基准。螺纹车刀的电火花线切割加工,实际上是一种上、下异形和变工位加工案例。作为上下异形加工,同样须先列出上下图形的相应坐标点。

根据上下异形切割原则实施一一对应进行编程,坐标原点设置在(0,0)位置,穿丝位置则设在(0,15)处,采用 φ0.2 mm 电极丝进行两次切割,具体加工程序如下:

```
"(      = ON OFF IP HRP MAO SV V SF C PIK CTRL WK WT WS WP);"
"C000 = 006 014 2215 000 240 040 8 0070 0 000 0000 020 120 130 045;"
"C001 = 008 014 2215 000 242 025 8 0070 0 000 0000 020 120 130 055;"
"C002 = 002 023 2215 000 750 053 8 6080 0 000 0000 020 120 130 012;"
"H000 =+ 000000.0100; "
"H001 =+ 000000.1690 ; "
"H002 =+ 000000.1040 ; "
"( FIG-1 1ST REMAINS) ;"
"QAIC(2,1,0.1000,001.0,0.1300,0.0200,008.0,0013,0045,15,035) ;"
"TP0.0;"
"TN20.0;"
"G55;"
"G90;"
"G92   X0.0   Y15.0   U0   V0   Z0; "
"G29;"
"T94;"
```

```
"T84;"
"C000; "
" G142  H000; "
"G01  X-0.000  Y14.0:G01  X0.0  Y14.0;"
"C001 ;"
"G01 X-0.01 Y10.000:G01   X0.0  Y10.0; "
"H001; "
"M98  P0001;"
"T85;"
"; "
"C002;"
"G141  H000; "
"G01  X-0.000  Y-14.0  G01  X0.0  Y-14.0;"
"G01  X-0.00  Y-10.000  G01  X0.0  Y-10.0;"
"H002;"
"M98  P0002;"
"M02;"
"N0001; "
"G01  X-14.492  Y0.0825  G01  X-17.1705  Y0.0866;"
"G03  X-14.492  Y-0.0825  I0.0565  J-0.0825:G03  X-17.1705
       Y-0.0866  I0.05  J-0.0866;"
"G01  X-0.01  Y-9.9932:G01  X0.0  Y-10.0;"
"; "
"H000;"
"G01  X-0.000  Y-14.0  G01  X0.0  Y-14.0;"
"G140;"
"G01  X0.0  Y-15.0;"
"M99;"
"; "
"N0002;"
"; "
"G01  X-14.492  Y-0.0825  G01  X-17.1705  Y-0.0866;"
"G02  X-14.492  Y0.0825  I0.0565  J0.0825:G02  X-17.1705  Y0.0866  I0.
       05  J0.0866;"
"G01  X-0.00  Y10.000  G01  X0.0  Y10.0;"
"G01  X-0.000  Y14.0  G01  X0.0  Y14.0  H000;"
"G140;"
"G01  X0.0  Y15.0;"
"M99;"
```

2. 门框装饰条成型刨刀

图 4－49 所示是一种装饰条成型刨刀，用来加工木制门框装饰条。由于形状特殊，用金属切削方式很难加工，而采用电火花线切割加工方式，则可以利用其编制程序的灵活性方便地进行切割加工。由于刀具的特殊性，在进行电火花线切割就前还是需要进行一系列的前期准备，包括工艺制定，绘制切割路径图、程序编制、装夹方式等都需缜密考虑。现把加工的大致过程做一简单介绍。

从图 4－50 可以看到，刀具刃口的后角达 40°，超出普通线切割机的锥度切割范围，不能直接采用锥度切割法直接加工，必须设法让切割路径控制在行程范围之内。

首先我们可以考虑将切割的工件装夹在图 4－51 所示夹具上，先倾斜一个角度，比如说预斜 35°，则线切割只要做 15°的斜度动作就可达到 40°要求，只要控制在切割设备的行程范围之内，加工就没有问题。有些国产设备斜度控制较小，甚至没有斜度切割功能，我们可以把切割材料预斜 50°，采用电极丝的垂直状态切割，同样可以成功切割，如图 4－52 所示。当然，这仅仅是解决斜度切割行程问题的一个思路，接下来还须解决切割路径的程序编制。切割形状随着被切割件的预斜角度的变化而变化，所以不能简单地按照图纸所示的形状及尺寸进行编程，必须按照预斜后切割曲线的投影形状进行编程加工，改变预斜角度得到的曲线变化如表 4－15 所列。可以看出，倾斜后的曲线已不再是由简单的圆或直线构成，而是变成了具有椭圆性质的非圆曲线、应用线段及圆弧啃合法来进行程序编制。具体做法如下：

图 4－49　成型刨刀

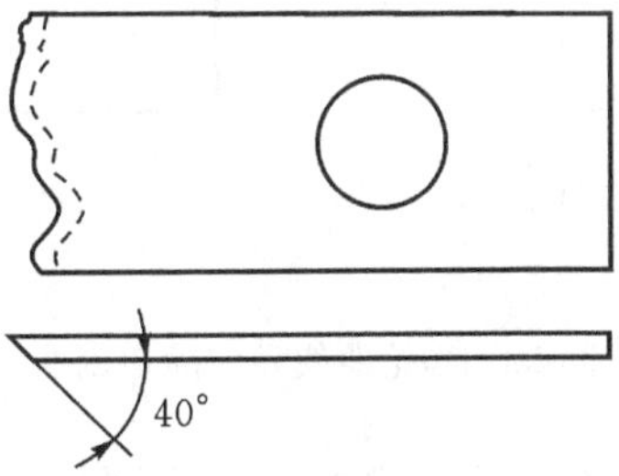

40°

图 4－50　成型刀具形状

图 4－51　装夹示意图

①先用制图软件(比如 CAD)绘制平面设计图形。

②确定需要预斜装夹的角度。

③利用制图软件把绘制好的平面图在左示图或右示图中倾斜一个与设计装夹相同的角度。

④返回主视图后看到的曲线即为倾斜角度后的投影曲线。

⑤把投影曲线图转换为平面工程图。

⑥用转换后得到的曲线进行编程，因为目前非圆弧曲线还不能用来直接产生轨迹指令，因此需要进行一些模拟线段及曲线的绘制，就是说用线段或圆弧去逼近转换后的非圆弧曲线，转绘后的曲线应尽量和原曲线重合，重合度越好则加工精度越高，然后删除原非圆曲线，用重新绘制的模拟非圆曲线(实际由直线和圆弧构成)来生成切割指令。

⑦按设计斜度装夹工件，校正后准备切割。

表 4－15　刃口曲线的变化

平面状态下的刃口曲线图形	倾斜 35°角后投影在平面上的刃口曲线图形	倾斜 50°角后投影在平面上的刃口曲线图形
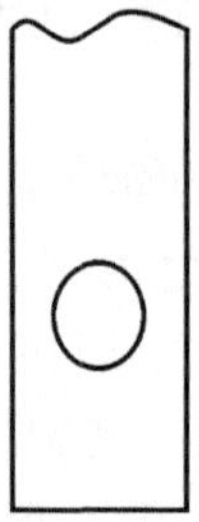	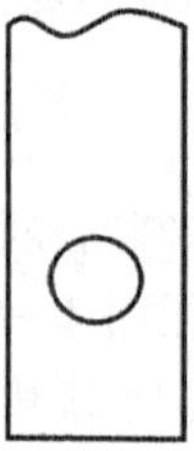	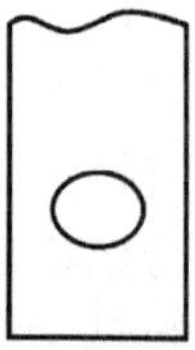

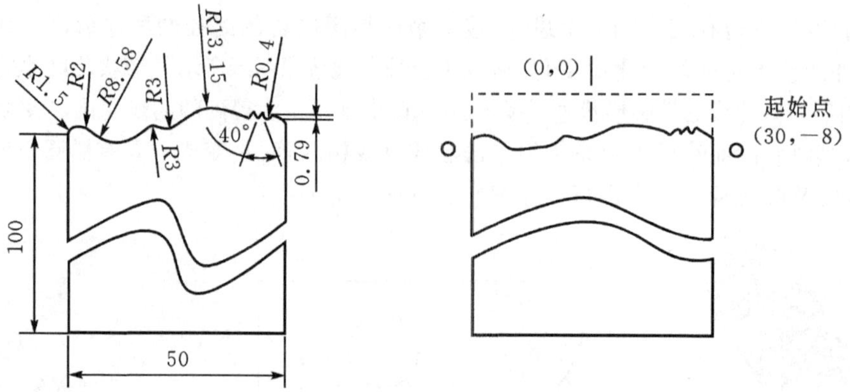

(a)　　　　　　(b)

图 4－52　理论曲线及实际切割曲线

该程序的坐标原点 X 设在被加工工件宽度的正中，Y 则设在材料顶部边缘；起始切割点设在 X30. Y －8. 处，如图 4－51 (b)所示。仅加工头部曲线部位，往复各切割一次。具体加工程序如下：

```
" ( =ON OFF IP HRP— MAO SV V SF C PIK CTRL WK WT WS WP)； "
"C000 = 003 015 2215 000250 040 8 0130 0 000 0000 020 120 100 040;"
"C001 = 005 015 2215 000 250 040 8 0130 0 000 0000 020 120 100 045;"
"C002= 000 023 2215 000 750 053 8 6100 0 000 0000 020 120 100 012;"
"H000 =＋ 000000.0100 ;
"H001 =＋ 000000.1690 ;
"H002 =＋ 000000.1040 ;
"( FIG—1 1ST REMAINS) ;"
"QAIC(2,1,0.1000,000.5,0.1250,0.0100,002.0,0023,0076,15,035) ;"
"G55;"
"G90;"
" G92   X30.0   Y—8.0   Z0 ; "
```

```
"T94;"
"T84;"
"C000;"
"G42  H000  G01  X29.0  Y- 8.0;"
"C001  X25.0;"
"H001;"
"M98  P0001 ;"
"T85;"
"( FIG-1 2ND RECIPROCATE);"
"C002;"
"G41  H000  G01  X29.0  Y8;"
"H002;"
"M98  P0002;"
"M02;"
";"
"N0001 ;"
"G01  X25.0  Y-6.5185;"
"G03  X24.7261 Y-5.9634  I-0.7585  J-0.0291 ; "
"X24.0486  Y-5.6214  I1.0453  J-1.2287;"
"X23.5181  Y-5.5544  I-0.5372  J-2.1199;"
"G01  X22.1933  Y-5.5543;"
"X21.8547  Y-4.9563;"
"G03  X21.6456  Y-4.8104  I-0.2901  J-0.1929;"
"X21.2986  Y-4.8144  I-0.1667  J-0.5923;"
"X21.1029  Y-4.9563  I0.0923  J-0.3332;"
"G01  X20.7643  Y-5.5543;"
"X20.1933;"
"X19.8551  Y-4.9564;"
"G03  X19.6726  Y-4.8194  I-0.2771  J-0.1791;"
"X19.2526  Y-4.8319  I-0.1933  J-0.5669;"
"X19.1029  Y-4.9563  I0.1131  J-0.2884;"
"G01  X18.7643  Y-5.5543;"
"X18.1933;"
"X17.8551  Y-4.9564;"
"G03  X17.6726  Y-4.8194  I-0.2802  J-0.1831;"
"X17.2621  Y-4.8284  I-0.193  J-0.5642;"
"X17.1029  Y-4.9563  I0.1085  J-0.2981;"
"G01  X16.7643  Y-5.5543;"
"X16.0571  Y-5.5544;"
```

```
"G03  X7.6551   Y-4.1034  I-7.3377  J-17.4374;"
"X2.9251  Y-4.9194  I0.8756  J-19.1923;"
"X-0.4699  Y-6.4359  I4.3616  J-14.3229;"
"G02  X-3.8649  Y-6.5884  I-1.8813  J4.0146;"
"G03  X-5.9324  Y-6.4924  I-1.2388  J-4.3678;"
"X-7.3109  Y-7.0404  I0.5746  J-3.4532;"
"G02  X-9.8019  Y-8.2454  I-5.2598  J7.6959;"
"X-14.9199  Y-8.762  I-3.8371  J12.4043;"
"X-20.0789  Y-6.9484  I0.8152  J10.5633;"
"G03  X-21.5268  Y-6.5497  I-1.4012  J-2.2605;"
"G01 X-22.5869 ; "
"X-23.4999  Y-6.5494;"
"G03  X-24.4659  Y-6.7764  I-0.0216  J-2.0772;"
"X-24.8599  Y-7.1069  I0.5231  J-1.0237;"
"X-24.9999  Y-7.5024  I0.5597  J-0.4207;"
"G01  X-25.0;"
"Y-8.;
"G40G01  X-30.;
"M99;"
";"
"N0002; "
"G01  X-25.0;"
"X-24.9999  Y-7.5024;"
"G02  X-24.8599  Y-7.1069  I0.6997  J-0.0252;"
"X-24.4659  Y-6.7764  I0.9171  J-0.6932;"
" X-23.4999  Y-6.5494  I0.9444  J-1.8502; "
"G01  X-22.5869  Y-6.5497;"
" X-21.5268; "
"G02  X-20.0789   Y-6.9484  I0.0467   J-2.6592; "
"G03  X-14.9199  Y-8.762  I5.9742  J8.7497;"
"X-9.8019  Y-8.2454  I1.2809  J12.9209;"
"X-7.3109  Y-7.0404  I-2.7688  J8.9009;"
"G02  X-5.9324  Y-6.4924  I1.9531  J-2.9052;"
"X-3.8649  Y-6.5884  I0.8287  J-4.4638;"
"G03  X-0.4699  Y-6.4359  I1.5137  J4.1671;"
"G02  X2.9251   Y-4.9194  I7.7566  J-12.8064;"
"X7.6551  Y-4.1034  I5.6056  J-18.3763;"
"X16.0571  Y-5.5544  I1.0643  J-18.8884;"
"G01  X16.7643  Y-5.5543;"
```

```
"X17.1029  Y－4.9563;"
"G02  X17.2621  Y－4.8284  I0.2677  J－0.1701;"
"X17.6726  Y－4.8194  I0.2175  J－0.5552;"
"X17.8551  Y－4.9564  I－0.0977  J－0.3201;"
"G01  X18.1933  Y－5.5543;"

"X18.7643;"
"X19.1029  Y－4.9563;"
"G02  X19.2526  Y－4.8319  I0.2628  J－0.164;"
"X19.6726  Y－4.8194  I0.2267  J－0.5544;"
"X19.8551  Y－4.9564  I－0.0946  J－0.3161;"
"G01  X20.1933  Y－5.5543;"
"X20.7643 ; "
"X21.1029  Y－4.9563;"
"G02  X21.2986  Y－4.8144  I0.288  J－0.1913;"
"X21.6456  Y－4.8104  I0.1803  J－0.5883;"
"X21.8547  Y－4.9563  I－0.081  J－0.3388;"
"G01  X22.1933  Y－5.5543;"
"X23.5181  Y－5.5544;"
"G02  X24.0486  Y－5.6214  I－0.0067  J－2.1869;"
"X24.7261  Y－5.9634  I－0.3678  J－1.5707;"
"X25.0  Y－6.5185  I－0.4846  J－0.5842;"
"G01 Y－8.0; "
"G40H000  X30.0;"
"M99;"
```

4.6　知识拓展

4.6.1　直齿锥齿轮加工方法

目前加工直齿锥齿轮主要有以下几种方法：直齿锥齿轮刨齿机，双刀盘直齿锥齿轮铣齿机，直齿锥齿轮拉铣机，一般要求的直齿锥齿轮也可以用普通铣床配合分度头按展成法加工：直齿锥齿轮刨齿机是以成对刨齿刀，按展成法进行直齿锥齿轮粗、精加工的刨齿机。双刀盘直齿锥齿轮铣齿机使用两把刀齿交错的铣刀盘，按展成法铣削同一齿槽中的左右两齿面。由于铣刀盘与工件无齿长方向的相对运动，铣出的齿槽底部呈圆弧形，切削加工模数和齿宽均受豇限制。直齿锥齿轮拉铣机是用一把大直径的拉铣刀盘，在实体轮坯上用成型法切削出一个齿槽的机床。由于刀具复杂，价格昂贵，而且每种工件都需要专用力盘，只适用于大批量生产：准渐开线齿锥齿轮铣齿机是用锥度滚刀，按展成法连续分度切齿的机床。切齿时，锥度滚刀首先以大端切削，然后以它较小直径的一端切削。为保证整个切削过程中切削速度一致，机床靠无级变速装置控制滚刀转速。在切齿时，摇台、滚刀和工件均作连续旋转运动，加工一个工件，摇台往复一次。摇台和工件的旋转通过差动机构产生展成运动，使工件获得沿齿长为等高圆的齿形曲线。

以上都是利用机械刀具逐层去除材料来达到一定尺寸精度要求的加工方法，要求加工时工件材料的硬度不宜过大（即不能加工淬硬材料），难切削材料直齿锥齿轮加工（如不锈钢、钛合金等）仍是目前生产中的难题。由于加工过程存在机械振动，一次加工直齿锥齿轮精度不高，还需要在粗加工后淬火、磨齿，因而大型直齿锥齿轮刨齿加工十分困难。

4.6.2 典型特殊材料线切割加工

1. 铜材料线切割加工

铜材用切削加工较难，但用电火花线切割加工还是比较方便，并能获得一定的工艺效果。耐铜材料的电火花线切割加工，关键在于排屑是否良好。不同类型的线切割机的排屑方式不同，也就决定了其切割方式的不同。低速走丝线切割机所采用的是高压喷流强制排屑方式，加上放电间隙较大，排屑较方便，基本不影响加工效果，按常规方式加工即可；但高速走丝线切割机的排屑方式和前者不同：要用高速走丝线切割机正常切割具有一定厚变的紫铜工件，需采取的相应措施：

①尽量使用新乳化液，不能使用已经用过较长时间的被污染乳化液。最好采用黏度适中、洗涤性良好的新型工作液。因为铜材料黏性较大，旧乳化液中的杂质较难冲掉，还会使紫铜加工时的导电性能受到影响。使用新乳化液就能避免以上现象的发生。新型工作液由于电解性较好，切缝较宽，可以改善切缝中的排屑状况。同时采用较高的走丝速度有利排屑。

②消除电流短路现象，当紫铜夹杂物出现在切割缝隙时，加工电流稳定性就会受到影响，表现为经常发生短路现象，如不正确处理会断丝。采用大峰值电流、大脉宽加工的方法，使放电间隙增大。较大的脉冲能量可以击穿微小的夹杂物，使加工正常进行。此时，应注意脉冲间隔也要相应增大，保持合适的加工电流。

③注意进给跟踪状态，时常发生短路现象时应适当放慢跟踪速度。

④注意装夹和切割方向。应该把切割路线最短的一面装卡夹在第三象限，也就是 X 负方向，使钼丝尽量少走 X 负方向，这样可以减少断丝机率。

⑤停止工作时，最好用煤油把丝筒上的电极丝清洗一遍，洗掉那些可能粘附在电极丝上的残留铜末，等下次开机继续使用时，效果就会更好。

2. 铝合金线切割加工

由于铝合金或纯铝材的熔点、沸点较低，用电火花线切割加工还是比较方便的，并可获得比淬火合金钢还要高的切割速度，只是加工表面差一些，加工时要适当提高伺服进给速度，避免断丝。

铝合金或纯铝的材质特殊，用电火花线切割加工时常常会出现一些特殊问题。如在高温下会形成氧化铝，并易粘附在电极丝上；电蚀物颗粒较大，加工间隙阻塞等。加工时间长，电极丝上粘附的氧化铝（Al_2O_3）越多，而氧化铝不仅导电性能差，而且会使进电块加速磨损。另外，在切割防锈铝合金时，还可发现在电极丝与进电块之间会有火花产生，断丝现象时有发生。

3. 不锈钢线切割加工

不锈钢的材料较软、韧，用切削方法加工容易粘刀，加工比较困难。但用电火花线切割加工则会比较容易，它的热学性质与淬火钢相近，切割速度相差不大，只因它含有一定的镍、铬，对线切割加工稳定性会有一定影响，只要进给速度低一点，还是容易加工的。

不锈钢中含有一定的铬、镍等稀有金属，放电时的火花比较耀眼，一般呈白色，火花也比较大。用电火花线切割机加工不锈钢材料时，只要适当限制其加工电流，保证线切割加工的稳定，还是可以获得良好的工艺效果，切割效率虽比淬火钢低一些，但要比用线切割加工铸铁、硬质合金好得多。

4. 硬质合金线切割加工

硬质合金(WC)与钨材料一样，因熔点和沸点都很高，比较耐电腐蚀，所以用电火花线切割加工时都会感到切割速度很慢。在同样的加工电流条件下，加工硬质合金的切割速度不到加工淬火合金钢的 1/3；但加工表面粗糙度较好，RG 值约为加工淬火合金钢的一半左右。同时，加工硬质合金钢时，放电间隙一般都比较小。

用高速走丝电火花线切割加工硬质合金及钨材料时，宜选用窄脉宽和高峰值电流的规准加工。随着加工工件厚度的增加，或是要求切割速度大，也可以适当增大脉冲宽度和脉冲峰值电流(增大单脉冲能量)，以改善排屑条件，提高加工的稳定性。

经常使用低速走丝电火花线切割机加工硬质合金零件的操作者都会发现，新更换离子交换树脂的工作液，在连续切割三四天之后，去离子水的电阻率会明显降低，导致线切割加工不稳定，迫使操作者不得不再次更换离子交换树脂及过滤纸芯，增加了生产成本。加工硬质合金材料会使离子树脂失效的原因还不太清楚，不少操作者为了降低生产成本，干脆不用离子交换树脂，而是用纯水或蒸馏水作工作液，使用二三天之后，马上更换，也能获得较好的工艺效果。

5. 石墨材料线切割加工

石墨材质松脆，一般都用切削加工方法加工。但有些石墨制品形状复杂，而且带有尖角窄缝，有的窄缝深度还比较大，石墨质脆还容易断裂，所以人们还是希望能用电火花线切割加工。

石墨材料熔点、气化点很高，特别耐电腐蚀，即用电火花线切割加工也会十分困难。而且加工下来的粉末分散在加工区内，不仅会影响加工稳定性，而且还会使工作液污染。特别是在使用乳化液作工作液的场合，加工下来的粉末与黏稠的乳化液混合在一起，不仅影响加工环境，而且还会使电火花线切割加工无法持续进行。

一般来说，在高速走丝线切割机上用乳化液作工作液时，其切割效果很低，大约不到加工淬火钢的 1/5。如果采用可溶性水作工作液，并选用较粗的电规准(较大的脉宽和峰值电流)，高速走丝机还是可以加工石墨材料的，只是切割速度低一些；此外，太大的加工电流容易导致断丝。低速走丝线切割机采用黄铜电极丝时，也能加工石墨材料，但切割效率低，而且工作液污染问题不可避免。

6. 单晶与聚晶材料线切割加工

单晶和聚晶材料都是半导电材料，随着他们的导电性能降低和电阻率的增大，用电火花线切割加工的难度也会越来越大。因为跟踪取样系统的检测信号已包含了取样点至放电间隙的电阻压降(半导材料压降及钼丝压降)，这部分的压降越大，则识别极间放电电压变化就更困难。所以，在加工那些电阻率高的半导电材料，一般都应在常规电火花线切割机上做一些改进，提高高频脉冲电压幅值及重新设定跟踪控制的采样参数。

新加坡雅斯公司用上海大量公司的 TP25＋8WPC－A 电火花线切割机加工聚晶合金刀片，选用窄脉宽、低峰值电流精规准，可在 1 A 加工电流情况下稳定切割，切割速度大于

12 mm²/min，粗糙度 $Ra<1.25\ \mu m$。

用 TP40＋9PWC 电火花线切割机将一块 162 mm×162 mm×200 mm 低电阻率单晶硅材料切片时，选用脉宽 60 μs、峰值电流 56 A、加工电流 5 A，结果花了不到 110 min 就切割下一片 162 mm×162 mm×5 mm 的单晶片，平均切割速度超过以 240 mm²/min。

但在切割聚晶金刚石时，因其电阻率较大，利用现有高速走丝电火花线切割机直接加工都比较困难。如果将脉冲电源电压从原来的 80V 提高到 220V 以上，并对伺服进给系统的控制取样环节作某些改进，就能正常加工，并可获得良好的切割效果。

用电火花线切割加工单晶和聚晶材料时，比较容易产生微观裂纹，操作者要特别注意，根据不同材料性能合理选择脉冲参数，跟踪速度也不要太快。

目前，电火花线切割机采用单线放电加工时，其硅片的切割速度还不能与砂线机械切割加工相比。为了提高硅片电火花线切割加工效率，采用多线电火花线切割技术将是十分有意义的。

多线电火花线切割技术是将电极丝通过在多槽导轮上多次绕转形成所需要的数条平行电极，硅棒则由伺服电极控制由上向下逐渐进入电极丝放电切割区域，最后在浸油槽中完成放电切割。有人曾利用多线电火花线切割机进行过高低两种电阻率单晶硅的切割试验：低电阻率硅棒选用的是电阻率为 10 Ω·cm 的单晶硅，高电阻率硅棒选用的是电阻率为 2 kΩ·cm～3 kΩ·cm的单晶硅。电极丝选用直径为 ϕ0.18 mm 的钼丝，进行正极性加工，电源为自制的高低压复合电源（高压 300 V，低压 100～120 V），其中高压主要用于击穿工作液介质，低压主要用于在放电脉冲内保持持续电流。在切割低电阻率单晶硅时只用到低压（100～120 V），在切割高电阻率单晶硅时高、低电压同时使用。试验结果告诉我们：

①要选择合理的进电方式，避免多线放电切割时，硅材料各部分存在较大的压降，影响放电效果。此外，必须采用高效脉冲电源技术，合理选择电参数，以适应不同电阻率的硅锭切割加工。

②在放电切割时，工作液的作用非常重要。由此产生的工件表面的洗涤、电化学效应等作用对切割效率和表面完整性起着决定性影响；因此要研究适合多线切割的工作液。

③实现大尺寸硅片的多线电火花切割，机床结构尤其是多线的走丝结构尤为重要。走丝机构在电极丝工作过程中的振动是造成断丝的主要原因。如何设计合理的导轮装置及张紧力装置将是多线切割机床设计中的重要问题。

④要考虑机床的热隔离、热平衡措施，防止机床在多线放电切割中产生的能量通过工件和电极丝传导到机床体，使机床和导向轮产生热变形，影响机床精度和导轮定位精度，从而影响硅片加工精度。切割技术的产业化还需解决诸如导轮设计制造、专用高效电源设计、切割工艺控制等问题。

本章小结

本标准是中国机械工程学会电加工学会教育培训委员会根据原机械工业部 1986 年 10 月修订后的“工人技术等级标准”中的“电火花加工”改写而成。

1. 中级工应知

(1)各种常用电火花线切割机床的性能、结构和调整方法。

(2)电火花线切割机床的控制原理及框图。

(3)电工、电子基本知识。

(4)电火花线切割机床常用的电器。

(5)模具电火花线切割加工步骤及要求。

(6)电火花线切割机床的精度检验方法。

(7)线切割脉冲电源参数对切割速度、表面粗糙度和电极丝损耗的影响。

(8)电火花线切割加工中产生废品的原因及预防方法。

2. 中级工应会

(1)排除电火花线切割机床常见故障的方法。

(2)线切割自动编程。

(3)一般脉冲电源的电路图及常见的故障排除方法。

(4)用示波器观察和分析加工状态的方法。

(5)电火花线切割加工的某些工艺技术。

(6)确定突然停电点坐标的方法。

(7)根据切割出的图形的误差特点来推测机床的机械误差或故障。

(8)排除电火花线切割机床步进电机失步等故障。

3. 高级工应知

(1)国内外典型电火花线切割机床的特点。

(2)电火花线切割加工的基本理论知识。

(3)计算机在电火花线切割加工领域中应用的基本知识(包括 CAD/CAM)。

(4)国外电火花线切割机床控制系统的特点。

(5)TP801－A 单板机线切割控制器。

4. 高级工应会

(1)减少或防止线切割加工中工件的变形和开裂的方法

(2)分析丝杠螺母间隙对线切割工件几何精度的影响

(3)提高线切割加工齿轮模具精度的途径

(4)电火花线切割加工表面质量分析

附录Ⅰ 高速走丝电火花线切割加工工艺数据表

序号	厚度 /mm	脉宽 /μs	峰值电流 /A	跟踪控制 max	加工电流 /A	切割速度 /(mm²/min)	放电间隙 /mm	表面粗糙度 Ra/μm	备注
1	5	1	21	30	0.35	2	0.006	1.20	
2	5	1	32	40	0.40	4	0.006	1.50	
3	5	4	21	50	0.45	6.5	0.007	1.85	
4	5	4	32	60	0.60	11	0.008	2.15	
5	5	4	32	70	0.90	16	0.008	2.25	*
6	5	4	32	80	1.30	21	0.008	2.40	
7	5	4	41	80	1.20	22	0.009	2.50	
8	5	4	41	80	1.30	24	0.009	2.60	*
9	5	4	41	100	1.50	27	0.010	2.72	
10	5	8	41	100	1.40	26	0.010	3.05	*
11	5	8	41	120	1.70	30	0.010	3.15	*
12	5	8	41	120	2.10	36	0.011	3.35	
13	10	4	32	50	0.50	7	0.007	1.60	
14	10	4	32	60	1.00	14	0.007	1.75	
15	10	4	32	60	1.40	19	0.008	1.90	
16	10	4	32	70	1.90	24	0.008	2.00	
17	10	4	41	60	1.20	17	0.009	2.05	
18	10	4	41	60	1.70	21	0.009	2.40	*
19	10	4	41	70	2.20	26	0.009	2.55	*
20	10	4	41	80	2.80	34	0.009	2.70	
21	10	8	32	60	1.1	23	0.010	2.75	*
22	10	8	32	70	1.3	28	0.010	2.80	*
23	10	8	32	70	1.5	34	0.010	2.88	*
24	10	8	41	80	1.6	36	0.011	3.00	*
25	10	8	41	100	2.0	46	0.012	3.10	*
26	10	8	41	100	2.2	49	0.012	3.25	
27	10	8	49	100	2.5	56	0.012	3.70	
28	10	8	49	100	2.8	58	0.012	3.85	
29	10	8	49	100	3.0	59	0.012	3.90	

续表

序号	厚度/mm	脉宽/μs	峰值电流/A	跟踪控制max	加工电流/A	切割速度/(mm²/min)	放电间隙/mm	表面粗糙度Ra/μm	备注
30	20	4	32	40	0.5	7	0.007	1.55	
31	20	4	32	40	1.0	16	0.008	1.70	
32	20	4	32	50	1.6	25	0.008	1.80	
33	20	4	41	50	1.9	33	0.008	2.10	
34	20	8	32	50	1.1	23	0.009	2.20	*
35	20	8	32	50	1.5	32	0.009	2.35	*
36	20	8	32	60	2.2	42	0.009	2.55	
37	20	8	32	60	2.5	51	0.010	2.65	
38	20	8	41	60	1.8	37	0.010	2.85	*
39	20	8	41	60	2.1	46	0.011	3.00	*
40	20	8	41	70	2.6	55	0.011	3.15	
41	20	8	49	80	2.25	46	0.012	3.20	
42	20	16	41	60	1.6	33	0.012	3.60	
43	20	16	49	80	2.4	50	0.013	3.75	*
44	20	16	56	80	3.1	65	0.014	3.85	*
45	20	32	56	80	2.5	61	0.014	3.80	
46	20	32	56	80	3.3	70	0.014	3.90	*
47	20	32	56	90	3.9	80	0.014	4.05	
48	20	64	56	80	3.5	77	0.015	4.40	*
49	20	64	56	90	4.3	95	0.015	4.55	
50	20	64	56	100	5.2	113	0.015	4.70	
51	40	8	32	40	0.6	10	0.009	2.15	
52	40	8	41	40	0.7	13	0.009	2.30	
53	40	8	41	50	0.9	15	0.01	2.40	*
54	40	8	49	50	1.2	19	0.01	2.50	
55	40	8	49	50	1.6	28	0.01	2.60	*
56	40	8	49	50	1.8	31	0.011	2.65	
57	40	8	56	50	1.9	30	0.011	2.85	*
58	40	8	56	50	2.2	39	0.011	3.10	
59	40	16	32	50	1.5	27	0.012	2.60	
60	40	16	32	50	1.9	36	0.012	2.80	
61	40	16	32	50	1.3	24	0.012	2.55	

续表

序号	厚度/mm	脉宽/μs	峰值电流/A	跟踪控制max	加工电流/A	切割速度/(mm²/min)	放电间隙/mm	表面粗糙度Ra/μm	备注
62	40	16	41	50	1.5	28	0.013	2.65	
63	40	16	41	60	2.2	40	0.014	2.75	*
64	40	16	41	60	2.3	46	0.015	2.85	*
65	40	16	49	60	2.5	50	0.016	2.80	
66	40	16	49	50	1.8	34	0.015	2.75	
67	40	16	49	60	2.6	54	0.016	3.05	*
68	40	16	56	70	3.0	58	0.017	3.25	*
69	40	16	56	80	3.6	62	0.017	3.35	
70	40	16	56	100	4.5	74	0.018	3.50	
71	40	32	49	70	2.8	61	0.018	3.05	
72	40	32	49	70	3.1	69	0.018	3.10	*
73	40	32	49	80	3.5	80	0.019	3.25	*
74	40	64	41	70	3.2	83	0.019	3.50	*
75	40	64	41	80	3.5	88	0.020	3.60	*
76	40	64	41	100	3.9	95	0.02	3.70	
77	40	64	49	120	4.7	115	0.022	3.85	*
78	40	64	49	160	5.4	120	0.022	3.90	*
79	40	64	56	160	5.8	135	0.023	4.05	*
80	40	64	56	200	6.6	156	0.023	4.15	*
81	40	64	56	200	7.5	178	0.017	4.60	
82	40	64	56	200	8.4	190	0.018	4.80	
83	40	64	56	200	9.3	198	0.018	4.90	
84	40	128	49	140	4.4	101	0.016	4.50	
85	40	128	49	150	5.1	117	0.016	4.65	
86	40	128	56	160	5.9	135	0.017	4.85	
87	40	128	56	180	6.8	156	0.017	4.00	*
88	40	128	56	200	7.7	169	0.018	5.05	*
89	40	128	56	200	8.7	191	0.019	5.30	
90	40	128	56	200	9.8	205	0.019	5.45	
91	100	16	41	50	0.8	14	0.011	2.55	
92	100	16	49	50	1.1	19	0.011	2.70	
93	100	16	49	50	1.6	29	0.011	2.80	

续表

序号	厚度/mm	脉宽/μs	峰值电流/A	跟踪控制 max	加工电流/A	切割速度/(mm²/min)	放电间隙/mm	表面粗糙度 Ra/μm	备注
94	100	16	49	50	2.1	35	0.012	2.85	
95	100	16	56	50	2.2	38	0.013	3.00	
96	100	16	56	50	2.3	40	0.012	3.10	
97	100	16	49	50	2.5	44	0.013	3.15	
98	100	32	41	50	1.6	32	0.013	3.25	*
99	100	32	49	50	1.9	40	0.014	3.40	*
100	100	32	49	60	2.8	56	0.014	3.55	
101	100	32	49	60	3.2	70	0.014	3.40	
102	100	32	56	60	3.1	62	0.014	3.60	*
103	100	32	56	80	4	81	0.015	3.70	
104	100	32	56	90	4.7	98	0.015	3.80	
105	100	32	56	100	5.5	106	0.016	3.90	
106	100	64	49	50	0.9	21	0.015	3.70	
107	100	64	49	50	1.8	41	0.015	3.90	
108	100	64	49	60	2.7	58	0.015	4.05	*
109	100	64	56	50	1.1	26	0.015	4.00	
110	100	64	56	50	2.1	48	0.016	4.15	
111	100	64	56	60	3	69	0.017	4.25	*
112	100	64	56	80	3.9	86	0.017	4.35	*
113	100	64	56	100	4.7	103	0.017	4.45	*
114	100	64	56	100	5.6	115	0.018	4.55	*
115	100	64	56	120	6.2	123	0.018	4.65	*
116	100	64	56	150	7.3	146	0.018	4.75	
117	100	128	56	100	4.3	94	0.019	4.85	
118	100	128	56	120	4.8	110	0.019	5.00	*
119	100	128	56	120	5.7	125	0.020	5.10	*
120	100	128	56	150	6.6	140	0.022	5.20	*
121	100	128	56	150	7.6	159	0.022	5.35	
122	200	16	56	50	1.0	18	0.013	3.05	
123	200	32	41	50	1.5	28	0.013	3.30	*
124	200	32	49	50	1.7	33	0.014	3.35	*
125	200	32	49	50	2.3	44	0.014	3.50	*

续表

序号	厚度 /mm	脉宽 /μs	峰值电流 /A	跟踪控制 max	加工电流 /A	切割速度 /(mm²/min)	放电间隙 /mm	表面粗糙度 Ra/μm	备注
126	200	32	56	50	2.0	40	0.015	3.60	
127	200	64	41	50	1.5	30	0.015	3.80	
128	200	64	49	50	1.8	38	0.015	3.95	*
129	200	64	49	60	2.6	55	0.016	4.05	*
130	200	64	49	60	3	63	0.016	4.15	*
131	200	64	56	80	4.1	90	0.016	4.30	*
132	200	128	49	60	2.7	59	0.017	4.45	
133	200	128	56	60	3.1	68	0.018	4.55	
134	200	128	56	80	4.1	95	0.019	4.60	*
135	200	128	56	100	4.8	110	0.019	4.70	*
136	200	128	56	100	5.6	123	0.020	4.80	
137	200	128	56	100	6.5	136	0.020	4.90	
138	400	32	49	40	0.9	15	0.015	3.50	
139	400	32	56	40	1.0	18	0.015	3.65	*
140	400	32	56	40	2.0	35	0.015	3.75	
141	400	64	40	40	0.9	17	0.016	4.00	
142	400	64	41	50	1.8	33	0.016	4.14	
143	400	64	56	50	2.0	38	0.017	4,25	*
144	400	64	56	50	3.0	54	0.018	4.40	*
145	400	64	56	60	4.1	69	0.018	4.45	
146	400	128	49	50	2.6	46	0.018	4.65	
147	400	128	56	50	2.9	55	0.019	4.20	*
148	400	128	56	50	3.9	70	0.019	4.35	*
149	400	128	56	70	4.6	78	0.020	4.50	*
150	400	128	56	80	5.3	84	0.020	4.65	

注：1.工件材料为模具钢；

2.脉冲电源为矩形波；

3.乳化液工作液；

4.工艺效果随机床种类及工艺条件而异；

5."*"为优先选用参数。

附录Ⅱ　FW 线切割机床代码一览表

组	代码	功　能	组	代码	功　能
A	G00	快速移动,定位指令	J	G40	取消电极补偿
	G01	直线插补,加工指令		G41	电极左补偿
	G02	顺时针圆弧插补指令		G42	电极右补偿
	G03	逆时针圆弧插补指令		G45	比例缩放
	G04	暂停指令	K	G50	取消锥度
B	G05	X 镜像		G51	左锥度
	G06	Y 镜像		G52	右锥度
	G07	Z 镜像	L	G54	选择工作坐标系 1
	G08	X—y 交换		G55	选择工作坐标系 2
	G09	取消镜像和 X—y 交换		G56	选择工作坐标系 3
C	G11	打开跳转(SKIP ON)		G57	选择工作坐标系 4
	G12	关闭跳转(SKIP OFF)		G58	选择工作坐标系 5
E	G20	英制		G59	选择工作坐标系 6
	G21	公制	M	G60	上下异形 OFF
F	G22	软极限开关 ON,未用		G61	上下异形 ON
	G23	软极限开关 OFF,未用	N	G74	四轴联动打
	G25	返回最后设定的坐标系原点		G75	四轴联动关闭
G	G26	图形旋转打开(ON)	O	GSO	移动轴直到接触感知
	G27	图形旋转关闭(OFF)		G81	移动到机床的极限
H	G28	尖角圆弧过渡		GS2	移到原点与现位置的一半处
	G29	尖角直线过	P	G90	绝对坐标指令
I	G30	取消过切		G91	增量坐标指令
	G31	加人过切		G92	指定坐标原点
	I	圆心 X 坐标		S	R 轴转速,未用
	J	圆心 Y 坐标		T84	启动液泵
	K	圆心 Z 坐标		T85	关闭液泵
	L***	子程序重复执行次数		T86	启动运丝机构
	P***	指定调用子程序号		T87	关闭运丝机构

续表

组	代码	功　能	组	代码	功　能
	M00	暂停指令		X	轴指定
	M02	程序结束		Y	轴指定
	M05	忽略接触感知		U	轴指定
	M98	子程序调用		V	轴指定
	M99	子程序结束		A	指定加工锥度
	N***	程序号		C	加工条件号
	O***	程序号		ON	定义脉宽
	Q***	跳转代码,未用		OFF	定义脉间
	R	转角功能		IP	定义峰值电流
	RA	图形或坐标旋转的角度		SV	定义间隙基准电压
	RI	图形旋转的中心 X 坐标		D***	补偿码
	RJ	图形旋转的中心 Y 坐标		H***	补偿码

参考文献

[1]周明贵.模具数控线切割加工技巧与实例.北京:化学工业出版社,2010.
[2]廖卫献.数据线切割加工自动编程.北京:国防工业出版社,2005.
[3]康亚鹏.数控电火花线切割编程应用技术.北京:清华大学出版社,2008.
[4]张学仁.数控电火花线切割加工技术.哈尔滨:哈尔滨工业大学出版社,2004.
[5]伍端阳.数控电火花线切割加工应用技术问答.北京:机械工业出版社,2008.
[6]高长银.数控线切割编程 100 例.北京:机械工业出版社,2011.
[7]陈前亮.数控线切割操作工技能鉴定考核培训教程.北京:机械工业出版社,2006.
[8]罗学科.数控线切割机床操作指南.北京:机械工业出版社,2006.